“十四五”国家重点出版物出版规划项目

“双碳”目标下清洁能源气象服务丛书

丛书主编：丁一汇　丛书副主编：朱 蓉　申彦波

辽宁清洁能源气象监测评估与服务

龚 强　朱 玲　顾正强　徐 红　等　著

内 容 简 介

本书汇集了辽宁省新能源（主要是风电、太阳能发电，简略提及水电、核电）气象监测、评估、服务以及近年辽宁省风能、太阳能评估方面课题研究和应用的主要成果，系统介绍了气候与新能源，以及辽宁省风能资源观测和最新评估结果、太阳能资源观测与最新评估结果、风能太阳能资源开发利用专业气象服务等，展望风能、太阳能资源开发利用发展前景，并对辽宁风电发展、太阳能资源利用提出对策建议。

本书可供从事新能源领域的研究人员、工程设计建设的技术人员和管理人员、有关大专院校的教师和学生等阅读使用，可为新能源发展规划、设计建设和相关科普宣传提供参考。

图书在版编目（CIP）数据

辽宁清洁能源气象监测评估与服务 / 龚强等著. -- 北京 : 气象出版社, 2025.1

（“双碳”目标下清洁能源气象服务丛书 / 丁一汇主编）

ISBN 978-7-5029-8205-8

Ⅰ. ①辽… Ⅱ. ①龚… Ⅲ. ①无污染能源—气象观测—辽宁 Ⅳ. ①P41

中国国家版本馆 CIP 数据核字(2024)第 103798 号

辽宁清洁能源气象监测评估与服务

Liaoning Qingjie Nengyuan Qixiang Jiance Pinggu yu Fuwu

出版发行：气象出版社

地　　址：北京市海淀区中关村南大街 46 号　邮政编码：100081

电　　话：010-68407112（总编室）　010-68408042（发行部）

网　　址：http://www.qxcbs.com　E-mail：qxcbs@cma.gov.cn

丛书策划：王萃萃　终　　审：张　斌

责任编辑：王萃萃　黄海燕　责任技编：赵相宁

封面设计：艺点设计　责任校对：张硕杰

印　　刷：北京地大彩印有限公司

开　　本：787 mm×1092 mm　1/16　印　　张：13.25

字　　数：334 千字

版　　次：2025 年 1 月第 1 版　印　　次：2025 年 1 月第 1 次印刷

定　　价：135.00 元

著者名单

龚　强　朱　玲　顾正强　徐　红

汪宏宇　晁　华　蔺　娜　王乙舒

崔　妍　周　斌　李　杨　高　鹏

侯依玲　于树君　房一禾　李　倩

宋　欣　吴　丹　苑治国　李兴文

李　岚　林　毅　王　恕

丛书前言

2020年9月22日，在第七十五届联合国大会一般性辩论上，国家主席习近平向全世界郑重宣布——中国“二氧化碳排放力争于2030年前达到峰值，努力争取2060年前实现碳中和”。这是中国应对气候变化迈出的重要一步，必将对全球气候治理产生变革性影响。加快构建清洁低碳、安全高效能源体系是实现碳达峰、碳中和目标的重要部分，近年来，我国清洁能源发展规模持续扩大，为缓解能源资源约束和生态环境压力做出了突出贡献。但同时，清洁能源发展不平衡不充分的矛盾也日益凸显，不能满足当前清洁能源国家统筹、省负总责，建立国家和省两级协调，以省为主体统筹开展基地开发建设的发展需求，高质量跃升发展任重道远；各地区资源分布不均衡，需要因地制宜、分类施策，准确识别各区域具备开发利用条件的资源潜力至关重要。因此，迫切需要提高清洁能源气象服务保障能力。

风、光等作为气候资源，必然受到气象条件的影响，气象影响贯穿电场建设运行的始终，气象服务保障、气候评估等工作至关重要。气象部门以服务需求为引领，积累了基础风能太阳能资源观测资料，开展了资源评估，形成了风能太阳能资源监测和预报能力。面对目前的挑战和需求，气象出版社组织策划了“‘双碳’目标下清洁能源气象服务丛书”（以下简称“丛书”），丛书系统全面介绍了包含陆上风能、海上风能、太阳能、水能、生物质能、核能等清洁能源特征，及其观测、预报预测、资源评估和开发潜力分析，相关气象灾害及其评估、预测与预警，各区域清洁能源发展规划、对策等新成果，介绍了各区域清洁能源开发利用气象保障服务体系框架、典型案例、应用示范以及煤炭清洁高效开发利用等方面的代表性成果，为助力能源绿色低碳转型，保障能源安全，实现碳达峰、碳中和目标，应对气候变化，促进我国经济社会高质量可持续发展提供科技支撑与服务。

丛书涵盖华北、东北、西北、华中、东南沿海、西南、新疆等区域中风能、太阳能等资源丰富和有代表性的地区，并覆盖水资源丰富的长江、黄河、金沙江、西江流域等，覆盖面广，内容全面，兼顾了科学性和实用性，既可为气象、能源、电力等相关领域的科研、业务人员提供参考，也可为政府部门统筹规划、精准施策提供科学依据。中国气象局首席气象专家朱蓉研究员和申彦波研究员作为丛书副主编，为保障丛书的顺利编写和出版做出了重要贡献；丛书编写团队集合了清洁能源气象观测、预报、科研、业务一线专家，涵盖了全国各区域的清洁能源科技创新团队带头人、首席专家和技术骨干，保证了丛书的科学性、权威性、创新性。

丛书得到中国工程院院士李泽椿和徐祥德的支持和推荐，列入了“十四五”国家重点出版物出版规划项目，并得到国家出版基金资助。丛书的组织和实施得到中国气象局、相关省（自治区、直辖市）气象局及电力、水利相关部门领导和专家的全力支持。在此，一并表示衷心感谢！

丛书编写出版所用的基础资料数据时间序列长、使用要素较多，涉及专业面广，参与编写人员众多，组织协调工作有一定难度，书中难免出现错漏之处，敬请广大读者批评指正。

丛书主编：丁一汇

2024年5月

本书前言

在消费传统能源不可避免地引起气候变化的情况下，发展新能源已经成为应对全球资源危机与气候变化问题的必由之路。气象与能源关系密切，风能、太阳能等可再生清洁能源的开发布局和调度运行很大程度上受天气气候条件的制约。面对新能源发展的新要求，气象部门发挥观测、数据、技术优势，助力新能源产业发展面临前所未有的机遇。

风电和太阳能发电是当前规模最大、市场份额最高的清洁能源，风能和太阳能正引领全球可再生能源经济快速增长。国际可再生能源署发布的《2023年世界能源转型展望》显示，2022年全球可再生能源装机容量创纪录地增加了300 GW，并预计未来几年全球可再生能源新增发电量将创新高。全球太阳能和风能增长的最大部分在中国，分别占全球新增产能的37%和41%。据有关统计，2022年我国风电装机容量为3.65亿kW，是2006年的195倍，其中，陆上风电3.35亿kW，连续13年稳居世界第一，海上风电3046万kW，装机规模也居世界第一。近年来，我国太阳能发电行业快速发展。据有关统计，2022年全国新增太阳能发电装机容量8741万kW，新增太阳能发电装机容量连续10年位居世界第一，太阳能发电累计装机容量39261万kW，装机规模连续8年居全球首位，超越风电，成为国内第三大电源。2020年，习近平主席在气候雄心峰会上承诺，到2030年，我国风电、太阳能发电总装机容量将达到12亿kW以上。该目标将带动整个可再生清洁能源产业的发展和变革。

辽宁省属于温带大陆性季风气候区，具有中纬度西风带气候特征。全省大部分地区常年多风，尤以春季更甚。辽北地区处于我国“三北”（东北、华北、西北）风带上，南部则是2292 km的绵长海岸线，属我国东部沿海风带的北端。因此，辽宁省既可以开发陆上风电也可以开发海上风电。与其他省份相比，辽宁省风能资源开发利用工作起步早、发展快、持续时间长，气象部门参与全省风电发展已超过 35 年，经历了辽宁风电从零起步、快速发展、平稳有序的全过程。辽宁省太阳能资源大规模开发利用基本上开始于 2000 年后，辽宁省气象部门抓住机遇，2004 年前后开始开展针对光伏发电项目气象服务，从选址、评估、规划等多角度深入开展专业服务。多年来，从老一辈“追风人”到年轻一代 “气象能源人”的持续加入，辽宁省气象部门已经形成了一支助力清洁能源产业的相对稳定的专业技术队伍，并在此领域持续“深耕”。

需要说明的是，2020 年，作者在辽宁科学技术出版社出版了专著《辽宁省风能资源评估》，该书主要汇集了第四次全国风能资源详查和评价工作中“辽宁省风能资源详查和评价”的主要成果，以及当时的相关科研业务项目成果。而本书对上述成果不再赘述，重点介绍在风能资源开发利用中的新成果、新认识以及针对当前辽宁省风电发展规划的风能资源分析。因此，在本书风能资源开发利用气象服务篇，两本书并不雷同，而是互为补充。

在本书的编写过程中，得到了辽宁省气候中心、辽宁省生态气象和卫星遥感中心、阜新市气象局、喀左县气象局、中国气象局沈阳大气环境研究所、辽宁省气象服务中心的大力支持，在此致以诚挚感谢。

本书内容涉及多个学科领域，一些技术问题也需要在实践中进一步加以完善，由于作者水平所限，错误和不足之处在所难免，恳请广大读者批评指正。

作者

2024 年 2 月

目录

第 2 篇　风能资源开发利用气象服务

第 1 篇
气候与新能源利用

第 1 章
绪论

2020 年 9 月，习近平主席在第七十五届联合国大会一般性辩论上对我国 2030 年碳达峰目标和 2060 年碳中和愿景作出重大宣示，中国将提高国家自主贡献力度，二氧化碳排放力争于 2030 年前达到峰值，努力争取 2060 年前实现碳中和。同年 12 月，习近平主席在气候雄心峰会上承诺，到 2030 年，单位国内生产总值二氧化碳排放将比 2005 年下降 65%以上，非化石能源占一次能源消费比重将达到 25%左右，森林蓄积量将比 2005 年增加 60 亿 m^3，风电、太阳能发电总装机容量将达到 12 亿 kW 以上。实现碳达峰和碳中和目标，是我国对国际社会的庄严承诺，也是推动我国高质量发展的内在要求。为实现“双碳”目标，能源系统低碳转型是碳中和行动的重要技术手段，风能、太阳能等可再生能源 12 亿 kW 以上发展目标，将带动整个可再生能源产业的发展和变革。

1.1 气候变化与碳达峰碳中和

1979 年，在日内瓦召开的第一次世界气候大会上比较正式地提出了气候变暖的说法，之后相关研究不断深入。为遏制全球气候变化，保护地球生态环境和人类生存发展。1992 年以来，各缔约方在《联合国气候变化框架公约》（UNFCCC）实施进程中，按照共同但有区别的责任原则、公平原则、各自能力原则，不断强化温室气体减排、限排行动。2015 年，全球近 200 个缔约方在巴黎通过了全球气候变化新协议《巴黎协定》，其长期目标是将全球平均升温较工业化前水平控制在 2 ℃以内并且力争将其限制到 1.5 ℃。

2018 年，政府间气候变化专门委员会（IPCC）发布的《全球 1.5 ℃升温特别报告》发出明确信号，要求各国提出并实施更有力度的气候目标和举措，将全球升温稳定在一个给定的水平。这意味着，全球“净”温室气体排放需要大致下降到零，即在进入大气的温室气体源的排放和汇的吸收之间达到平衡。该报告强调，只有在 21 世纪中叶实现全球范围内的净零碳排放一碳中和目标，才有可能将全球变暖幅度控制在 1.5 ℃以内，从而减缓气候变化带来的危害。因此，新能源特别是绿色可再生能源发展是实现“双碳”目标的重要途径，也是实现减缓气候变化的重要方式。

1.2 我国碳达峰和碳中和进展

碳达峰和碳中和是应对气候变化问题最关键的政策和措施。全球研究者和政策制定者对碳达峰和碳中和目标范围及内涵有着广泛的讨论和关注。我国承诺实现“双碳”目标，是为保护人类的共同家园、实现人类可持续发展做出贡献，推进碳达峰碳中和是党中央经过深思熟虑做出的重大战略决策，是我国对国际社会的庄严承诺，也是推动国家高质量发展的内在要求。我国2060年实现碳中和的目标意味着2030年实现碳达峰后需要持续快速减排30 a，对能源、工业、交通、建筑都具有很强的转型意义。

在能源领域，将优先开发当地分散式和分布式可再生能源资源，大力推进分布式可再生电力、热力、燃气等在用户侧直接就近利用，结合储能、氢能等新技术，提升可再生能源在区域能源供应中的比重。

在工业领域，将消除产能过剩，优化工业结构，提高效率和创新能力；完善环境影响评价和能源技术评价的相关制度和标准，为限制高能耗工业投资提供指导；采取需求管理措施，控制工业产品产量，降低总能源需求；优先部署节能技术，控制总能源需求；提高电气化水平，特别是替代煤炭的使用。到2025年年底前，重点区域钢铁企业超低排放改造基本完成，全国力争80%以上产能完成改造。

在交通领域，现有减排措施主要分为交通运输结构优化、颠覆性交通技术、替代燃料技术和交通工具能效提升四类。为实现交通部门低碳转型，需采用更加严格的燃料经济性标准，推广替代燃料技术，并引导交通运输向低碳运输方式转变，实现结构优化。

在建筑领域，进一步明确电气化和可再生能源在建筑领域的应用，持续提高建筑节能设计标准；继续完善家电能效标准和标签计划；通过促进光伏发电和高效生物质利用，逐步淘汰农村住宅煤炭使用；减少对大型商业建筑的依赖，鼓励使用自然通风和照明等被动技术；部署智能技术，改善需求侧响应和电网灵活性。

在碳汇方面，我国现有森林面积190万 km^2，森林蓄积量137.2亿 m^3，2007—2019年，平均每年造林面积6万～7万 km^2。2001—2010年我国陆地生态系统年均固碳2.0亿 t，相当于抵消了同期化石燃料碳排放量的14%。其中，森林生态系统贡献约80%，农田和灌丛生态系统贡献约12%和8%，草地生态系统的碳收支基本处于平衡状态。

在碳排放控制方面，不同部门的减排措施也存在差异，电力部门主要依赖生物能源与碳捕获和存储技术，工业部门依赖能效提高，建筑和交通部门依赖终端能源结构调整。

1.3 辽宁省碳达峰和碳中和行动进展

辽宁省为重工业省份，实现碳达峰和碳中和目标需要付出更多努力。“十三五”期间，能源结构调整稳步推进，非化石能源消费量占比从2015年的6.4%提升至2020年的8.6%（来自《辽宁省“十四五”能源发展规划》）。

2021年，辽宁省政府工作报告提出开展碳排放达峰行动。其内容主要包括：积极应对气候变化，制定碳排放达峰行动方案，深入推进温室气体排放总量控制。加强大气污染与温室气体协同减排，推动传统能源安全绿色开发和清洁低碳利用，重点减少工业、交通、建筑领域二氧化碳排放。做好碳中和工作，开展大规模国土绿化行动，增强森林、湿地等碳汇能力，积极发展海洋碳汇。推进碳排放权交易市场体系建设。此外，政府工作报告还提出，强化能耗“双控”管理，推进绿色化生产，全面构建清洁低碳、安全高效的能源体系，为2028年左右实现碳达峰提供有力支撑。

通过实施积极应对气候变化、碳排放碳达峰行动方案等策略，预计到2025年，非化石能源装机占比超过50%，到2030年，非化石能源发电量占比超过50%。推进风能、太阳能等新能源发展，减少对化石能源的依赖，是辽宁未来一段时间能源结构调整的重点。

1.4 气候资源与新能源

风和光照都是气候资源，也是气象能源，可以转化为风电、光电等新能源，两者的共同特点是都属于清洁能源，且潜力巨大。

风能是太阳辐射造成地球表面受热不均，引起各地温度和气压分布不均匀，形成了气压梯度力，从而使空气运动而产生的能量。风能是太阳能的一种转化形式，因此，只要有太阳，风能就永远存在。太阳能是指太阳的热辐射能，具有光热和光电转换两种利用方式，光伏发电即是其光电转换的形式之一。风能、太阳能是不消耗化石燃料、取之不尽、用之不竭的可再生能源，也是不排放温室气体、不产生污染的清洁能源。随着传统化石能源的大量开采利用，人们发现化石能源的有限储量与人类不断增长的能源需求存在着不可调和的矛盾，而风能、太阳能开发因其有利于减少化石能源的消耗、减少温室气体排放、保护环境和应对气候变化等优势，因此受到世界各国政府的重视和大力发展。

中国幅员辽阔，“三北”地区和绵长的海岸线沿岸均具有丰富的风能资源，北方地区特别是西北地区具有丰富的太阳能资源，风能、太阳能开发利用潜力巨大。

1.5 辽宁省新能源发展现状与规划

2022年，辽宁新增新能源装机容量241.79万kW（不含核电），新能源总装机容量1882.53万kW，占全省总发电装机容量的28.61%，全省新能源发电量371.14亿kW·h，利用率98.71%，新能源发展和消纳达到了新水平。2023年新能源并网的速度进一步加快。据有关统计，截至2023年9月底，辽宁新能源装机容量达2376.4万kW，装机占比33.54%，风电与光伏装机在东北地区率先突破2000万kW。

2022年9月，辽宁省人民政府办公厅印发《辽宁省加快推进清洁能源强省建设实施方案》，强调“推动非化石能源高质量跃升发展，大力发展风电、光伏发电等新能源，积极安全有序发展核电，推进天然气、氢能发展应用；推进终端用能电气化，促进重点领域能源绿色消费，有序推进碳达峰碳中和”，并对清洁能源发展设定了明确目标，即2025年全省清洁能源装机占比将达到55%、发电量占比达到48%以上，2030年全省清洁能源装机及发电量占比达到70%以上。

1.6 辽宁省风电、光伏发电发展现状

辽宁省属于温带大陆性季风气候区，具有中纬度西风带气候特征。全省大部分地区常年多风，尤以春季更甚。北部地区处于我国“三北”风带上，南部则是绵长的海岸线，属于我国东部沿海风带的北端。在全国太阳能资源区划中，辽宁省太阳能资源属于B类(很丰富)和C类(丰富)区，全省都适宜太阳能资源开发利用。

辽宁省风能太阳能开发利用工作起步很早，1992年在瓦房店长兴岛建成全省第一个风电场。2003年年底全省已有9个场址建成发电，总装机容量12.6万kW，当时位居全国第一位。2009年之前辽宁省风电装机容量一直位于全国前三位，且在2008年出现同比增长的峰值(142.86%)。2013年开始装机容量增速放缓，2020年以后增速再次提升。截至2022年年底，辽宁省风电装机容量为1173万kW(图1.1)、光伏装机容量为601万kW(图1.2)，风电、光伏总装机容量达到1774万kW，占全网总装机容量的27%。

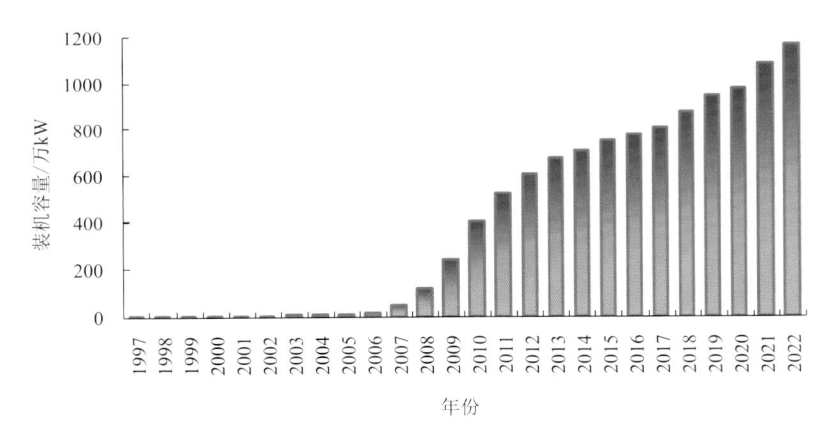

图1.1 1997—2022年辽宁省风电累计装机容量年际变化

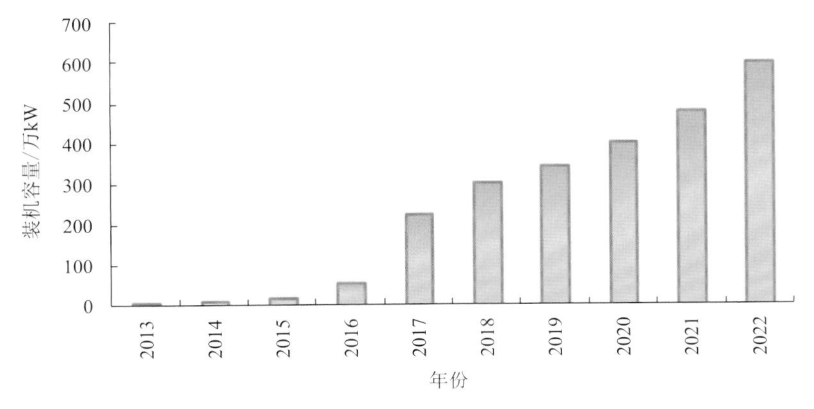

图1.2 2013—2022年辽宁省光伏累计装机容量年际变化

第 2 章

辽宁省自然地理概况

辽宁省，简称“辽”，取辽河流域永远安宁之意，位于我国东北地区南部，地处118°53′—125°46′E，38°43′—43°26′N。其东北部与吉林省接壤，西北部与内蒙古自治区毗邻，西南部与河北省临界，东南部隔鸭绿江与朝鲜民主主义人民共和国相望，南濒渤海和黄海。辽宁省辖14个地级市、16个县级市、25个县、59个市辖区，总人口4259万人，省会沈阳市。

2.1 地形地貌

辽宁省陆地总面积14.8万km^2，占全国陆地总面积的1.5%。在全省陆地总面积中，山地为8.8万km^2，占59.5%；平地为4.8万km^2，占32.4%；水域和其他为1.2万km^2，占8.1%，大体是“六山一水三分田”。

辽宁省地势大致为自北向南，自东西两侧向中部倾斜，山地丘陵分列东西两厢，向中部平原下降，呈马蹄形向渤海倾斜（图2.1）。辽东、辽西两侧为平均海拔800 m和500 m的山地丘陵；中部为平均海拔200 m的辽河平原；辽西渤海沿岸为狭长的海滨平原，称“辽西走廊”。东部山脉是长白山支脉哈达岭和龙岗山的延续部分，植被丰富，由南北两列平行山地组成，海拔在500～800 m，最高山峰海拔1300 m以上，为省内最高点。主要山脉有清原摩离红山，本溪摩天岭、龙岗山，桓仁老秃子山、花脖子山，宽甸四方顶子山、凤城凤凰山，鞍山千朵莲花山和旅顺口老铁山等。其中，老秃顶子山最高海拔1325 m，花脖子山最高海拔1336 m，是辽宁省内最高峰。西部山脉是由内蒙古高原向辽河平原过渡构成的，海拔在300～1000 m，主要有努鲁儿虎山、松岭、黑山和医巫闾山等。

境内有大小河流300余条，其中，流域面积在5000 km^2以上的有17条，在1000～5000 km^2的有31条。主要有辽河、浑河、大凌河、太子河、绕阳河以及中朝两国共有的界河鸭绿江等，形成辽宁省的主要水系。辽河是辽宁省内第一大河流，全长1390 km，境内河道长约480 km，流域面积6.92万km^2。

辽宁省海域广阔，辽东半岛的西侧为渤海，东侧临黄海。海域（大陆架）面积15万km^2，其中近海水域面积6.4万km^2。沿海滩涂面积2070 km^2。陆地海岸线东起鸭绿江口西至绥中县老龙头，全长2292.4 km，占全国海岸线长的12%，居全国第5位。全省有海洋岛屿266个，面积191.5 km^2，占全国海洋岛屿总面积的0.24%，占全国总面积的0.13%，岛岸线全长627.6 km，占全国岛岸线长的5%。主要岛屿有外长山列岛、里长山列岛、石城列岛、大鹿岛、菊花岛、长兴岛等。

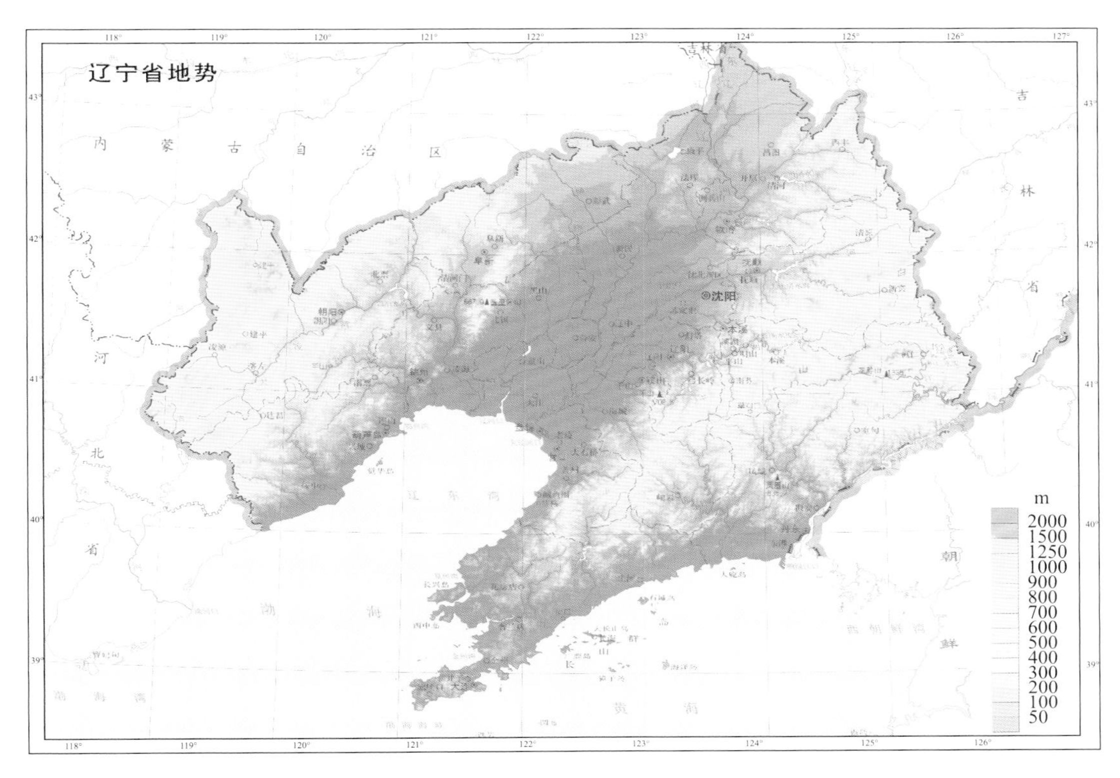

图 2.1 辽宁省地势图

2.2 基本气候特征

2.2.1 概述

辽宁省属于温带大陆性季风气候，具有中纬度西风带气候特征。受热带、副热带和西风带大气环流系统共同影响，四季分明、雨量集中、日照充足、东湿西干。

辽宁省地形地貌复杂多样，各地气候不尽相同。南部具有海洋性气候特点，西北部为典型的大陆性气候。气温、降水分布不均、差异较大。春季干燥多大风，夏季温暖多雨，秋季凉爽舒适，冬季寒冷漫长，雨季集中是辽宁省的典型季节气候特征。全省风能、太阳能资源丰富，适合大规模开发利用。

从气象意义上讲，全省平均入春时间为 4 月 14 日，约 66 d；入夏时间为 6 月 19 日，约 71 d；入秋时间为 8 月 29 日，约 51 d；入冬时间为 10 月 19 日，约 177 d。

2.2.2 基本气候要素

本节采用辽宁省 61 个国家气象站 1991—2020 年观测数据进行统计。

辽宁省年平均气温为9.0 ℃，各地为5.6～11.6 ℃，自南向北阶梯状降低(图2.2)，南北温差达6 ℃。1月全省平均气温为－9.4 ℃，7月为24.4 ℃。全省各地年平均最高气温为12.9～16.8 ℃。年平均最低气温为－0.9～8.1 ℃。

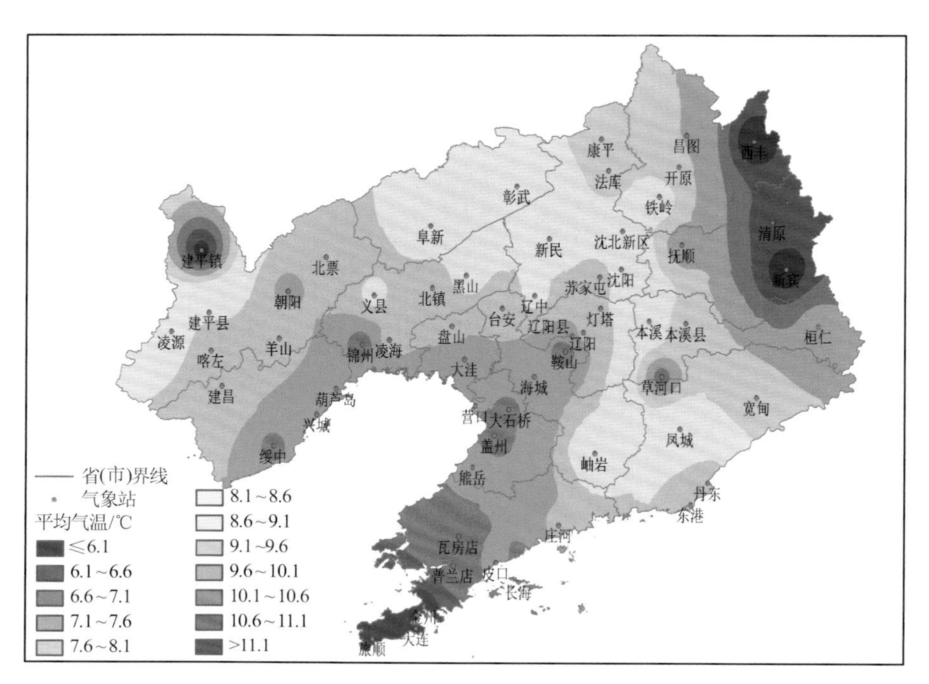

图2.2 辽宁省61个国家气象站年平均气温空间分布

全省年平均降水量643.7 mm，各地为434.3～1064.8 mm，自西北向东南递增(图2.3)。降水量主要集中在6—8月，约占全年降水总量的64%。西部年降水量为450 mm左右，中部地区为650 mm左右，东部为800～1065 mm。

全省年平均日照时数2531.5 h，各地为2183～2851 h，自东向西逐渐增加，东部年日照时数在2500 h以下，辽西地区在2700 h以上。

全省年平均风速为2.6 m/s，各地为1.3～3.9 m/s。中部和南部风速较大，年平均风速在3.0 m/s以上。东西两侧山地丘陵区，尤其是抚顺市、本溪市及朝阳市部分地区风速较小，普遍在2.0 m/s以下。

全省年平均相对湿度为62.8%，各地为50.8%～71.9%，自西向东逐渐增加，辽西山区在55%以下，东部在68%以上。东部及南部山地丘陵区年平均相对湿度在68%以上，西部山地丘陵区为50%～60%，中部平原为60%～66%。

全省年平均气压为1002.6 hPa，各地为938.3～1016.2 hPa，中部地区气压较高，向东西两侧递减。除本溪市、朝阳市以及抚顺和丹东部分地区年平均气压较低外，全省大部分地区年平均气压均在1000 hPa以上。

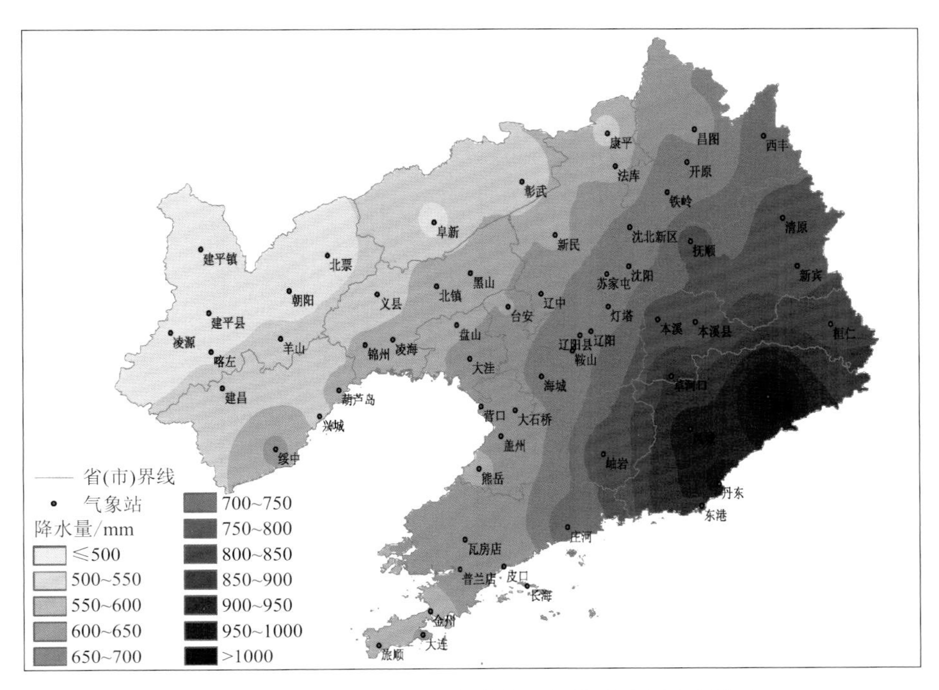

图 2.3 辽宁省 61 个国家气象站年平均降水量空间分布

2.2.3 主要天气现象

辽宁省各地年平均降雨日数为 58.9～109.6 d,自西向东逐渐增多,东部雨日基本在 100 d 以上。其中,各地年平均降雪日数为 12～74 d,自西向东逐渐增多,东部地区普遍在 35 d 以上。

各地年平均雷暴日数为 16～38 d,辽西和北部地区在 25 d 以上。

各地年平均雾日数为 4～63 d,抚顺东部、丹东大部和大连南部地区在 30 d 以上。

各地年平均冰雹日数为 0.5～1.9 d,辽西朝阳地区冰雹最多。

各地年平均寒潮出现频次为 0.5～6.5 次,东部的抚顺和本溪地区寒潮出现最多。

全省各地沙尘暴天气均很少出现,相对而言阜新地区最为严重。各地年平均扬沙日数为 0.1～24.0 d,浮尘日数为 0.6～8.8 d。

2.2.4 其他气候特征值

辽宁省各地常年春季稳定通过 5 ℃日期为 3 月第 4 候—4 月第 2 候,平均为 4 月 1 日。稳定通过 8 ℃日期为 4 月第 1 候—第 4 候,平均为 4 月 11 日。春播期第一场透雨出现日期为 4 月第 3 候—5 月第 1 候,平均为 4 月 22 日。秋季初霜冻一般出现在 9 月中下旬—10 月中下旬,平均为 10 月 11 日。

全省各地年平均暴雨日数为 0.5～3.9 d,丹东地区暴雨最为频发,历史出现的日最大降水量为 414.4 mm。出现≥35 ℃高温的年平均日数为 0～8 d,辽西地区最多。出现≤−20 ℃、

≤−25 ℃低温的年平均日数分别为 0～27 d、0～6 d，铁岭东部、辽东山区及建平地区分别在 45 d、5 d 以上。年平均大风日数为 2～48 d，最大风速为 33.3 m/s。

各地年平均降雪量为 13.5～59.9 mm，抚顺东部降雪量最多。各地年平均积雪深度为 4.5～19.6 cm，最大积雪深度为 14～71 cm。

辽宁省为季节性冻土地带，各地冻土期为 84～193 d，东部和北部地区在 160 d 以上，各地年平均最大冻土深度为 42～145 cm。积雪期为 66～151 d，东北部和西北部地区在 140 d 以上。无霜期为 136～235 d，铁岭及抚顺东部地区在 150 d 以下。

2.3 季节气候特征

本节采用辽宁省 61 个国家气象站 1991—2020 年观测数据进行统计。

2.3.1 各月基本气候特征

辽宁省各月平均气温为−9.4～24.4 ℃，1 月平均气温最低，7 月最高（图 2.4）。四季分明，春夏秋冬四季的全省平均气温依次为 9.9 ℃、23.2 ℃、10.0 ℃、−7.0 ℃。

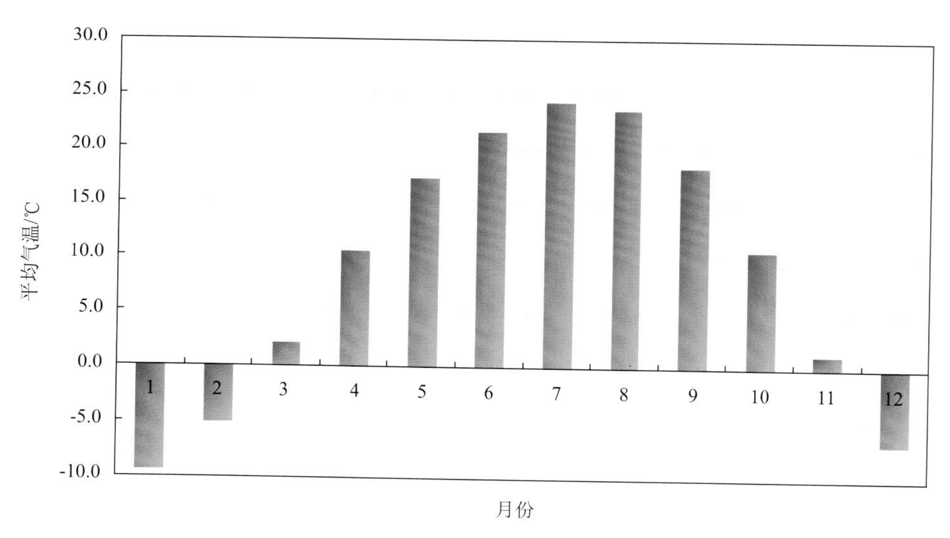

图 2.4 辽宁省各月平均气温

各月全省平均降水量为 4.2 mm（1 月）～162.6 mm（8 月），季节变化特征明显（图 2.5）。春季（3—5 月）降水量为 12.6～58.0 mm，占全年降水量的 16.0%；夏季（6—8 月）各月为 90.5～162.6 mm，占全年降水量的 64.0%；秋季（9—11 月）各月为 20.9～52.0 mm，占全年降水量的 17.1%；冬季（12 月至翌年 2 月）降水量最少，占全年降水量的 3.0%。降水主要集中在夏季，尤其集中在汛期 7—8 月。

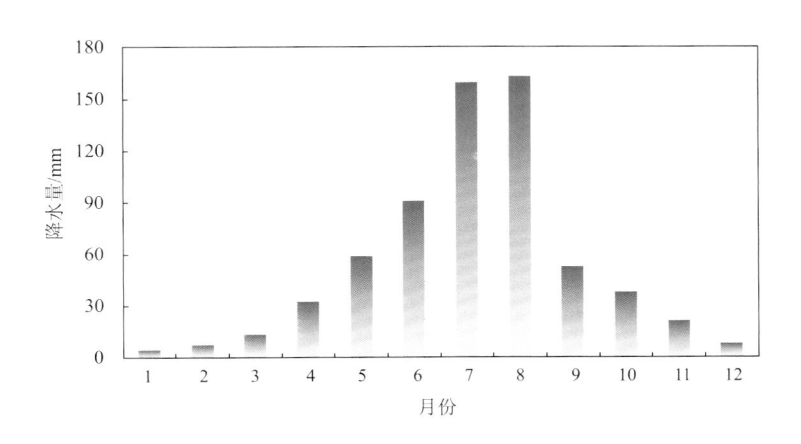

图 2.5 辽宁省各月平均降水量

各月全省平均日照时数为 171.7 h(12 月)～260.0 h(5 月)。春季日照最多,秋季次之,冬季最少。

各月全省平均风速为 2.1～3.5 m/s,4 月风速最大,8 月最小。

相对湿度夏季高,秋季次之,冬、春两季最低,8 月全省平均相对湿度最高,为 79.7%;4 月相对湿度最低,为 50.7%。

气压呈夏季低、冬季高的特点。1 月全省平均气压最高,为 1012.6 hPa;7 月平均气压最低,为 991.4 hPa。

2.3.2 典型季节特征

2.3.2.1 春季多大风

由于受南高北低的气压场和地形狭管效应影响,辽宁省春季多大风天气,春季西南大风是辽宁气候的显著特点之一。春季大风日数为 0.2～7.1 d,中部平原地区的大风日数一般在 3 d 以上(气象意义上的大风为 6 级风及以上)。

2.3.2.2 雨季集中

辽宁省雨季集中在 6 月中下旬—8 月下旬,标准气候态下(1991—2020 年),雨季平均开始日期为 6 月 20 日,平均结束日期为 8 月 24 日,全省平均雨季持续时间为 66 d,雨季平均降水量为 366.6 mm,占全年降水量的 57%。

2.3.2.3 冬季低温时间长

辽宁省冬季寒冷漫长,冬季长达 6 个月,采暖期为 5 个月左右。以连续 5 d 日平均气温<5 ℃为标准,辽宁各地的采暖期长度为 104～156 d,平均 136.3 d,自南至北逐渐增加,西北部和东北部采暖期最长(146～156 d)。

2.4 主要气象灾害特征

辽宁省主要气象灾害有干旱、暴雨洪涝、雪灾、低温冷害、大风、雷暴、冰雹等，其中干旱、暴雨洪涝影响最为严重。地域分布上，辽西地区为干旱、雷电多发区，辽东为暴雨多发区。

2.4.1 干旱

干旱频率高、影响大。辽宁省因地理条件及气候特征成为干旱频发的地区之一。根据降水时间分布的差异，干旱可分为春旱、夏旱、秋旱3类，严重影响大田播种、出苗、农作物拔节开花和籽粒灌浆，造成农业产量大幅下降。春旱发生频率最高，辽西和辽南南部每10 a有7 a出现春旱；夏旱多发生在辽西；辽西、中部偏北地区和辽南南部则是秋旱高发地区。全省还经常发生春夏连旱、夏秋连旱、春夏秋三季连旱，其中辽西、辽南南部和辽宁中部地区是春夏连旱多发区，辽西北是夏秋连旱多发区，辽西、辽南地区春夏秋三季连旱多发。

2014年辽宁省出现严重夏秋连旱，造成农业减产50亿kg。6月下旬—9月上旬，全省平均降水量较常年同期偏少近5成，为1951年有完整气象记录以来同期最少。8月14日，全省气象干旱面积14.1万km^2，重旱面积达到6.5万km^2。

2.4.2 暴雨

辽宁省年平均暴雨日数为1.6 d，丹东地区为暴雨多发区，年暴雨最多日数可达11 d。短时强降水突发性强、雨量集中、危害大，其中持续2 h降水过程的降水量最大，占所有持续时间降水总量的97%。辽东地区为暴雨洪涝易发区。由于地形地貌差异，辽西相对干旱的山地丘陵区小时降水量达到20 mm即可引发山洪、泥石流等严重地质灾害。

2013年“8・16”暴雨，全省9条河流发生有记录以来的历史前5位洪水，抚顺市南口前镇此次过程降水量为449 mm，最大3 h降水量159 mm，最大6h降水量316 mm，最大24 h降水量426 mm，均为历史极值，洪水在10 h内由起涨至洪峰水位涨幅达7.2 m，短时间内形成的巨大洪流，造成重大灾害。

2.4.3 其他灾害

辽宁省雪灾、大风、雷暴、冰雹等时有发生，危害较大。辽宁省冬季寒冷，降雪期长，11月和3月最易发生特大暴雪，导致雪灾。2007年3月3—5日，辽宁省大部分地区出现暴雪和特大暴雪天气过程（“3・04”暴雪过程），最大降雪量78 mm，最大积雪深度44 cm，机场和高速公路全线封闭，沿海所有客、货运输船舶全部停航，城市交通出现瘫痪。2021年11月7—9日辽宁历史罕见特大暴雪过程中，最大降雪量80.3 mm，最大积雪深度53 cm，25个国家气象站积雪深度超过2007年“3・04”暴雪过程。雷暴主要出现在4—10月，7

月最多，6月、8月次之，由东、西部山区向中部丘陵平原及沿海地区逐渐递减。大风多发生于春季。冰雹主要出现在4—10月，6月最多，5月次之，山地丘陵区最多，平原和沿海最少。上述灾害对农业生产、基础设施、电力、通信以及人民生活均可造成严重影响。

2.5 气候极端性特征

气候变化背景下，辽宁省气候极端性有增强趋势，多个气象要素极端值不断翻新，极端高温、极端低温、最大积雪深度等极值均发生在21世纪，防灾减灾工作不容忽视。

1961年以来，2007年、2014年、2019年辽宁省平均气温最高(9.8 ℃)，1969年平均气温最低(7.0 ℃)；2010年降水量最多(968.5 mm)，2014年最少(432.6 mm)；1965年日照时数最多(2921.7 h)，2021年最少(2235.0 h)；1969年平均风速最大(3.7 m/s)，2007年最小(2.3 m/s)；1990年平均相对湿度最大(67.7 %)，2017年最小(58.4%)；1989年平均气压最高(1004 hPa)，1961年最低(1001 hPa)。

从61个国家气象站有正式气象观测以来看，辽宁省历史极端最高气温为43.3 ℃(2000年，朝阳、凌源)，极端最低气温为−43.4 ℃(2001年，西丰)，最大日降水量为331.7 mm(1975年，熊岳)，最大小时降水量为212.1 mm(1989年，大石桥)，最多暴雨日数为15 d(1985年，丹东)，最大积雪深度为71 cm(2012年，宽甸)，最大冻土深度为200 cm(1977年，本溪县)。

2.6 气候变化事实

辽宁省位于我国气候变暖最显著的区域，属于气候变化敏感区和生态环境脆弱区。气候变化背景下，全省气温升高、积温显著增加，冻土深度、日照、风速减小。

气温呈显著上升趋势。1961—2022年，辽宁省年平均气温、年平均最高气温、年平均最低气温均呈显著上升趋势，62 a分别上升了1.7 ℃、1.4 ℃和2.2 ℃(图2.6)。

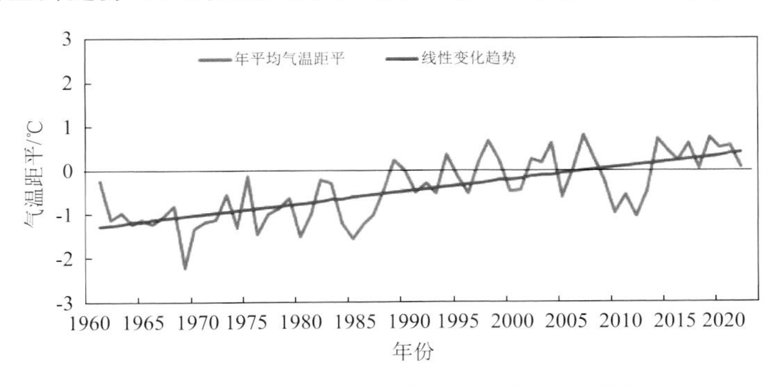

图2.6 1961—2022年辽宁省年平均气温距平变化

降水量无显著变化趋势，但年代际变化特征明显，自 2010 年以来降水量年际波动幅度较大（图 2.7）。年降水日数无明显变化趋势，但年累计暴雨站日数增多。

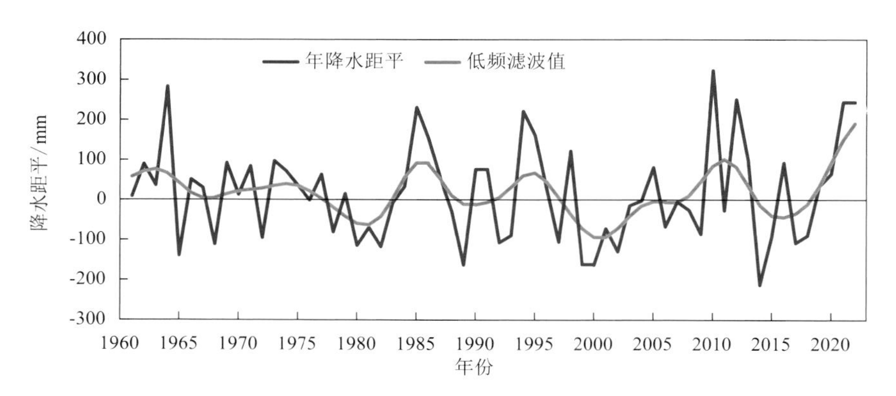

图 2.7　1961—2022 年辽宁省年降水量距平变化

风速显著减小。1961—2022 年，辽宁省年平均风速呈平均每 10 a 减小 0.20 m/s 的显著趋势。相对湿度无明显变化趋势。

≥ 10 ℃的年活动积温呈显著增加趋势，平均每 10 a 增加 51.0 ℃ · d。采暖期长度呈略缩短趋势，平均每 10 a 减少 2.3 d。夏季长度呈显著增加趋势，平均每 10 a 增加 2.0 d。冬季长度呈显著缩短趋势，平均每 10 a 缩短 2.2 d。

年最大冻土深度呈显著减小趋势，平均每 10 a 减小 3.2 cm。

低温日数显著减少，高温日数显著增加。低温日数（日最低气温≤－25 ℃）平均每 10 a 减少 0.6 d，高温日数（日最高气温≥30 ℃）平均每 10 a 增加 1.9 d。寒潮次数、寒潮平均降温幅度和寒潮最大降温幅度均呈略减少趋势。

扬沙、沙尘、大风日数显著减少，平均每 10 a 分别减少 1.8 d、0.6 d、3.8 d。

第 3 章
气候变化对新能源开发利用的影响

气候变化对能源系统(能源开发、输送、供应等)有着广泛的影响,而且能源需求是随着气候要素变化而变化的。综合考虑人口、经济和能源利用效率等要素,在全球变暖的情况下,冬季取暖能耗降低,而夏季制冷能耗会明显升高,总体能源需求会呈现上升趋势。同时随着可再生能源在电力系统比例的增加,电力系统将越来越容易受气候变化和极端天气气候事件的影响。本章主要基于文献总结气候变化对风能、太阳能资源以及能源供需的影响。

3.1 新能源与气候变化

新能源又称非常规能源,是指传统能源之外的各种能源形式,指刚开始开发利用或正在积极研究、有待推广的能源,如太阳能、地热能、风能、海洋能、生物质能和核聚变能等。随着常规能源的有限性以及环境问题的日益突出,以环保和可再生为特质的新能源越来越得到各国的重视。在中国,可以形成产业的新能源主要包括水能(主要指小型水电站)、风能、生物质能、太阳能、地热能、核能等。随着技术的进步和可持续发展观念的树立,过去一直被视作垃圾的工业与生活有机废弃物被重新认识,作为一种能源资源化利用的物质而受到深入的研究和开发利用,因此,废弃物的资源化利用(如垃圾发电)也可看作是新能源技术的一种形式。新能源产业的发展既是对整个能源供应系统的有效补充手段,也是环境治理和生态保护的重要措施,是满足人类社会可持续发展需要的能源选择。

气候变化问题是当今全球面临的重大挑战之一。随着工业化和城市化的快速发展,人类对化石燃料的依赖导致了大量的温室气体排放,加剧了全球变暖的趋势。为了减少对生态环境的破坏,推动可持续发展,发展新能源成为解决气候变化问题的重要途径。

在新能源中,风能、太阳能、水能的利用与气候变化密切相关,气候变化不仅影响资源禀赋,还对新能源利用安全有影响。气候变化可导致风能资源、太阳能资源、水资源的空间布局和资源量发生变化,同时气候变化导致的极端气象灾害及衍生灾害频发、多发、程度加剧的现象,还会增加新能源运行安全风险,如极端天气对风机运行、电力输送、核电运行等有重大影响。

当前,在全球范围内,风能、太阳能是最为常见、最具潜力和广泛应用的新能源。特别是在风能资源丰富的地区,风力发电已经成为主要的能源供应方式。随着太阳能发电系统的安装和运行成本逐渐降低,以及利用效率的不断提高,太阳能发电也已成为当今能源供应的重要来源,伍风华(2023)、袁森(2023)等众多学者对太阳能发电发展和应用前景展开了研究分析。

3.2 气候变化对风能、太阳能资源的影响

发展可再生能源是应对全球气候变化的主要举措，其中风力发电和太阳能发电与天气气候条件紧密相关。中国风能和太阳能资源丰富，但是气候变化导致的风能和太阳能在不同时间尺度上的波动对电力供应有着潜在影响。

3.2.1 风能、太阳能资源长期变化事实

3.2.1.1 风能资源变化事实

风能资源的变化主要看风速的长期变化。很多基于气象站观测的中国风速长期变化研究均得到地面风速呈减小趋势的研究结论(陈练，2013；赵宗慈 等，2016)。其主要表现在：年平均地面风速总体呈减小趋势，1961—2017 年大约是每 10 a 减小 0.13 m/s，20 世纪 60 年代—90 年代初期为持续正距平，之后转为负距平；4 个季节风速都在减小，冬季和夏季风速减小最为明显；全国大部分地区风速都呈减小的趋势，风能资源丰富的西北、华北和东北地区风速减小明显，可达每 10 a 减小 0.2 m/s；年平均大风风速和日数都明显减小；小风(≤3 m/s)风速频次在增加。

对风速减小的原因主要归结为自然变化和人类活动影响两个方面。相关文献的主要结论是：在自然变化方面，随着全球变暖，东亚和南亚季风呈减弱趋势，季风减弱时期，中国地面风速呈减弱趋势；在人类活动影响方面，主要包括城市化效应导致下垫面变化和温室气体的排放。一方面城市化现象对风流通产生影响，另一方面温室气体排放加剧气候变化，从而叠加在风速的自然变化上。

3.2.1.2 太阳能资源变化事实

太阳总辐射量的变化是表征太阳能资源变化的最主要特征量。齐月等(2014)、谢今范等(2012)及其他很多学者对中国地面太阳辐射变化特征开展了研究，认为在 20 世纪 90 年代前中国大部分地区太阳总辐射和直接辐射呈减少趋势，从 1990 年以后开始逐渐增加，经历了一个由“变暗”到“变亮”的过程。范灵悦(2023)研究指出，1961—2016 年，中国地区总辐射每 10 a 减小 3.36 W/m^2；其中 1961—1989 年总辐射在年及季节尺度上均有显著的下降趋势，这种下降趋势在 1990—2007 年有所减弱，并在 2008—2016 年转变为以每 10 a 增加 6.52 W/m^2 的速率显著上升，且这一时期在季节尺度上除秋季外其余季节总辐射均有大幅上升。

太阳辐射的变化主要受到大气中的云、水汽和气溶胶等的影响，各地区太阳辐射变化的主要原因有所差异，中部东部地区主要受轻雾或霾的影响，西部地区受低云和水汽的影响(齐月 等，2015)。

3.2.2 未来风能、太阳能资源变化趋势预估

3.2.2.1 风能资源

若未来人类排放温室气体持续增加，造成全球变暖加剧，可能会对风能资源开发潜力造成影响。江滢等(2018)采用 IPCC AR5 中世界气候研究计划第五阶段耦合模式比较计划(WCRP/CMIPS)提供的，来自中国、美国、加拿大、澳大利亚、欧洲中期天气预报中心、英国、法国、德国、韩国、日本、俄罗斯及挪威 12 个国家或组织的 23 个模式，给出的各预估情景下(RCP2.6、RCP4.5 和 RCP8.5)距地面 10 m 高度近地层经向风和纬向风的数值实验数据，预估中国近地层风速未来长期变化趋势。结果表明：在 CMIP5 的 RCP2.6、RCP4.5、RCP8.5 和 CMIP3 的 SRES B1、SRES A1B 和 SRES A2 情景下，CMIP5 计划的多模式集合平均结果预估 21 世纪(2006—2100 年)中国近地层年平均风速呈减小的趋势，且随着温室气体排放浓度的依次增大，风速减小趋势依次显著，预估风速呈减小趋势的一致性依次增大。在 CMIP5 和 CMIP3 的各情景下，多模式集合平均结果一致预估中国 21 世纪夏季(秋、冬季)平均风速呈增大(减小)的趋势。CMIPS 和 CMIP3 的 6 种情景均预估中国西部地区 21 世纪年平均风速呈减小的趋势、东部地区风速呈增加的趋势。与 21 世纪前期(2006—2015 年)相比，21 世纪后期(2090—2099 年)中国西部、华北北部至东北南部地区风速偏小；东北北部、华北南部至华南大部地区风速偏大。随着温室气体排放浓度的增加，冬季风速偏小的范围越大，偏小的程度越显著；夏季风速偏大的范围越大，偏大的程度越显著。

3.2.2.2 太阳能资源

张飞民等(2018)基于 CMIPS 计划的多模式集合平均结果显示，相对于参考期(1986—2005 年)，不同 RCPs 情景下 2020—2030 年亚洲太阳能资源均呈增加的变化趋势，且在高排放(RCP8.5)情景下的增加趋势最为明显。1961—2017 年，在自然和人类活动影响下，中国太阳能资源总体呈现下降趋势，但在 RCPs 情景下，2020—2030 年中国太阳能资源可能呈现增加趋势。

3.3 气候变化对能源需求和电力系统的影响

一方面，随着全球气候变暖，考虑到人口、经济等影响要素，夏季所需的制冷能耗明显升高，冬季则取暖能耗降低，然而总体的能源需求却会呈现上升的趋势。占明锦(2018)基于中国逐日最高气温观测资料、15 个全球模式不同集合运行模式、31 套最高气温预估数据，结合上海、宁波、深圳、合肥、武汉、南昌和长沙 7 个城市电力消耗数据和社会经济数据，开展夏季高温事件对城市电力消耗的研究，发现当日最高气温高于夏季最高气温 70%分位数时，随着温度的升高，城市居民耗电量急剧升高。考虑未来社会经济发展，在共享社会经济路径下，全球平均气温升高 1.5 ℃，对于城市能源消耗影响而言，耗电量比 2010—2015 年增加 3.3 倍，升温 2.0 ℃增加 8.9 倍，升温 4.0 ℃增加 10.2 倍。

另一方面，随着可再生能源占电力系统比例的持续增加，未来电网输送格局主要依靠大规模远距离电网输送可再生能源电力，相比本地化供应的电网系统，未来高比例可再生能源的电网系统更易受气候变化和极端气候事件的影响。另外，刘振亚(2015)指出，中国的风、光、水能大型基地主要分布在“三北”地区和西南地区，高比例可再生能源主要依靠西部水电、西部和北部超大规模的太阳能电站、北部和西北部大规模风电来实现。因此，未来的输电格局将进一步强化目前的“北电南送”“西电东送”的格局，西部送端地区通过特高压直流和交流输电网将西部和北部的风电、光电，以及西南水电远距离送往华北、华中、华东和珠三角等负荷中心。气候变化和极端天气气候事件，将加剧可再生能源发电出力的波动性、电力系统的不稳定性和脆弱性。

3.4　风电、太阳能发电对天气气候和局地环境的影响

随着风电、太阳能发电大规模发展，并成为能源供给的重要组成部分以来，关于风电、太阳能发电是否有负面影响得到了广泛关注，特别是针对风电、太阳能发电对天气气候和局地环境的影响问题研究最为深入。

3.4.1　风电对天气气候和局地环境影响的相关研究结论

蒋俊霞等(2019)总结归纳了风电场对气候和生态环境的影响：一方面风机的架设改变了原有空气动力学粗糙度高度，加强了下垫面对湍流的阻挡作用，直接影响边界层湍流运动，改变原有陆地表面和近地层大气之间的物质能量和水分交换的强弱程度和模式，影响大气环流和气候；另一方面由于风力涡轮机将一部分风动能转化为电能，产生风机尾流效应，改变了边界层中大尺度运动动能的收支模式与时空分布，导致大气各种通量(热量通量和水汽通量等)的变化，对温度、降水和风速等产生影响。通常情况下，风电场对近地面的增温或降温效应与大气的层结稳定性有关。尽管如此，全球气候模式的模拟结果表明，风电场对全球气候的平均影响很小，其影响远远小于温室气体排放引起的预期变化和自然气候的年际变化。风电几乎不排放二氧化碳和污染物，与其他传统能源相比，减少水资源消耗，虽然可能破坏动物栖息地、发生鸟类碰撞和产生噪声、影响视觉等一些消极影响，但是可以采取相应的一些措施来减缓这些不良影响。

赵宗慈等(2011)根据大量的观测和数值模拟研究表明，风电场的运行明显减小下游风速，同时随局地近地层稳定度的不同也造成下游温度明显上升或下降。一些数值模拟研究表明，如果全球建立大量大型风电场，例如，假定全球使用风能占总能源10%以上，即全球陆地的30%～40%和全球海洋浅水区均建有风电场，这些风电场的运行将可能造成全球变暖和风速减小。

马兴悦等(2022)基于卫星地表温度数据，结合分析植被指数、地表反照率及土地利用数据，研究了大型风电场对地表温度的影响，结果表明，风机运行会对风电场内及其下风向地

表温度产生影响。在春季、秋季和冬季,夜间风电场建成前后下风向增温幅度高于上风向,白天则是下风向增温幅度低于上风向,即风电场下风向夜间存在增温,白天存在降温。与周边非风电场影响区域相比,春季、夏季和秋季风电场内地表温度显著增高,冬季存在增温但不显著。

Fiedler 等(2011)利用 WRF 模式模拟,发现美国中西部大型风电场会对季节天气和降雨量产生明显影响,62 个暖季的平均降水量中,风电场东南部和周围的多个州区域降水量增加了 1%。作者认为,这可能是由于风电场在一定程度上阻碍了来自西北部干燥空气的水平对流。Vautard 等(2014)基于欧盟能源和气候政策,在 WRF 模型中模拟了欧洲当前和 2020 年情景下风能发电的气候影响,发现冬季降水变化在 0~5%。

3.4.2 太阳能发电对天气气候和局地环境影响的相关研究结论

太阳能发电因其低碳、可持续等独特的优势备受推崇,目前,全球光伏发电总装机容量已超过 1000 GW,约占全球发电总装机容量份额的 1%。仅 2021 年全球光伏发电装机容量已达 175 GW,预计到 2100 年光伏发电在全球电力供应的占比将达到 20%~29%,光伏发电对于加快形成清洁能源利用新格局和双碳目标的实现具有重要战略意义,在大力发展光伏发电的同时,其对局地环境的影响也逐渐凸显,客观地评估其优缺点,才能更好地发挥优势,并采取合理的措施将其不利影响降至可承受范围。光伏发电对环境的影响体现在对大气、水、土壤及植被等方面。

直观上看,太阳能发电站以及太阳能热水器会吸收大量太阳辐射,进而减少地表接收的太阳辐射量,降低当地气温。而气温也是影响土壤有机碳分解和呼吸速率的重要因素。光伏阵列排布改变了地表粗糙度,还使得近地层风速和风向变化更为复杂,加剧了近地层的湍流。此外,光伏电板因其平滑的表面,还会增加光的反射等,造成一定程度的光污染。

光伏电站建设的器械在生产加工、线路布局、道路施工、设备安装及光伏阵列铺设等的土地使用方面,对占用的荒地、草地、戈壁等各类土地均会造成一定的影响。从生产环节而言,无论是(单)多晶硅料、硅片、电池片,还是非晶硅材料及光伏组件,会使用氢氟酸、盐酸进行酸洗并产生氟氯污染物,当污染物浓度超限或者持续排放污染物时,会对土壤的呼吸作用、微生物群落及酶活性等产生重大的危害,并需要一定的时间周期才得以恢复,严重者甚至造成土壤理化性质的永久性改变。光伏组件的倾斜角度会对降水产生再分配,雨水在组件表面汇集,形成组件表面径流。且光伏组件有一定的遮阴效果,使光伏阵列覆盖区中土壤水分的蒸发量减少,使得土壤湿度增大。

光伏电站建设期施工及后期运行会改变原有地貌,导致地表覆盖物受损,严重者会导致土壤直接暴露于空气中,受风的侵袭,易起沙尘,当遇到强降水天气,裸露的地表易引发水土流失。因光伏电站对局部气候、水、土壤等环境条件的改变,进而改变土壤养分循环和植物生产力,如植被高度、覆盖度、生物量等。虽然有关光伏电站建设对陆地生态系统的影响并不一致,但总体而言可以提高植被盖度和生产力,特别在荒漠等生态系统中可一定程度上改善生态环境。

也有科学家认为,虽然太阳能面板可吸收大部分阳光,但只有 15%~20%入射能量转化为电能，剩下的会变成热量返回给环境。且太阳能面板通常颜色很深，因此会比地面吸收更多额外能量，而地面原本可以反射回去的热量会发散到周围环境。Li 等(2018)采用了一个考虑植被动态的气候模型模拟了在撒哈拉沙漠及其南侧的萨赫勒地区大规模兴建风能和太阳能发电场对局地地表气温和降水产生的影响。试验数值表明，建设太阳能发电场会令该地区表面气温升高，降水量增加。在降水量增多、最低温度提高的双重作用下，植被开始复苏生长，进而继续降低沙漠的地面反射，云层覆盖变大，降水量再次得到提升，“地表反射—植被—降水量”的正反馈机制建立。如果风能和太阳能发电场同时建设，气候影响会进一步放大，降水量也将大幅增加。考虑到萨赫勒地区的年降水量仅有 200 mm，如果降水增加到 500 mm，这种幅度的变化，会根本改变这一区域的生态、环境和社会形态。

第 2 篇

风能资源开发利用气象服务

第 4 章
辽宁省风能资源概况

辽宁省地处我国“三北”风带，同时也处于我国东部沿海风带的北端，风能资源丰富，风能资源开发利用是辽宁省新能源发展的重中之重。

4.1 辽宁省风特征的成因

一个地方风的形成与其地理位置、大气环流、地形地貌等密切相关。辽宁省属于温带大陆性季风气候区，具有中纬度西风带气候特点。西风带气候特点以及南部沿海、东西高中部低的地形特点形成了辽宁省的风特征。

春季，气旋活动频繁，影响辽宁省的气旋主要是蒙古气旋和东北冷涡，受蒙古气旋的环流控制，辽宁省多西南大风，加之辽宁省东西部地势高、中部低平的地形特点，西南风在地形狭管效应的作用下，风速加大。通常春季是辽宁省风速最大的季节，尤以 4 月最大。

夏季，亚洲大陆上空通常为暖性大低压，辽宁省完全位于大陆暖性低压控制下，受其影响，盛行偏南气流。风从海洋吹向大陆，形成东亚夏季风。东亚夏季风建立后，以阶段性方式向北推进，7 月中旬季风前沿抵达东北地区，亚洲沿岸盛行东南季风。同时，夏季是台风多发的季节，北上台风会给辽宁省带来较大风雨。

秋季，东亚地区冷高压势力开始增强，受蒙古高压的影响，辽宁省地面由夏季盛行的偏南风开始转变为偏北风。

冬季，亚欧大陆常为高气压控制，这个庞大的高气压在亚洲东部造成强劲的西北风，即东亚冬季风。受东亚冬季风影响，辽宁省冬季盛行西北风。

4.2 全国风能资源评估辽宁省专题的主要结论

1949 年以来，我国开展了 4 次全国规模的风能资源普查。随着技术进步，历次风能资源普查结论也在不断修正和补充。

20 世纪 60—80 年代，开展了 2 次风能资源普查。在 80 年代末开展的风能资源普查中，辽宁省采用全省 20 余个气象站的风观测资料进行分析。主要评估结论为：辽宁省风能资源总储量为 0.54 亿 kW，沿海和辽河平原区风能资源丰富。

2004 年开展了全国第三次风能资源普查，结合辽宁省 54 个气象台站风观测资料、数值模拟、已建和预选风电场测风资料对辽宁省风能资源状况作了全面评价。主要评估结论为：辽宁省陆域 10 m 高度上的风能资源总储量为 0.89 亿 kW，存在 3 个风能资源丰富带，即辽北风能资源丰富带、环渤海风能资源丰富带和黄海北部风能资源丰富带。

2008—2011 年，在国家财政部、国家发展和改革委员会支持下，由气象部门牵头，开展了全国第四次风能资源详查和评价工作。通过建设测风塔开展风能资源实测与评估，采用数值模拟技术对陆上风能资源进行长年代精细化模拟，利用气象站长期观测数据分析风电开发气象风险。主要评估结论如下。

(1)辽宁全省陆域 70 m 高度上年平均风功率密度大于等于 300 W/m² 的风能资源技术开发量为 0.5981 亿 kW(表 4.1)，存在 3 个风能资源丰富带(图 4.1)，即辽北风能资源丰富带、环渤海风能资源丰富带和辽东长白山余脉主山梁风能资源丰富带(较第三次风能资源普查有修正)，全省具备建设千万千瓦风电省的资源条件。

表 4.1 辽宁省 70 m 高度陆域风能资源技术开发量及开发面积统计

年平均风功率密度/(W/m²)	技术开发量/万 kW	技术开发面积/km²
≥400	1170	3998
≥300	5981	20409
≥250	9081	30569
≥200	9305	31540

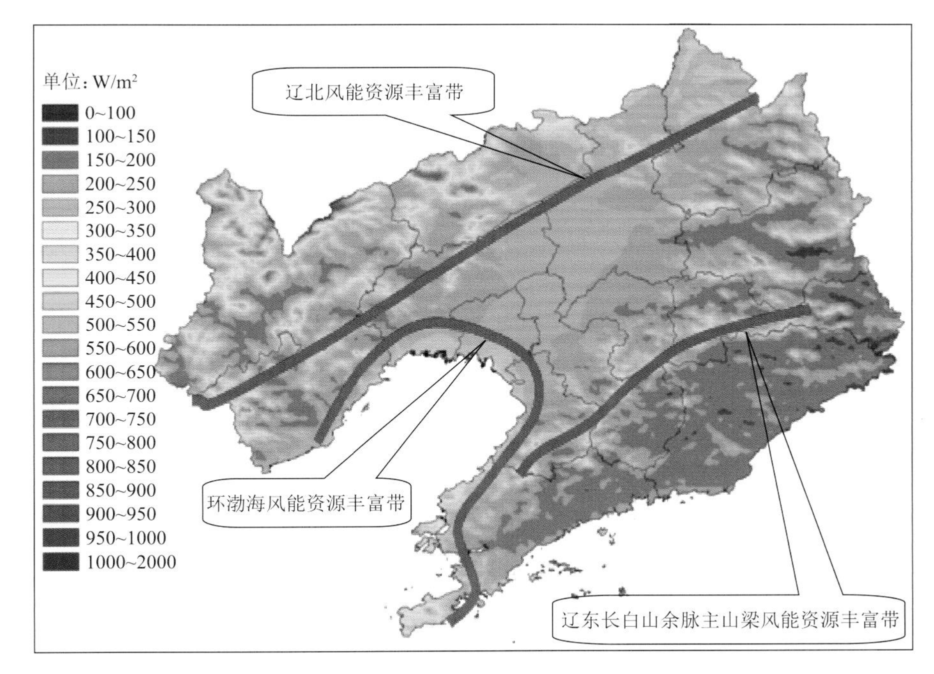

图 4.1 辽宁省风能资源丰富带示意图

(阴影表示辽宁省 70 m 高度年平均风功率密度分布)

(2)潜在开发量较大的区域主要分布在与内蒙古交界的努鲁尔虎山区、黑山山脉和松岭山脉地区、辽北与内蒙古通辽和吉林双辽交界地区、辽东湾沿岸地区、大连南部地区以及辽东长白山余脉的主山梁地区。

(3)风电装机密度系数较大的地区主要分布在朝阳市的建平县和北票市、阜新市的阜新县和彰武县、沈阳市的康平县和法库县、铁岭市的昌图县、大连市的瓦房店市和旅顺口区沿海地区。

4.3 辽宁省风能资源与全国各省(区、市)的比较

从全国陆地风能资源技术开发量的地域分布看，“三北”地区的省(区、市)排在前列，其次是沿海省(区、市)和西南地区(图 4.2)。50 m、70 m、100 m 高度层，辽宁省的风能资源技术开发量均位于全国第 6 位，仅次于内蒙古、新疆、甘肃、黑龙江和河北，风能资源非常丰富，且风能资源随高度呈比较均匀地显著增加。

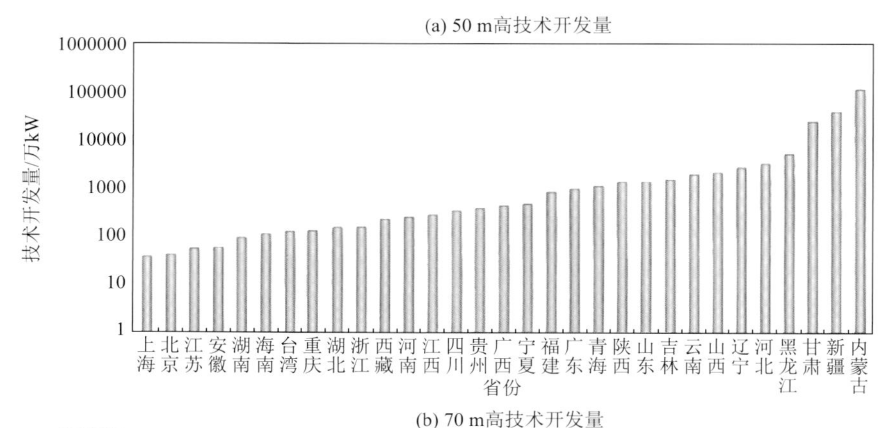

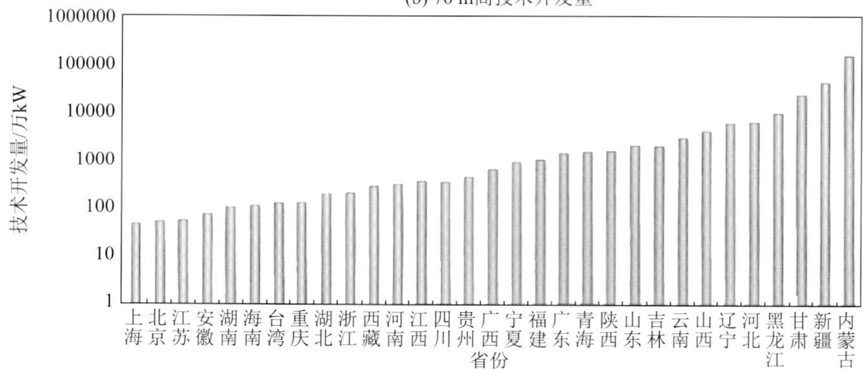

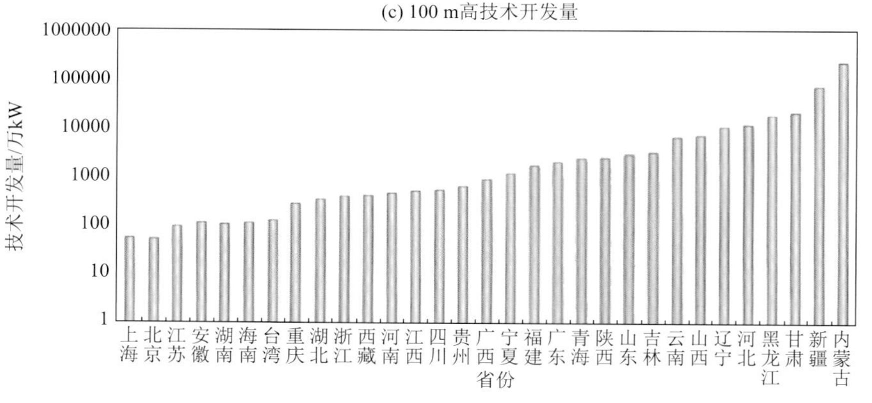

图 4.2　全国各省(区、市)各高度层风能资源技术开发量

(中国气象局，2014)

第 5 章
辽宁省风能资源观测

风能资源实地观测是最直接、最准确掌握风能资源状况的方式，也是风能资源监测、评估的必要手段。风能资源观测以风观测为主，辅以气温、气压等观测。风电场建设前期测风是风能资源开发的一个重要环节，它对风电场的设计、建设具有重大影响。风电场建成后还需要继续进行测风，为风电有效入网和风电场安全运行提供实时监测数据。因此做好风电场的测风对于风能资源开发具有重要的意义。目前，专门的风能资源气象观测主要以测风塔观测为主，政府部门、气象部门、新能源企业等投资建立测风塔开展风能资源实测，以保证区域风能资源评估、区划的科学性以及为风电场投资建设获取第一手风能资料。随着全球对风能资源开发利用的普遍关注和风电行业的高质量发展，雷达测风、卫星遥感反演风场等技术也逐渐普及。

5.1 气象站观测

辽宁省现有国家气象站 62 个（图 5.1），省级气象站 1341 个。其中，国家气象站具有建站以来的完整气象观测（54 个气象站具有 1961 年以来的气象观测数据），省级气象站中 1202 个为 4 要素以上站（具有风速风向观测），但观测年代较短。因此，气象站观测特别是国家气象站观测主要是为风能资源开发利用提供风背景分析以及风电开发气象风险分析的基础数据。

辽宁省早期气象站风观测仪器以 EL 型电接风向风速计或达因式风向风速计为主，主要为人工观测，每日更换自记纸记录风速风向情况，风速范围 0～40 m/s，风向为 16 个方位。2004 年左右，全省普遍更换为自动气象站观测系统，风速风向观测和记录实现自动化，风速记录精确到 0.1 m/s，风向记录为 0°～360°。

5.2 测风塔观测

风电开发是风能资源利用的最主要方式，而气象站的风观测通常是 10 m 高度的风向、风速，观测高度和观测要素不能满足风电开发的需求。另外，国家气象站通常设置在城郊，省级气象站多设置在城市内或农村灾害易发区，而风是时空多变要素，随着城市化的发展，气象站观测环境与风电场野外环境差异越来越明显，对风电开发的代表性不足。因此需要为风电开发设置专门的风观测，测风塔是最常见且有效的观测方式。早期，由于风机功率小、轮毂高度较低，通常建设 30～50 m 高测风塔，随着技术进步，大功率风机生产制造不断突破，风机轮毂高度也逐渐提升，目前我国已有发电企业建设 180 m 高测风塔开展风能资源实测。

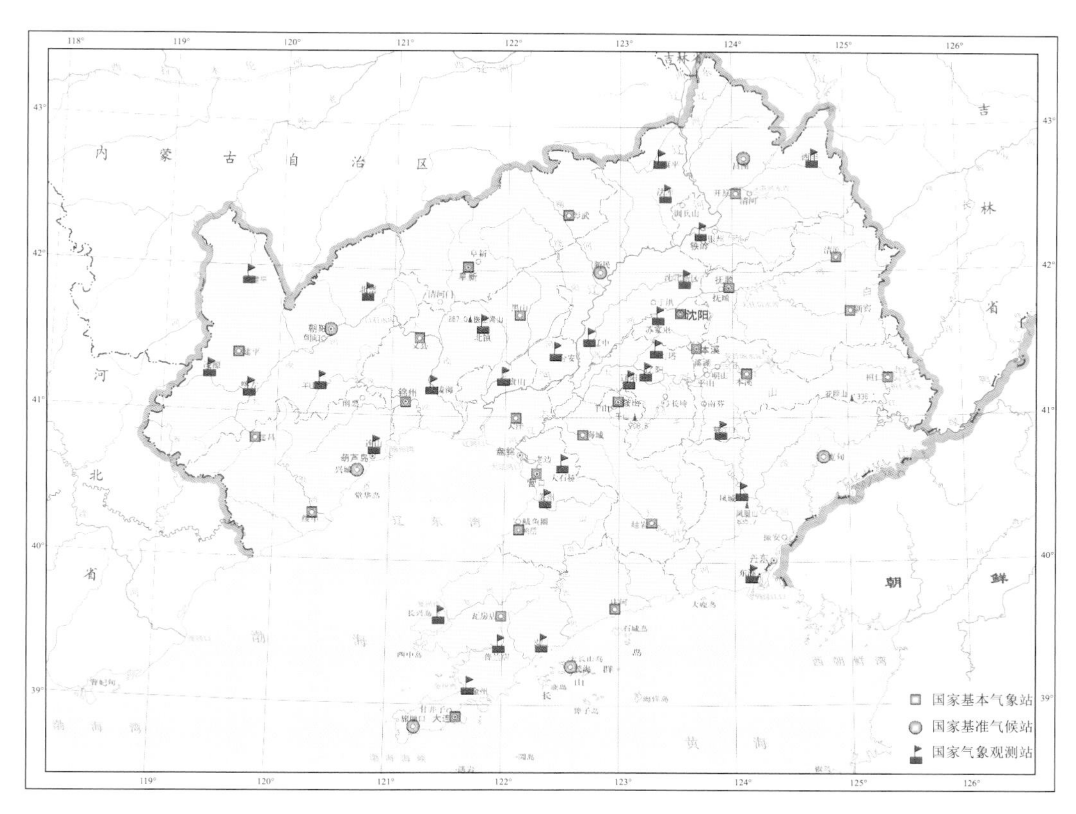

图 5.1 辽宁省国家气象站分布

5.2.1 风能资源专业观测网

2008—2011 年开展的第四次全国风能资源详查和评估工作中，气象部门在全国陆域建设了 400 座 70～120 m 测风塔，其中在辽宁陆域布设了 26 座测风塔（其中，70 m 塔 23 座，100 m 塔 3 座），形成了辽宁省风能资源专业观测网（表 5.1，图 5.2），2009 年 5 月—2013 年 12 月开展了全网同步观测。

辽宁省风能资源专业观测网根据辽宁省风能资源分布特点、地形特征及风电开发情况，重点选择在辽北丘陵、环渤海沿岸、黄海北部沿岸、辽西向中部延伸的低丘区、东部山地布设，26 座测风塔点位力求能够代表所在区域的风况特征，并尽量避开基本农田、经济林地、自然保护区、风景名胜区、矿产压覆区、墓地、居民点、军事禁区、规划项目建设区等不适宜建设风电场的区域。其中，70 m 测风塔包含 4 层风速（10 m、30 m、50 m、70 m）、3 层风向（10 m、50 m、70 m）、2 层温湿度（10 m、70 m）和 1 层气压（8.5 m）观测，100 m 测风塔包含 4 层风速（10 m、30 m、50 m、70 m）、3 层风向（10 m、50 m、70 m）、2 层温湿度（10 m、70 m）和 1 层气压（8.5 m）观测。为期近 5 a 的专业观测为当时开展的辽宁省风能资源详查和评估工作提供了翔实的基础数据。

表 5.1 辽宁省风能资源专业观测网 26 座测风塔信息

测风塔编号	测风塔名字	测风塔高度/m	海拔高度/m	地形特征
1	毛家店	70	210.8	平原
2	更刻	70	325.3	丘陵
3	新台子	70	237.3	丘陵
4	北四家	70	187.9	丘陵
5	叶茂台	70	148.3	丘陵
6	清水台	70	277.1	丘陵
7	后新秋	70	194.6	丘陵
8	哈达户稍	100	413.4	丘陵
9	化石戈	70	430.0	丘陵
10	黑城子	70	275.8	丘陵
11	老官地	70	572.6	丘陵
12	大杖子	70	667.7	山地
13	泡崖	70	44.4	沿海丘陵
14	东岗	100	73.1	沿海丘陵
15	青石岭	70	86.5	丘陵
16	荣兴	70	2.7	沿海平原
17	白台子	70	193.9	丘陵
18	网户	70	0.5	沿海平原
19	十字街	70	112.8	沿海丘陵
20	椅圈	70	80.2	沿海丘陵
21	南尖	100	29.1	沿海平原
22	大刘家	70	108.8	丘陵
23	北屏山	70	186.9	丘陵
24	八里甸子	70	988.4	山地
25	班吉塔	70	147.9	丘陵
26	大榆树堡	70	197.0	丘陵

5.2.2 风能资源长期监测网

5.2.2.1 监测网布局

由于风能资源专业观测网部分测风塔位置被风电企业确定为风机点位，并在周边建成风电场，同时考虑到观测网整体长期运行维护难度问题，于 2014 年在 26 座测风塔中选取了具有地形代表性、空间分布代表性的 8 座测风塔（2 座 100 m 塔，6 座 70 m 塔）保留至今（陆续拆除了其余 18 座测风塔），形成辽宁省风能资源长期监测网，并开展长期持续观测。8 座测风塔分别代表了丘陵、平原、山地、沿海等典型地形，海拔高度涵盖 2～600 m 范围（表 5.2，图 5.3—图 5.4）。

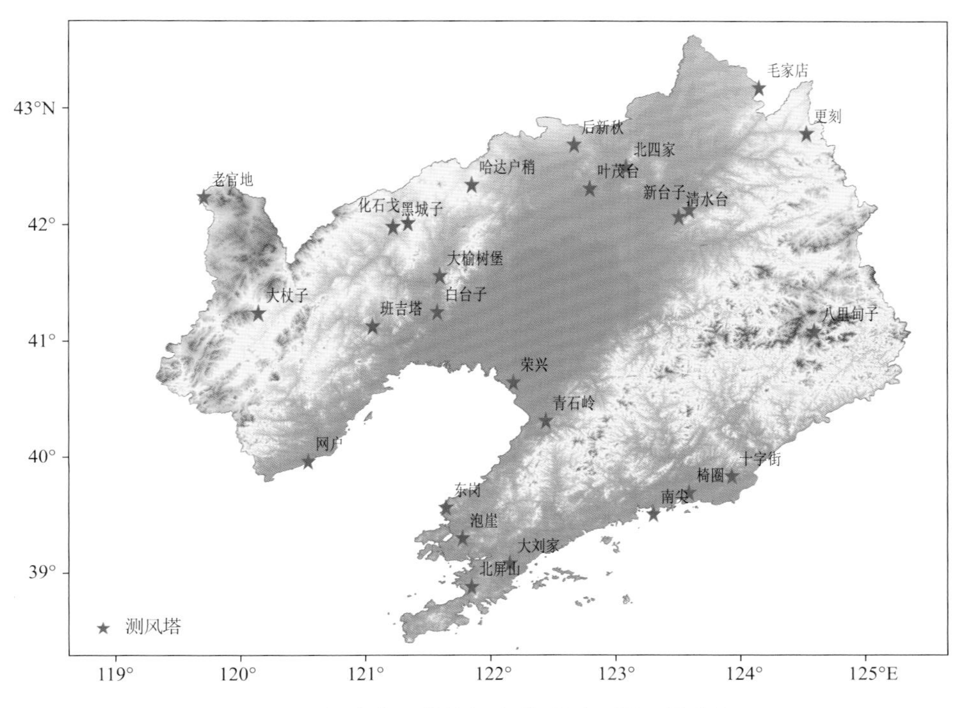

图 5.2　辽宁省风能资源专业观测网测风塔分布

表 5.2　辽宁省风能资源长期监测网测风塔基本信息

序号	所属市	所在县(市、区)	测风塔名称	塔高/m	海拔高度/m	地形特征
1	铁岭	铁岭县	新台子	70	237.3	丘陵
2	沈阳	法库县	叶茂台	70	148.3	平原低丘
3	阜新	阜新县	哈达户稍	100	413.4	丘陵
4	朝阳	喀左县	平房子	70	565.0	山地
5	大连	瓦房店市	东岗	100	73.1	沿海丘陵
6	盘锦	大洼区	荣兴	70	2.7	沿海平原
7	锦州	凌海市	白台子	70	116.0	丘陵
8	丹东	东港市	椅圈	70	80.2	沿海丘陵

5.2.2.2　监测网运行维护和数据监控业务技术体系

为保证辽宁省风能资源长期监测的安全运行以及观测数据质量稳定、真实、可靠，经不断总结、改进和验证，辽宁省气象部门探索出一套适合于风能资源长期监测网运行维护和数据监控的业务技术体系。

(1)监测网运维保障

组建技术团队每年至少开展 2 次观测网的全面现场巡检，判断测风塔观测系统是否存在安全隐患或故障，并及时排除解决。

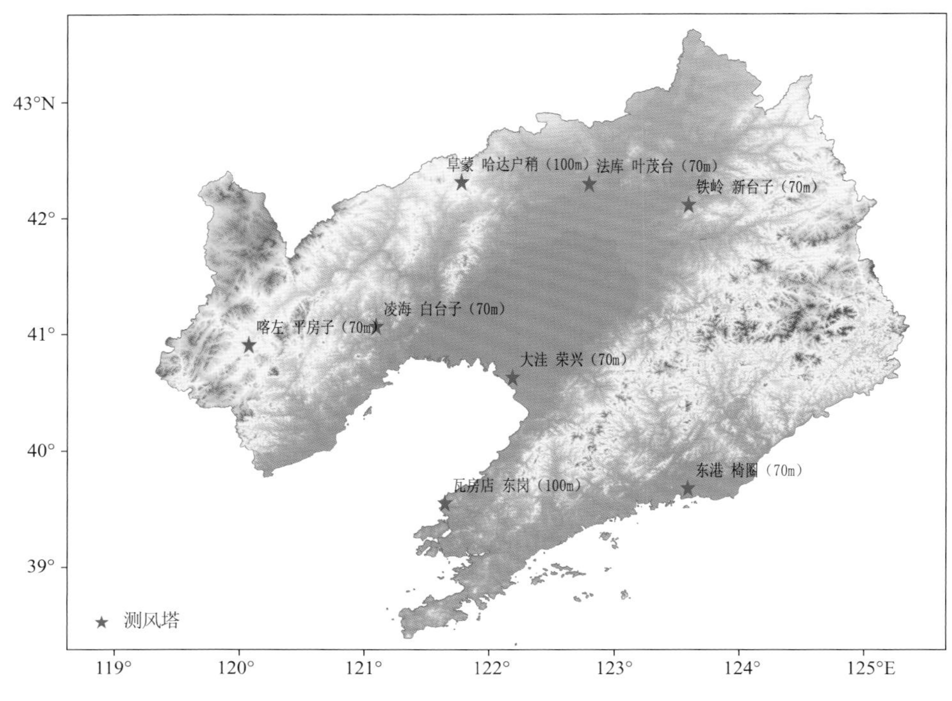

图 5.3　辽宁省风能资源长期监测网 8 座测风塔分布

全面现场巡检（所有测风塔逐一检查）的年内第一次巡检时间一般为春季 4 月或 5 月（确保汛期测风塔安全运行），第二次巡检时间为秋季 10 月或 11 月（确保冬季测风塔安全运行）。此外，根据发现的个别测风塔的观测系统故障，开展非定期单塔或多塔的现场巡检和故障排除。针对巡检过程中发现的铁塔安全隐患和观测设备故障问题，判断问题可能原因，如现场不能解决，则第一时间向塔厂或设备厂家报修，并做好安全防范措施。

现场巡检主要检查内容包括：场地是否完整，塔体是否明显倾斜，塔基有无破损，拉线是否正常，地锚是否有松动迹象，连接件是否紧固，铁塔平台锁是否正常，防雷设备是否正常，仪器安装横臂是否正常，观测仪器是否正常工作等。

（2）基于用户数据终端的疑误数据判识及故障原因分析预判

观测数据实时远程传输至气象部门的数据中心站，由值班人员在用户数据终端进行数据监控，判识疑误数据及可能存在的故障原因，并通知技术人员尽快处理故障。

为确保值班人员能够第一时间发现故障，结合测风塔周围地形分布特征以及辽宁省各区域四季气候特点，总结出一套数据监控注意事项和常见故障判识和处理方法。

① 风向

风向数据出现如下情况时，初步判断为疑误：

（a）风向出现持续固定值；

（b）各层风向变化不一致，某一层的风向值常徘徊在某一个区间；

（c）各层风向一致性较差，如各层均相差一个方位（11.25°左右）或者更多。

图 5.4　辽宁省风能资源长期监测网测风塔实景

此时需结合对应的风速值，如果风速较小（2 m/s 以下）可能属于正常，但还需要找到几个连续风速较大（5 m/s 以上）的时段进行核实。白台子测风塔为典型例子，对该塔的监控需特别注意。

② 风速

(a)某层风速持续为 1 m/s 以下甚至为 0，而其他层次同期风速较大，可初步判断为疑误。结合测风塔所处环境再判断，如荣兴测风塔南边有成片高大树木，南风情况下，该塔 10 m 高度的风速明显小于 30 m 高度，属正常情况。

(b)风速值长期维持较小，需查看中午前后的风速进行核实，或者对临近几天的数据进行对比判别。

(c)易出现雨夹雪的季节（秋末冬初、冬末春初），如果各层风速均为 0 或者其中的某几层风速为 0，则传感器很可能被冻住，需查看当日测风塔所在地气象站记录，并联系当地气象局，核实对应的时间是否出现雨夹雪、雨凇天气。需要连续重点监测几天，以确定问题的原因。

(d)风资源较好地区的测风塔（如哈达户稍、东岗）偶尔会出现风速传感器的部分风杯缺失，剩余仪器依然可以继续测风，但因为风速较大，不仔细查看很难发现。

为避免上述问题，需要进行数据统计（统计时段至少为一周），查看各层风速大小是否符合常规变化，然后再进一步判断该层风速传感器是否故障。

③温、湿度

首先判断两层温度、湿度(10 m和70 m)的变化规律是否一致,并结合监控时段所处月份的温度、湿度变化特征,判断数据是否合理。常出现的问题为数据的跳动大,"野值"多(如温度80 ℃或−60 ℃)。

④ 气压

气压观测仪器出现故障的可能性较小,为此常常在监控时忽略该要素,有时出现故障很久之后才被发现,直接影响气压观测的有效率。

气压观测常出现的问题为数据不上传。此外,因气压值的变化幅度小,所以需要特别注意气压数据小数点后数字,若气压长期保持一个固定值也是观测仪器故障。

⑤数据跳变

原因1:在夏季,采集器或传感器故障可能性大(比如遭受雷击)。

原因2:在冬季,数据线故障可能性大(低温导致数据线体僵硬,风吹摆动造成损坏)。

⑥不传数据

某塔各层各要素同时不传数据。

原因1:SIM卡欠费,此时需用手机拨打通信模块中的SIM卡号,以便进一步确认。

原因2:供电系统故障(PV模块损坏、太阳板丢失或损坏、蓄电池丢失或损坏)或通信模块故障,需携带万用表等相关设备进行现场故障排查,并第一时间联系设备厂家邮寄相应配件,及时进行更换,确保观测尽快恢复、数据连续有效。

(3)形成规范的业务流程

建立测风塔台账,对测风塔基本信息和变更信息进行记录。

建立了每2 a更新一次测风塔风速、风向、温度和湿度传感器机制,以确保数据的有效、可靠,为风能资源监测发挥基础和支撑作用。

建立测风塔巡检制度,对每次巡检维修进行记录,填写《气象观测铁塔巡检记录表》《气象观测铁塔维修记录表》,并归档。

建立数据监控值班制度,每日安排1名值班人员,每天09:00和16:30通过用户数据终端对观测数据进行监控,包括观测数据质量的可用性和数据的上传率以及设备的运行情况等,及时处理疑误和故障,填写《风能资源专业观测网数据监控值班表》,并定期备份数据。

5.2.2.3 风能资源长期数据集

基于辽宁省风能资源长期监测网8座测风塔的实时观测数据,形成了2009年5月至今长达15 a以上的风能资源长期同步观测数据集。因测风塔位置具有空间代表性及典型地形代表性,以及观测要素设置的针对性,使得所获取的观测数据不仅具有区域代表性,也具有很强的风能资源开发利用领域的专业性。由于监测网定期维护,运行比较稳定,观测数据有效率总体达到90%(表5.3)。

观测要素:平均风速、最大风速、极大风速、风速方差、风向、温度、湿度、气压。

数据记录时间间隔:10 min。

表 5.3 风能资源长期观测数据集信息表

测风塔名称	平均风速、最大风速、极大风速、风速方差层/m	风向层/m	温湿度层/m	气压层/m	数据时段	数据有效率/%
新台子	10、30、50、70	10、50、70	10、70	8.5	2008 年 12 月 23 日至今	93
叶茂台	10、30、50、70	10、50、70	10、70	8.5	2009 年 1 月 7 日至今	84
哈达户稍	10、30、50、70、100	10、50、70、100	10、70	8.5	2009 年 4 月 12 日至今	84
大杖子	10、30、50、70	10、50、70	10、70	8.5	2009 年 3 月 20 日至今	90
东岗	10、30、50、70、100	10、50、70、100	10、70	8.5	2009 年 4 月 5 日至今	92
荣兴	10、30、50、70	10、50、70	10、70	8.5	2009 年 3 月 25 日至今	93
白台子	10、30、50、70	10、50、70	10、70	8.5	2009 年 3 月 2 日至今	94
椅圈	10、30、50、70	10、50、70	10、70	8.5	2009 年 4 月 30 日至今	91

5.2.3 政府部门和风电企业测风塔

除气象部门设立测风塔测风外，风电企业和政府部门也根据风电发展需要，投资兴建测风塔开展观测，特别是发电企业是测风塔观测的主力军。

辽宁省风电发展较早，风电企业从 20 世纪 90 年代至 2024 年初，在全省相继建设有 300 余座测风塔，但这些测风塔多数为短期观测，主要为风电场选址和可研设计服务，测风塔高度一般与当时市场主流风机轮毂高度一致。随着大规模风电并网的需求，发电企业在并网风电场区域，尽可能选择上风方向设置测风塔同步观测，作为风电场风电功率预测的基础数据。

在风电重点开发区域，政府部门主动开展风能资源观测，科学规划风电发展。如地处辽西北的阜新市，作为全国第一个资源枯竭型城市经济转型试点市，将风电发展作为其经济转型的重要方式，在 2002 年左右，由政府投资或政府引导发电企业投资，在阜新地区陆续兴建了 40 余座测风塔，为探明该地风能资源状况、招商引资发展风电打下了良好基础。

5.3 雷达的应用

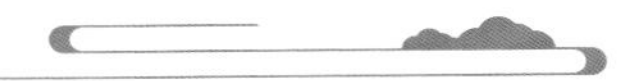

近年来，国家能源局以及一些发电企业制定的关于风能资源评估和测量的标准规范中，均提到可以采用测风激光雷达或声雷达开展观测，部分风电企业也已开始尝试采用雷达资料进行风电场风能资源评估。气象部门在广东、内蒙古、福建等地的国家气候观象台中开展了不同型号激光雷达与测风塔数据的对比试验，以便验证激光雷达测风的可靠性，为激光雷达在我国风能资源开发利用中普及发展进行奠定基础。

目前，在辽宁省风能资源开发利用中应用的雷达主要有测风激光雷达和 L 波段秒级探空雷达。

5.3.1 测风激光雷达

从宏观层面来说，测风激光雷达主要利用激光的多普勒频移原理，通过测量光波反射在空气中遇到风运动的气溶胶粒子所产生的频率变化得到风速、风向信息，从而计算出相应高度的矢量风速和风向数据。与传统测风塔测风相比，激光雷达测风具有大量程、灵活便携、安装简单、易维护、测风数据高时空分辨率、数据完整率更高的优势，可同时测得不同高度的水平和垂直方向风速、风向、入流角等。2017 年 3 月，国际电工委员会（International Electrotechnical Commission，简称 IEC）出台的新标准（IEC 61400-12-1：2017《风力发电机组　功率特性测试》）已接纳测风激光雷达作为风场信息测量装置。

目前，辽宁省已有部分风电企业开始尝试采用测风激光雷达，并提供相应数据进行风电场风能资源评估（图 5.5）。

	A	B	C	D	E	F	G	H	I	J	K
1	Lidar Avg Record File	Ver 100									
2	Version	1.3.1									
3	ID System	LM32127									
4	ID Client	192.168.1.200									
5	Location	RDLS-01									
6	GPS Location	Lat 41.443	Long 122.316048 degree								
7	PROJECT	RD									
8	timezone	UTC+8									
9	************************										
10	Ref Frequency (Hz)	6.8E+07									
11	Reflected Pulse Start	115									
12	Reflected Pulse End	189									
13	DirectionOffset	0									
14	PitchAngle	1.04									
15	RollAngle	2.34									
16	************************										
17	Height(m)	50	60	70	80	90	100	110	120	130	140
18	Timestamp	Int Temp	Ext Temp	Pressure	Rel Humidity	50m Wind Speed	50m Wind Speed Max	50m Wind Speed Min	50m Wind Speed Dispersion	50m Wind Direction	50m Z-wind 5(
19	2022/1/27 16:10	8.3	-1.88	1030.8	26.54	4.19	5.67	2.72	0.64	26.7	-0.34
20	2022/1/27 16:20	9.4	-2.26	1030.7	27.16	3.84	6.23	2.3	0.76	39.4	-0.47
21	2022/1/27 16:30	9.8	-2.9	1030.8	28.56	4.61	6.34	2.97	0.55	41.2	-0.41
22	2022/1/27 16:40	10.7	-3.94	1030.8	30.84	3.9	5.33	2.05	0.64	42.4	-0.39
23	2022/1/27 16:50	10.5	-4.8	1030.7	32.46	3.98	5.05	2.86	0.36	41.8	-0.49
24	2022/1/27 17:00	10.5	-5.78	1030.7	34.7	4.18	5.02	3.24	0.3	42.3	-0.48
25	2022/1/27 17:10	10.7	-6.42	1030.6	36.36	4.29	4.96	3.55	0.23	46.2	-0.45
26	2022/1/27 17:20	11.1	-6.9	1030.7	37.58	4.13	4.74	3.36	0.24	46.1	-0.43
27	2022/1/27 17:30	11.3	-7	1030.9	38.54	4.02	4.72	3.41	0.22	47.2	-0.47
28	2022/1/27 17:40	11.3	-7.22	1030.9	39.04	4.08	4.66	3.41	0.22	46.4	-0.46
29	2022/1/27 17:50	11.3	-7.42	1030.9	39.74	4.05	4.63	3.37	0.25	47.4	-0.45
30	2022/1/27 18:00	11.6	-7.92	1031	40.78	4.12	5.15	3.34	0.4	55.7	-0.45
31	2022/1/27 18:10	11.4	-8.32	1031	41.6	4.16	4.8	3.44	0.23	60	-0.45
32	2022/1/27 18:20	11.8	-8.8	1031.1	44.24	4.19	4.65	3.64	0.18	65.7	-0.45
33	2022/1/27 18:30	12.2	-8.96	1031.1	43.14	3.67	4.09	3.18	0.14	72.9	-0.41
34	2022/1/27 18:40	12	-10.24	1031.2	43.48	3.54	3.84	3.1	0.13	75.4	-0.42

图 5.5　辽宁某风电场测风激光雷达采集数据样例

5.3.2 L 波段秒级探空雷达

随着风电机组向着大型化发展，风机轮毂高度越来越高，叶轮直径越来越大。目前，全球单机容量最大的海上 15 MW 风电机组叶轮直径达 236 m，我国陆上单机容量最大的 5 MW 风电机组叶轮直径达到 175 m，风电机组叶尖高度可达 195～270 m。这个高度超出了现有大气边界层近地层相似理论的适用范围，也远远超出了采用测风塔观测能够承受的经济能力。因此，对于距地面 300 m 高度范围内的风能资源特性及其开发潜力需要重新认识。测风激光雷达虽然可以解决观测高度的问题，但现阶段其使用还比较少，观测密度远远不足。根据现有观测手段，朱蓉等（2023）气象部门的 L 波段秒级探空雷达数据可以应用于分析现阶段风能可利用层内（地面～300 m）的风特性。

在气象综合观测中，L 波段秒级探空雷达进行高空气象观测已经成为世界各国普遍使用的一种气象观测方法，具有自动化程度高、探测精度高、采样速度快、抗干扰能力强、能耗少等优点。L 波段秒级探空雷达系统由探空气球、探空仪和地面接收雷达 3 部分组成（图 5.6）。由充满氢气或者氦气的探空气球携带探空仪以 5～8 m/s 的速度飞向高空，地面接收雷达跟踪探空仪，接收探空仪采集的数据。地面雷达发出询问信号，探空仪回答器对其作出回应，根据每一对询问和问答信息之间时间间隔和信号的来向，可以测定每一瞬间探空气球的位置（离地面雷达的直线距离、方位角和仰角），继而推算出风速、风向。观测时次一般为每日 08:00 和 20:00（北京时，以下未标注世界时均为北京时），根据需要，一些站点在特定月份的 00:00 和 14:00 也进行观测。探测要素为大气的温度、湿度、气压、风速、风向，探测高度为近地面至高空约 35 km。L 波段秒级探空雷达以秒级观测，比传统上使用的分钟观测数据更加细密，针对地方基层气象观测来说，L 波段雷达弥补了地面气象观测中高空观测的不足。

图 5.6　L 波段秒级探空雷达（探空气球和地面接收雷达）

我国共有 120 个 L 波段秒级探空雷达站，辽宁省沈阳市和大连市各有 1 个。沈阳探空站位于辽宁中部，为辽中平原和辽东丘陵交界处。大连探空站位于辽东半岛南端海边。

通常情况下，L 波段秒级探空在地面至 300 m 高度范围内，探空球的上升速度为 5～6 m/s，可获得 50～60 组探测数据。探空球上升过程中水平方向上会随风飘移，按照地面至 300 m 高度范围内水平方向平均风速 6～8 m/s 计算，飘移距离不超过 500 m。因此，基于秒级探空气象资料分析得到的平均风速垂直分布不能直接用于风力发电量测算，但可以代表风能开发的风环境特征（朱蓉 等，2023）。

5.4 卫星遥感的应用

卫星遥感是一种现代化的探测技术，在常规观测资料稀少的海洋上，卫星遥感是进行海上风能资源评估的有效手段，具备其他手段不可替代的优势。利用卫星遥感反演海面风场的方法以及提高反演精度问题是近年重要的研究课题之一，很多学者参与其中，并得到很多成果和实际应用。

2013—2018 年，公益性行业(气象)科研专项“多源测风资料融合技术研究及其在风能资源评估中的应用”项目，利用不同卫星、气象站、测风塔、多普勒雷达等遥感和地面观测资料，构建面向海上风场评估的多源数据融合方法，对海上风资源参数进行计算，在江苏、浙江、辽宁、山东沿海四省开展试验，并应用于相应区域风能资源评估。

第 6 章
辽宁省风能资源评估技术体系

风能资源监测与评估是风电开发中基础而关键的工作。辽宁省风能资源评估工作已开展了30余年,针对风能资源开发利用领域发展形势和资源评估、风电规划布局以及风电场运行的更高需求,不断积累和完善技术方法,形成了辽宁省风能资源评估技术体系。

6.1 测风塔缺测数据插补重构技术

完整的测风数据是风能资源评估的基础,刘志远等(2015)指出,测风数据的质量直接影响风能资源评估的结果,进而影响整个风电场的发电效益。但在实际观测中,测风塔竖立在野外环境中,尤其是寒冷地区和沿海地带的风电场,受冷空气、海边空气的腐蚀及其他因素影响,测风设备容易出现故障或停测现象,导致测风数据质量下降,常见的有数据不合理或数据缺测。有时由于开发风电场的迫切需求,而测风塔观测不足1 a,也需要先对短缺数据进行延长重构,再进行后续的资源评估工作。

在进行风能资源评估时,如果插补方法不合理,导致插补结果与实际情况存在较大误差,会严重影响后续评估结果,并且导致风电场投产运行后的经济效益与预期存在较大偏差,因此对测风塔测风数据的插补应给予足够的重视,刘志远等(2016)和王远等(2012)用直接相关法和统计相关法对插补进行了细致研究。

根据《风电场风能资源评估方法》(GB/T 18709—2002)、《风电场工程风能资源测量与评估技术规范》(NB/T 31147—2018)和《风电场气象观测资料审核、插补与订正技术规范》(GB/T 37523—2019),首先对测风塔实测数据进行完整性和合理性检验(包括范围检验、相关性检验和趋势检验),并对通过合理性检验的数据进行整体性检验(包括相关检验、分布检验和风切变检验),对未通过合理性检验数据再次进行判别,判别合理的数据仍作为有效数据。

顾正强等(2021)基于长期处理风能资源评估测风塔缺测、无效或不全数据的经验,总结出两个邻近测风塔最高层之间风速的相关性普遍高于低层之间的相关性,参证气象站与测风塔底层(通常为10 m高度)风速的相关性普遍高于与高层的相关性,其原因与低层受地表环境影响有关。综合考虑上述普遍规律,提炼出3种风数据插补重构方式(图6.1)。

第一种:利用参证气象站与测风塔底层风速相关关系,先插补出测风塔底层完整数据,然后再利用测风塔底层完整数据依次向上插补。

第二种:参证气象站与测风塔逐层插补。

第三种:利用相邻测风塔高层之间风速相关关系,先插补出测风塔高层完整数据,然后再利用测风塔高层完整数据依次向下插补。

对上述3种方式进一步细化分为按年、季节或月尺度进行风速相关拟合,采取线性回归、比值法或风切变指数方法进行数据插补。最后,根据实际情况综合判断,选择最优的方案完成数据插补重构,形成完整的资源评估基础数据。

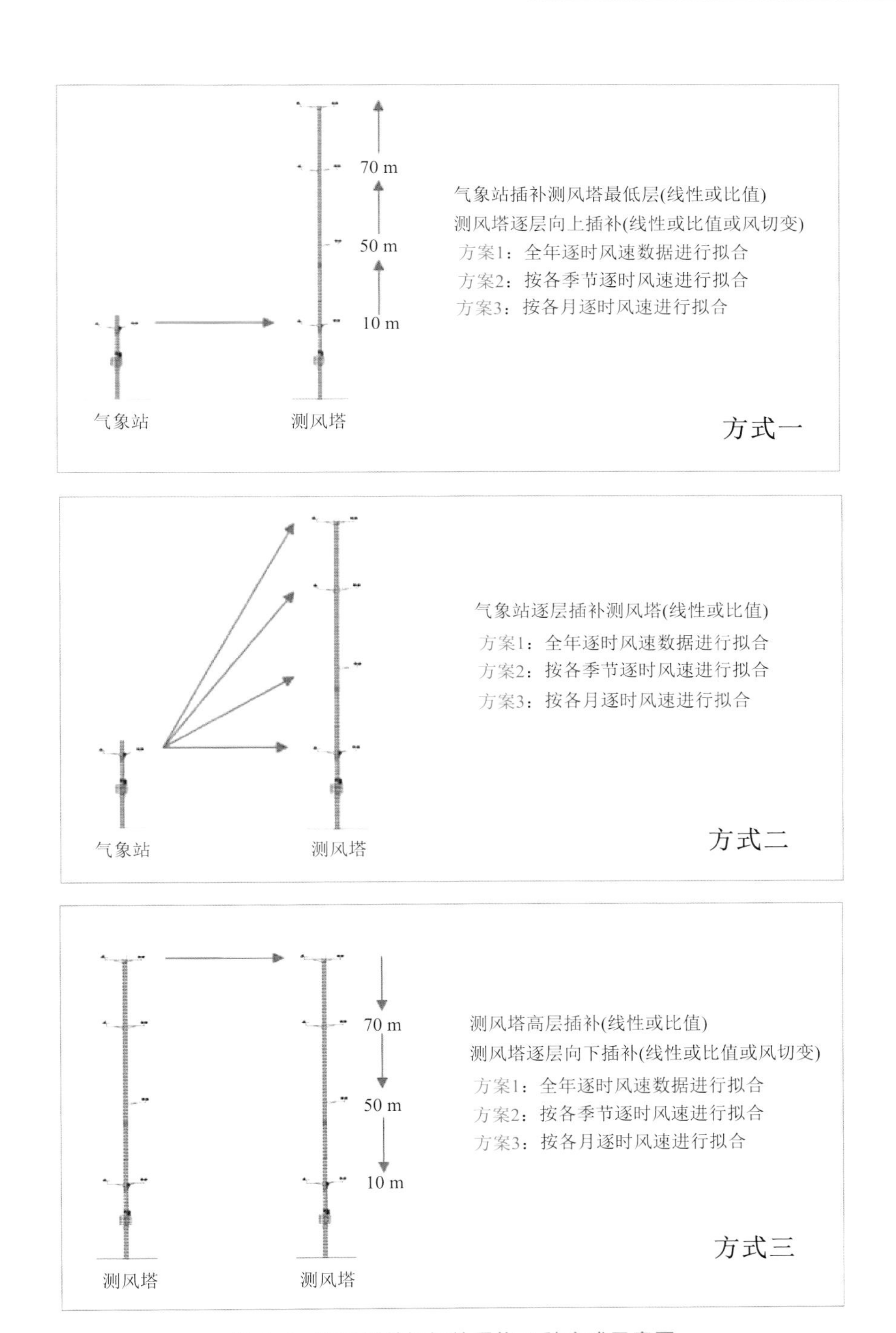

图 6.1 测风塔数据插补重构 3 种方式示意图

根据经验，如有相邻测风塔，首选第三种方式；如果只有参证气象站，通常以第一种方式为优。

6.2 风能资源精细化数值模拟技术体系

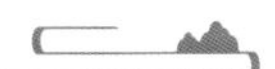

6.2.1 WRF+CALMET+CFD 的风能资源数值模拟系统

近年来，中尺度与微尺度结合的风能资源数值模拟评估技术是风电领域发展的热点，国内外陆续开展了一些相关研究计划，如美国 A2e(Atmosphere to Electrons，2015—2021 年)和欧盟 NEWA(New European Wind Atlas，2015—2020 年)等，我国也在"十三五"重点研发计划中启动了相关研究(2019—2023 年)。辽宁省气象部门在风能资源开发利用的长期技术服务中，采用业内主流技术，逐步构建了 WRF+CALMET+CFD 综合应用的风能资源数值模拟体系。

6.2.1.1 WRF 模式设置

采用两层嵌套方式(图 6.2)，内层覆盖辽宁全域(陆域和海域)。模式主要参数设置见表 6.1。

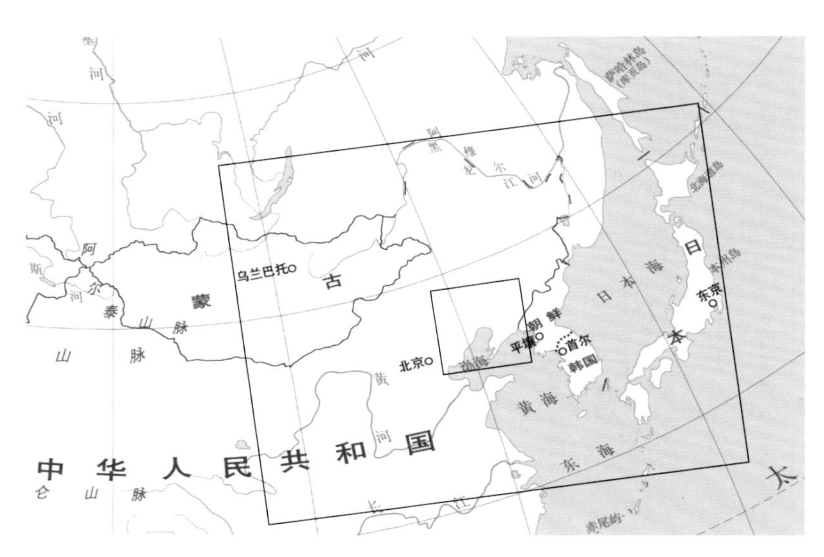

图 6.2 WRF 模式模拟区域范围

表 6.1 WRF 模式主要参数设置

项目	外层	内层
网格数	142×120	88×82
网格分辨率	27 km	9 km
积分步长	81 s	27 s
垂直分层	35 层	35 层
积分时间	129600 s	129600 s

续表

项目	外层	内层
输出间隔	10 m	10 m
边界层方案	MYNN 方案	MYNN 方案
辐射方案	rrtmg	rrtmg
陆面过程	Noah	Noah
地形资料分辨率	2 m	30 s

6.2.1.2 CALMET 风场调整模式设置

初值场方案:气象场采用 WRF 模式 9 km×9 km 分辨率的模拟结果。地表资料采用了水平分辨率 3"的 SRTM3 资料;下垫面类型资料为 30"水平分辨率的 USGS 资料。

水平分辨率:一般为 1.0 km、0.5 km、0.2 km 或 0.1 km。

垂直分辨率:分 10 层,可根据需要调整垂直分层,例如,距地 10 m、30 m、50 m、60 m、70 m、80 m、90 m、100 m、120 m、150 m 高度。

模拟范围:全省,测风塔位置,风电场场区范围及其周边地区。

网格数:根据模拟范围和水平分辨率确定。

运行方案:一般按年逐日模拟。例如,共设定 365 个作业,第 1 个作业对模拟年初日或测风塔观测起始日 21:00—次日 20:00(北京时)的 WRF 模式气象场模拟结果进行高分辨率风场调整;第 2 个作业对第 2 日 21:00—第 3 日 20:00(北京时)的 WRF 模式气象场模拟结果进行高分辨率风场调整;以此类推,得到完整一个年度的逐时风场模拟结果。

输出方案:每小时输出一次各网格点的空气密度、纬向风速和经向风速。输出时间为正点时间,即北京时前日 21:00 —当日 20:00。

6.2.1.3 计算流体力学技术(CFD)

选用 Meteodyn WT 模型,主要针对风电场尺度开展风能资源精细化模拟。

总体思路:首先,分析风电场的地形特征,确定风电场各场区代表性点位;其次,将场区内或临近地区现有测风塔逐 10 min 风速、风向、风速标准差数据输入 Meteodyn WT 模型(或将 WRF+CALMET 得到的代表点逐时风速、风向作为基础数据输入),对风电场的风能资源状况进行模拟,可获得风电场风能资源分布情况和场区代表点的逐 10 min 风速、风向、风速标准差数据;最后,以模型输出的风电场各场区代表点位逐时风速风向数据为基础,进行风电场风能资源评估。

6.2.2 基于 ndown 的 WRF 模式降尺度方法

针对已有的 WRF 模式模拟结果分辨率不能满足应用需求,或者是研究区域发生改变时,以重新嵌套模拟的方法耗时久、效率低,可采用单向嵌套降尺度功能进行模拟结果降尺度处理,为此建立了基于 ndown 的 WRF 模式降尺度流程(图 6.3)。

6.2.3 CALMET 模式分辨率优化设置试验

风能资源评估对精细化程度要求很高,但模式分辨率设置要综合考虑计算时效和模拟

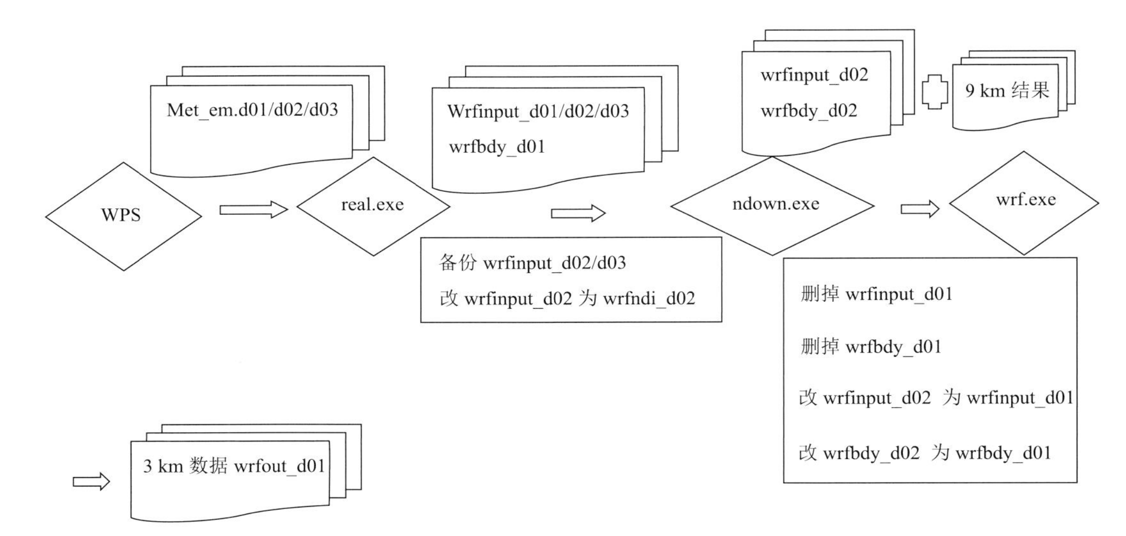

图 6.3 基于 ndown 的 WRF 模式降尺度流程图

效果，为此开展了 CALMET 模式分辨率优化设置试验。

考虑山地、沿海、丘陵、平原 4 类辽宁典型地形，分别选取测风塔附近属于山地、沿海、丘陵、平原的区域，形成 4 个试点区域。根据试点区域测风塔位置的风速序列，通过相关分析、方差分析、均值比较、分段比较等方法，进行各地形条件下 CALMET 模式精细化模拟的分辨率设置试验。

6.2.3.1 试验设置

设置 4 种分辨率：1.0 km、0.5 km、0.2 km 和 0.1 km。

对比检验测风塔：代表山地、沿海、丘陵、平原地形的 4 座测风塔（表 6.2）。

对比时段：1 月、4 月、7 月、10 月。

表 6.2 优化试验对比检验测风塔基本信息

测风塔塔号	地形特征
6（风能资源专业观测网测风塔）	丘陵
12（风能资源专业观测网测风塔）	山地
14（风能资源专业观测网测风塔）	沿海
1600（风电企业测风塔）	平原

6.2.3.2 试验结果

根据各测风塔实测风速和模拟风速的相关性、绝对误差、相对误差的对比，认为模式对于丘陵、沿海、平原地区的风资源模拟效果优于山地。

为解决不同地形条件下精细化模拟的分辨率设置问题，通过对比各塔不同模式分辨率的模拟风速和实测风速（表 6.3—表 6.18），综合分析认为：丘陵、沿海和平原地区均以 1.0 km 分辨率的模式模拟结果误差最小，而山地则以 0.1 km 分辨率的模式模拟结果误差最小，这可能是由于山地地形较为复杂，风速受地形影响相对较大，分辨率设置较高时模拟结果更能表现其地形影响。

总体看来，WRF＋CALMET精细化模拟系统对山地、沿海、丘陵、平原等不同地形地区的风速均有较好的模拟结果，不同模式分辨率下的模拟结果差异不是很大。

表6.3　不同模式水平分辨率下6号测风塔70 m高度模拟和实测风速的对比

单位：m/s

项目	1月	4月	7月	10月	平均值
实测风速	7.1	8.5	6.4	7.5	7.4
1.0 km分辨率模拟风速	6.4	8.2	5.5	7.0	6.8
0.5 km分辨率模拟风速	6.2	8.1	5.5	7.0	6.7
0.2 km分辨率模拟风速	6.1	8.1	5.4	6.9	6.6
0.1 km分辨率模拟风速	6.2	8.1	5.4	6.7	6.6

表6.4　不同模式水平分辨率下6号测风塔70 m高度模拟和实测风速的逐时相关系数

模式分辨率	1月	4月	7月	10月	平均值
1.0 km	0.7731	0.7757	0.6781	0.7734	0.766
0.5 km	0.7862	0.7750	0.6752	0.7751	0.768
0.2 km	0.7869	0.7750	0.6753	0.7717	0.768
0.1 km	0.7741	0.7622	0.6886	0.7334	0.756

表6.5　不同模式水平分辨率下6号测风塔70 m高度模拟和实测风速的绝对误差

单位：m/s

模式分辨率	1月	4月	7月	10月	平均值
1.0 km	0.7	0.3	0.9	0.5	0.6
0.5 km	0.8	0.4	0.9	0.5	0.7
0.2 km	1.0	0.4	1.0	0.6	0.8
0.1 km	0.9	0.4	1.0	0.8	0.8

表6.6　不同模式水平分辨率下6号测风塔70 m高度模拟和实测风速的相对误差

%

模式分辨率	1月	4月	7月	10月	平均值
1.0 km	−9.9	−3.9	−14.4	−6.7	−8.3
0.5 km	−11.9	−4.0	−14.6	−6.9	−8.9
0.2 km	−14.6	−5.1	−15.5	−8.4	−10.5
0.1 km	−13.1	−4.6	−15.6	−10.5	−10.5

表 6.7　不同模式水平分辨率下 12 号测风塔 70 m 高度模拟和实测风速的对比

单位：m/s

项目	1 月	4 月	7 月	10 月	平均值
实测风速	6.0	7.4	4.7	6.3	6.1
1.0 km 分辨率模拟风速	7.7	8.3	5.4	7.3	7.2
0.5 km 分辨率模拟风速	7.7	8.5	5.5	7.4	7.3
0.2 km 分辨率模拟风速	7.8	8.5	5.5	7.4	7.3
0.1 km 分辨率模拟风速	7.3	8.1	5.2	7.0	6.9

表 6.8　不同模式水平分辨率下 12 号测风塔 70 m 高度模拟和实测风速的逐时相关系数

模式分辨率	1 月	4 月	7 月	10 月	平均值
1.0 km	0.6054	0.7174	0.4505	0.6152	0.649
0.5 km	0.6192	0.7117	0.4482	0.6143	0.650
0.2 km	0.6109	0.7109	0.4334	0.6128	0.648
0.1 km	0.6067	0.716	0.4713	0.5925	0.648

表 6.9　不同模式水平分辨率下 12 号测风塔 70 m 高度的模拟实测风速的绝对误差

单位：m/s

模式分辨率	1 月	4 月	7 月	10 月	平均值
1.0 km	1.7	0.9	0.7	1.0	1.1
0.5 km	1.7	1.1	0.8	1.1	1.2
0.2 km	1.8	1.1	0.8	1.2	1.2
0.1 km	1.3	0.8	0.6	0.7	0.8

表 6.10　不同模式水平分辨率下 12 号测风塔 70 m 高度的模拟实测风速的相对误差

%

模式分辨率	1 月	4 月	7 月	10 月	平均值
1.0 km	28.7	12.8	14.9	16.4	18.1
0.5 km	28.7	15.1	16.9	17.8	19.5
0.2 km	29.8	15.5	17.5	18.6	20.2
0.1 km	21.1	10.2	12.0	11.6	13.6

表 6.11　不同模式水平分辨率下 14 号测风塔 70 m 高度模拟和实测风速的对比

单位：m/s

项目	1 月	4 月	7 月	10 月	平均值
实测风速	8.8	8.1	6.1	8.4	7.8
1.0 km 分辨率模拟风速	9.2	9.4	5.8	7.7	8.0
0.5 km 分辨率模拟风速	9.4	9.5	5.9	7.8	8.2
0.2 km 分辨率模拟风速	9.3	9.6	5.9	7.9	8.2
0.1 km 分辨率模拟风速	9.4	9.6	6.0	8.0	8.3

表 6.12　不同模式水平分辨率下 14 号测风塔 70 m 高度模拟和实测风速的逐时相关系数

模式分辨率	1 月	4 月	7 月	10 月	平均值
1.0 km	0.6156	0.6242	0.5552	0.8154	0.679
0.5 km	0.6084	0.6276	0.5607	0.8174	0.678
0.2 km	0.6079	0.6282	0.5578	0.8184	0.678
0.1 km	0.6125	0.6244	0.5612	0.8160	0.680

表 6.13　不同模式水平分辨率下 14 号测风塔 70 m 高度模拟和实测风速的绝对误差

单位：m/s

模式分辨率	1 月	4 月	7 月	10 月	平均值
1.0 km	0.3	1.3	0.3	0.7	0.2
0.5 km	0.6	1.4	0.2	0.6	0.4
0.2 km	0.5	1.5	0.2	0.5	0.4
0.1 km	0.6	1.5	0.1	0.4	0.5

表 6.14　不同模式水平分辨率下 14 号测风塔 70 m 高度模拟和实测风速的相对误差

%

模式分辨率	1 月	4 月	7 月	10 月	平均值
1.0 km	3.7	16.8	−3.9	−8.3	2.4
0.5 km	6.5	17.9	−2.7	−7.5	3.9
0.2 km	5.8	18.7	−1.8	−6.3	4.4
0.1 km	6.4	19.5	−0.7	−5.6	5.2

表 6.15　不同模式水平分辨率下 1600 号测风塔 70 m 高度模拟和实测风速的对比

单位：m/s

项目	1 月	4 月	7 月	10 月	平均值
实测风速	5.9	7.7	5.4	6.6	6.4
1.0 km 分辨率模拟风速	6.5	8.7	5.4	7.2	7.0
0.5 km 分辨率模拟风速	6.3	8.6	5.3	6.9	6.8
0.2 km 分辨率模拟风速	6.2	8.5	5.3	6.8	6.7
0.1 km 分辨率模拟风速	6.4	8.7	5.5	7.2	7.0

表 6.16　不同模式水平分辨率下 1600 号测风塔 70 m 高度模拟和实测风速的逐时相关系数

模式分辨率	1 月	4 月	7 月	10 月	平均值
1.0 km	0.4715	0.6938	0.6297	0.6261	0.676
0.5 km	0.4948	0.7014	0.6366	0.6264	0.677
0.2 km	0.4841	0.6972	0.6290	0.6228	0.671
0.1 km	0.5220	0.7020	0.6360	0.6339	0.680

表 6.17　不同模式水平分辨率下 1600 号测风塔 70 m 高度模拟和实测风速的绝对误差

单位：m/s

模式分辨率	1 月	4 月	7 月	10 月	平均值
1.0 km	0.6	1.0	0.1	0.5	0.6
0.5 km	0.4	0.9	0.0	0.3	0.9
0.2 km	0.3	0.8	0.1	0.2	0.8
0.1 km	0.5	1.0	0.1	0.6	1.1

表 6.18　不同模式水平分辨率下 1600 号测风塔 70 m 高度模拟和实测风速的相对误差

%

模式分辨率	1 月	4 月	7 月	10 月	平均值
1.0 km	10.2	14.1	1.2	7.9	9.4
0.5 km	6.2	12.4	−0.9	4.4	12.9
0.2 km	4.8	11.2	−1.8	2.4	11.8
0.1 km	8.1	13.7	2.7	8.4	16.4

6.3　分散式风电场风能资源评估体系

风电与常规电源不同，具有很强的随机性、间歇性和不可控性，因风电的不连续性而导致并网困难，进而引发“弃风”。为此，国家出台多项政策鼓励因地制宜地开展分散式风电开发。

传统大规模集中式风电场风能资源评估方法主要是在场区内设立测风塔，进行至少为期一年的测风工作，通过对实测风数据的计算分析，评估该风电场风能资源状况。分散式风电场与传统的大型风电场不同，分散式风电场以变电所容量为基础，采用就近原则，在一定区域范围内分多个小场区充分利用资源，每个小场区可能仅分布两三台风机，就近接网消纳。由于设立测风塔及至少一年时间的观测和维护等要投入一定的时间和经济成本，考虑到这些因素，风电企业在做分散式风电工程时一般不会在每个小场区都设立测风塔，通常采用就近的测风塔数据或选择一两个小场区设立测风塔，因此不能完全采用实测资料评估各个小场区工程地点的风能资源，也就是说，传统大规模集中式风电场的资源评估方法不完全适用于分散式风电场。因此，需要针对分散式风电场的特点研发分散式风电场资源评估技术和业务体系。

6.3.1　评估流程

辽宁省分散式风电场风能资源评估流程如下。

(1)分析风电场各小场区所在地区及其地形特征，确定模式模拟范围和输出分辨率，分别对各小场区风场进行为期至少一年的精细化数值模拟。

(2)根据各场区地形，确定场区中最具有代表性的点位，根据后处理模块，获得测风塔和各场区代表点位风速、风向、空气密度等风能资源数值模拟值。

(3)对比测风塔实测数据和模拟结果的差异,进行模拟效果分析。根据模拟精度分析结果,采用适当的误差订正方法,得到各场区代表点位的完整一年逐时风速模拟订正序列。

(4)结合测风塔实测风数据和订正后的各场区代表点位同期完整一年逐时风模拟数据,开展各场区的风能资源评估,并对整个场区的风能资源状况综合分析、比较,形成该分散式风电工程资源评估报告。

6.3.2 评估方法

6.3.2.1 基于 WRF+CALMET 模式系统

当分散式场区范围较大时,通常采用 WRF+CALMET 模式嵌套系统计算场区整体资源状况及各代表点资源情况。

第一,按测风塔选址技术方法确定风电场场区代表性点位。第二,采用 WRF+CALMET 嵌套模式对风电场区域风能资源状况进行模拟,获得模拟区域风速风向格点数据,采用插值方法获得场区代表点位和场区外现有测风塔位置的逐时风速风向模拟值。第三,对比测风塔实测数据和模拟结果的差异,进行模拟效果分析。第四,根据模拟效果分析结果,采用比值法、线性回归法或差值法对场区代表点位数值模拟结果进行误差订正,得到代表点位完整年的逐时风速风向序列,作为场区资源评估的基础数据,然后按照集中式风电场资源评估的技术方法开展分散式场区的资源评估(图 6.4)。

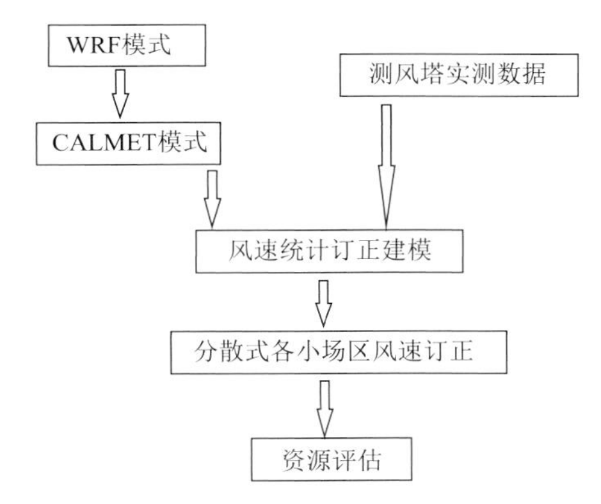

图 6.4 基于 WRF+CALMET 模式的分散式风电场资源评估流程

在分析模拟风速与实测风速相关性基础上,风速误差订正可根据模拟高度层与实际高度层的差异直接平移误差进行修正,也可以采用比值法、线性回归法或差值法进行修正(图 6.5)。

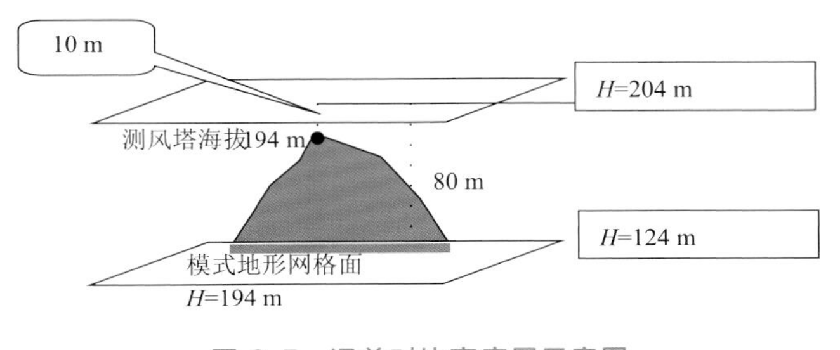

图 6.5 误差对比高度层示意图

风向误差订正可采取主导风向逼近的方式修正，即根据实测主导风向与模拟主导风向的偏差，对模拟风向进行统一的方位修正。

6.3.2.2 基于 CFD 技术

选用 Meteodyn WT 模型，开展分散式场区风能资源模拟评估。

场区内或附近有测风塔实测的情况：分析风电场的地形特征，确定场区代表性点位。将场区内或临近地区现有测风塔逐 10 min 风速、风向、风速标准差数据输入 WT 模型对风电场的风能资源状况进行模拟，获取风电场风能资源整体分布图和代表点的逐 10 min 风速、风向、风速标准差数据。最后，以模型输出的风电场各场区代表点位逐时风速风向数据为基础，按常规风电场资源评估方法评估分散式风电场风能资源情况。

场区内或附近无测风塔实测的情况：首先采用 WRF＋CALMET 模式系统得到代表点逐时风速、风向，并以此作为基础数据输入 WT，获取风电场风能资源整体分布图和代表点的逐时风速、风向数据；然后按常规风电场资源评估方法评估分散式风电场风能资源情况。

6.3.3 评估实例

6.3.3.1 基于 WRF＋CALMET 模式系统的分散式风电场资源评估实例

某分散式风电工程共分 4 个小场区，从北至南右分别为 1 号、2 号、3 号和 4 号场区，1 号场区与 4 号场区的距离约 80 km。仅 4 号场区设有测风塔，测风高度为 80 m 和 60 m，其他场区均无测风塔（图 6.6）。

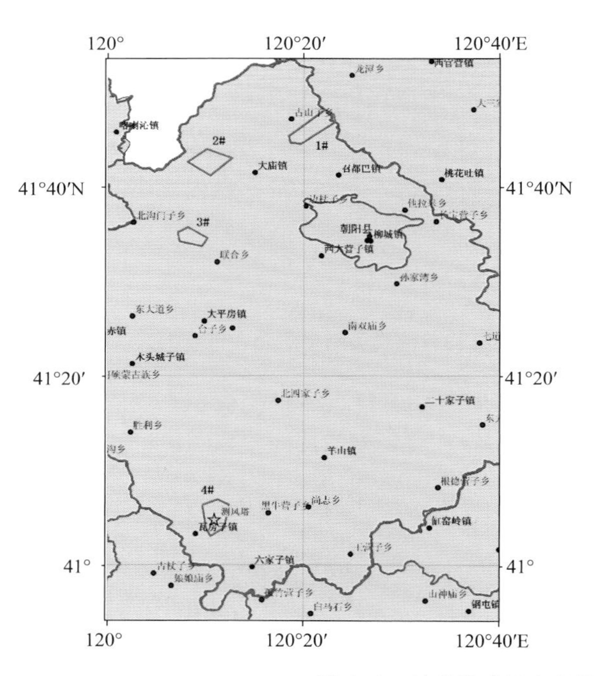

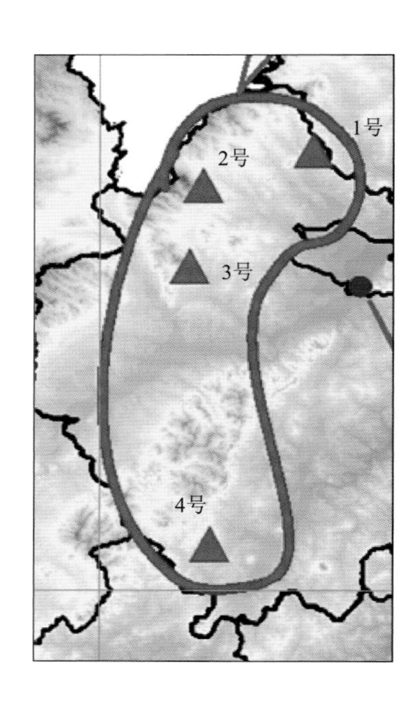

图 6.6 某分散式风电场场区示意图

选取 1 号、2 号和 3 号场区内海拔较为平均的风机点位作为该小场区的代表点位。4 号场区以测风塔实测位置作为代表点位。

采用 WRF+CALMET 模拟系统，CALMET 模式以 WRF 模式 9 km×9 km 分辨率的模拟结果作为初始场，水平分辨率为 0.5 km×0.5 km，模拟范围覆盖整个分散式风电工程各场区。根据各代表点周边 4 个 CALMET 模式网格点模拟结果，通过双线性内插的方法将这 4 个点上的模拟值内插到各代表点位处，作为代表点模拟值（表 6.19—表 6.22）。

表 6.19 1号场区代表点位主要风能资源参数模拟值

高度/m	年平均风速/(m/s)	年平均风功率密度/(W/m^2)	年有效风力小时数/h	*A* 值	*K* 值
80	6.7	376.9	7392	7.55	1.83
60	6.0	262.1	7165	7.31	1.86

表 6.20 2号场区代表点位主要风能资源参数模拟值

高度/m	年平均风速/(m/s)	年平均风功率密度/(W/m^2)	年有效风力小时数/h	*A* 值	*K* 值
80	6.9	391.6	7558	7.80	1.93
60	6.2	275.9	7384	6.97	1.96

表 6.21 3号场区代表点位主要风能资源参数模拟值

高度/m	年平均风速/(m/s)	年平均风功率密度/(W/m^2)	年有效风力小时数/h	*A* 值	*K* 值
80	6.5	336.1	7349	7.31	1.86
60	5.8	237.3	7104	6.51	1.87

表 6.22 4号场区测风塔处主要风能资源参数模拟值

高度/m	年平均风速/(m/s)	年平均风功率密度/(W/m^2)	年有效风力小时数/h	*A* 值	*K* 值
80	7.5	457.2	7995	8.64	2.19
60	6.9	325.2	7920	7.81	2.30

将 WRF+CALMET 模式系统模拟结果与同期测风塔实测风速进行对比，可见模拟结果基本可以反映该地区风速的逐时变化（图 6.7），模式能够较好地模拟风速变化趋势和空间分布（图 6.8），但仍有一定的误差（表 6.23）。为减小误差，得到更为接近实际风况的数据，将根据测风塔实测风数据对其余 3 个场区的模拟结果进行订正。将各场区代表点位的逐小时风速模拟结果分别根据测风塔实测和模拟逐时风速的一元线性回归方程 $y=0.707x+1.049$，得到各小场区的模拟订正结果。然后结合模拟订正结果和测风塔实测数据对该分散式风电场进行后续的风能资源评估（表 6.24—表 6.26）。

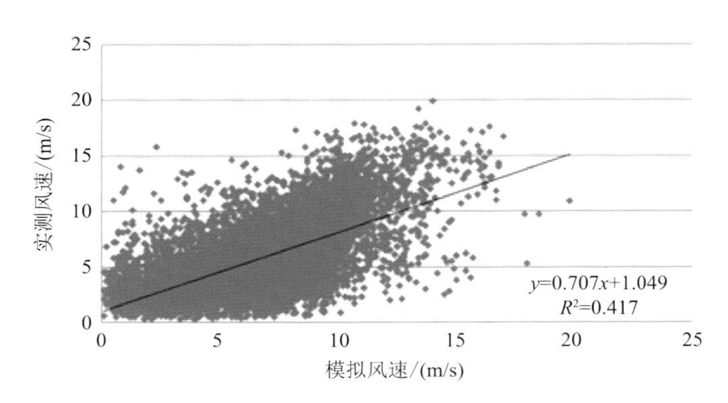

图 6.7 实测与模拟逐时风速的相关性

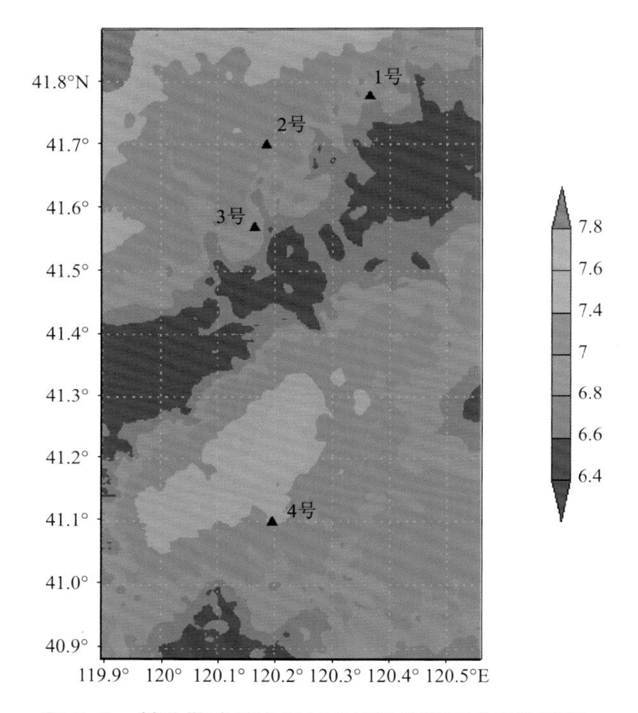

图 6.8 某分散式风电场年平均风速空间分布模拟图

表 6.23 测风塔各高度年平均风速观测值和模拟值的对比

测风塔	测风高度/m	观测风速/(m/s)	模拟风速/(m/s)	绝对误差/(m/s)	逐时相关系数	逐日相关系数
4 号	80	7.2	7.5	0.3	0.6461	0.8444
	60	7.0	6.9	−0.1	0.6008	0.8186

表 6.24 1号场区代表点主要风能资源参数模拟订正值

高度/m	年平均风速/(m/s)	年平均风功率密度/(W/m²)	年有效风力小时数/h	A 值	K 值
80	6.3	296.5	7357	7.08	1.91
60	6.0	269.3	7350	6.81	1.88

表 6.25　2 号场区代表点主要风能资源参数模拟订正值

高度/m	年平均风速/(m/s)	年平均风功率密度/(W/m^2)	年有效风力小时数/h	A 值	K 值
80	6.5	311.4	7429	7.31	2.2
60	6.3	290.3	7484	7.10	1.96

表 6.26　3 号场区代表点主要风能资源参数模拟订正值

高度/m	年平均风速/(m/s)	年平均风功率密度/(W/m^2)	年有效风力小时数/h	A 值	K 值
80	6.1	267.4	7231	6.86	1.92
60	5.9	249.8	7222	6.62	1.87

6.3.3.2　基于 CFD 的分散式风电场资源评估实例

某分散式风电场场区内无测风塔，在场区西南角外围收集到 1 座 70 m 测风塔的实测风数据(图 6.9)。

利用 WT 计算流体力学软件，将收集到的场区外围测风塔实测逐 10 min 数据作为初始值，对场区不同高度风能资源状况进行模拟。可以计算得到年平均风速、风功率密度、湍流强度分布等多种精细化风能资源评估参数(图 6.10—图 6.12)。

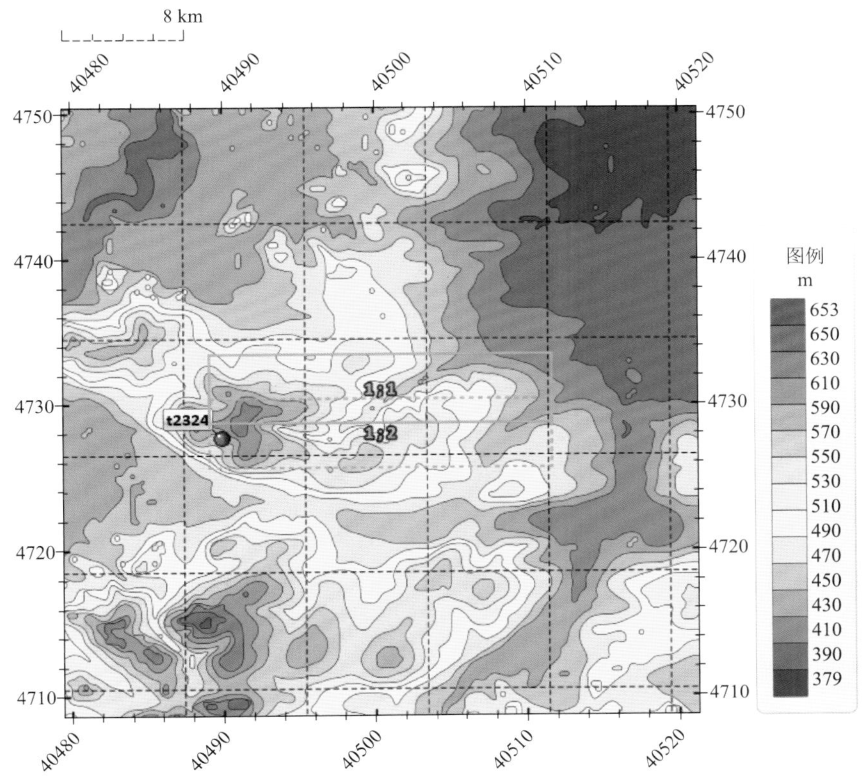

图 6.9　某分散式风电场范围、地形和测风塔位置图

(横纵坐标为大地坐标，单位为 km，下同)

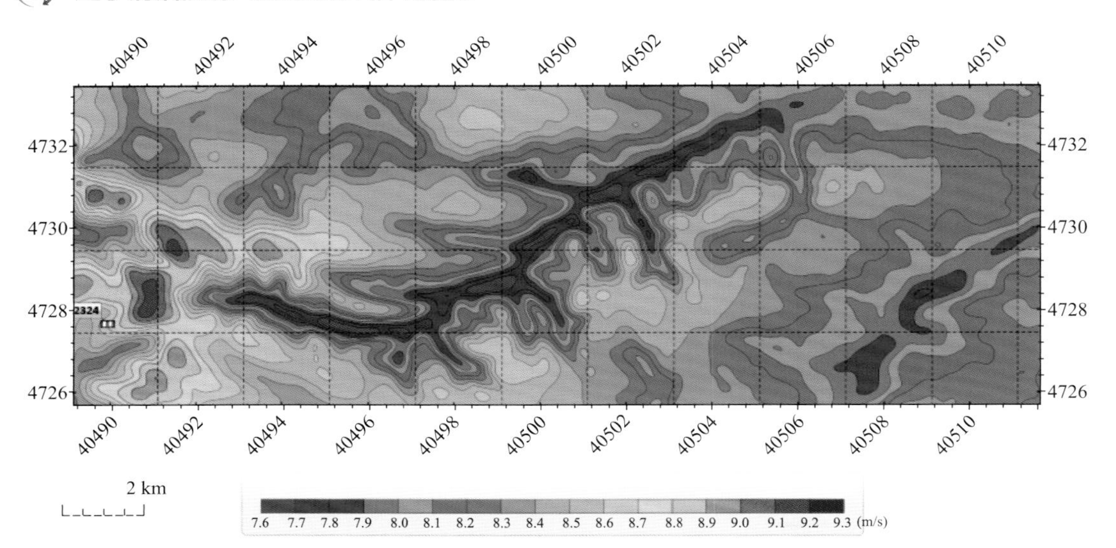

图 6.10　某分散式风电场 100 m 高度 100 m×100 m 水平分辨率风速空间分布图

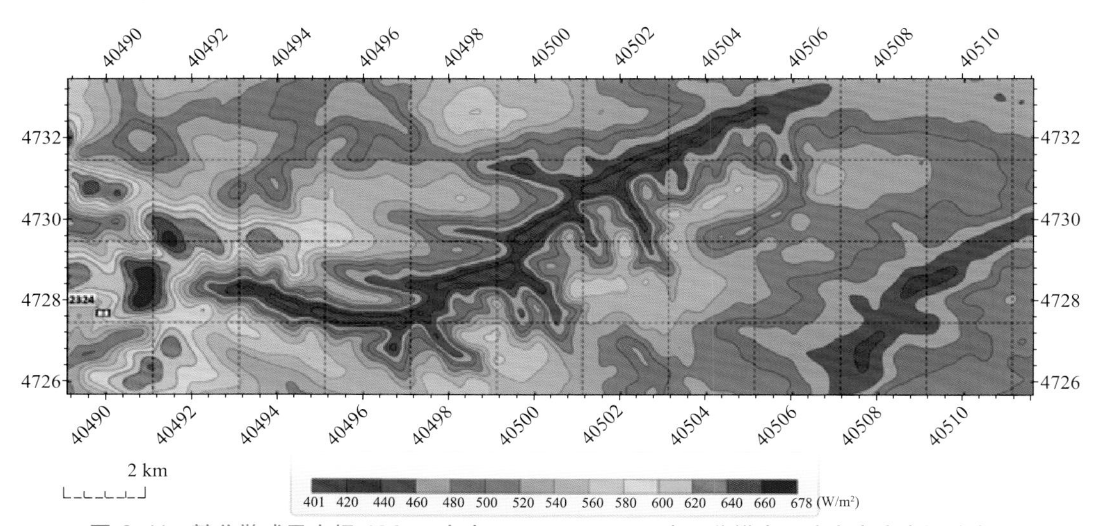

图 6.11　某分散式风电场 100 m 高度 100 m×100 m 水平分辨率风功率密度空间分布图

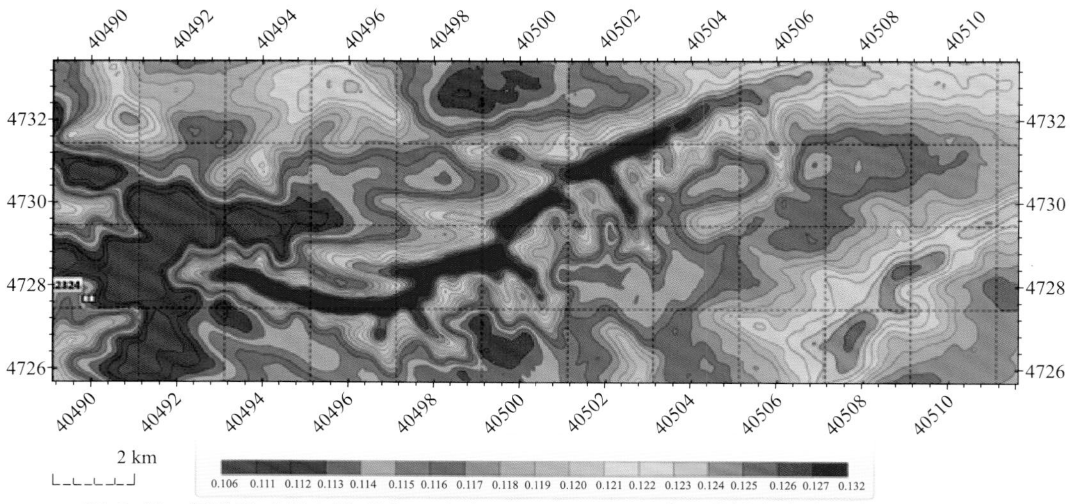

图 6.12　某分散式风电场 100 m 高度 100 m×100 m 水平分辨率湍流强度空间分布图

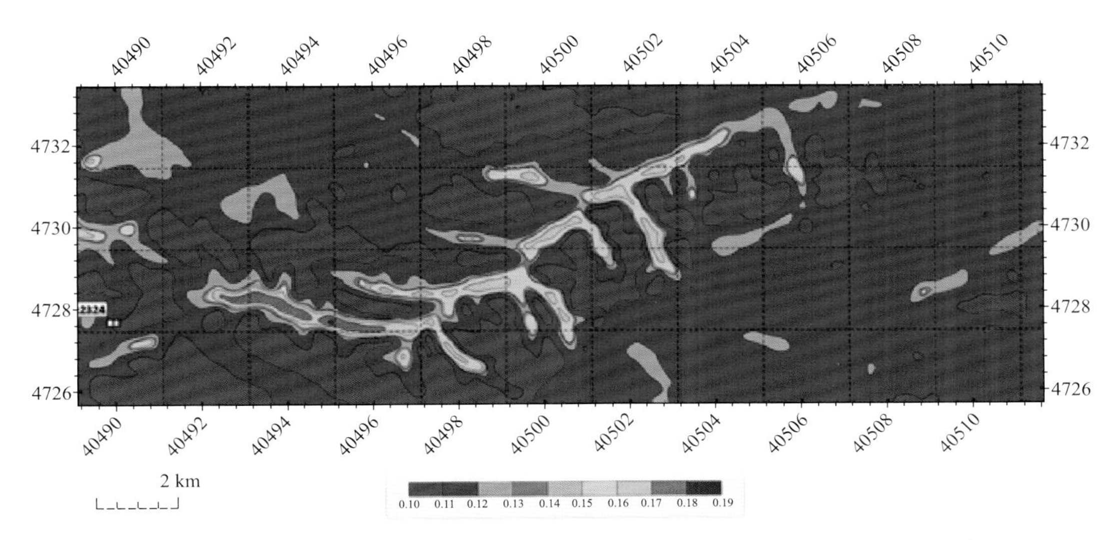

图 6.13　某分散式风电场 100 m 高度 100 m×100 m 水平分辨率风切变空间分布图

6.4　风电场资源评估实用细化技术

在风能资源大规模开发利用、风机制造产业快速发展新形势下，高轮毂、大桨叶风机已是风电发展的主流，而且风机轮毂高度还存在快速突破现有高度并不断提升高度的发展趋势。出于资源可利用性和安全性考虑，为适应风电产业的快速发展，针对 50 a 一遇最大风速、风切变、湍流强度等风机选型关键参数的分析确定就更显重要。然而，由于现有风能资源评估的国际、国内、行业等各类技术标准落后于实际应用，且各标准给出的方法不一、计算细节不详细，使得在实际资源评估过程中存在方法选择不明确、使用混乱或分析计算不详的现象。辽宁省气象部门在长期实践应用过程中针对 50 a 一遇最大风速、风切变、湍流强度等关键参数采用多方法综合分析和比选，形成了更细化的风电场资源评估实用技术。

6.4.1　风电场 50 a 一遇 10 min 平均最大风速评估实例

依据国内外风能资源评估相关技术规范，总结形成 5 种推算风电场 50 a 一遇最大风速的技术方法。当拟选风机轮毂高度有最大风速观测时，采用 6.4.1.2 节的方法一至方法三；当风机轮毂高度无最大风速观测时，在方法一至方法三的基础上，结合方法四、方法五。

以某风电场为例，该风电场设置 1 座 120 m 测风塔，拟选风机轮毂高度 115 m，风机选型需评估 115 m 处的 50 a 一遇 10 min 平均最大风速。

6.4.1.1　个例实测情况

该个例测风塔 10～120 m 高度实测最大风速为 19.1～26.6 m/s，有 7 层最大风速观测（表 6.27）。

表 6.27 某风电场实例：测风塔实测最大风速统计

测风高度/m	最大风速/(m/s)	最大风速对应的风向	出现时间(年-月-日 时刻)
120	26.6	SSW	2021-05-06 14:40:00
100	26.1	SSW	2021-05-06 14:40:00
90	25.4	SSW	2021-05-06 14:40:00
70	24.4	SSW	2021-05-06 12:40:00
50	23.4	SSW	2021-05-06 12:40:00
30	22.1	SSW	2021-05-06 12:40:00
10	19.1	SSW	2021-05-06 12:40:00

6.4.1.2 对个例 50 a 一遇 10 min 平均最大风速的多方法计算

120 m 高度是距离拟选风机轮毂高度最近的观测层，因此，先采用方法一至方法三对测风塔 120 m 高度 50 a 一遇最大风速进行拟合。

(1)方法一

耿贝尔极值Ⅰ型的概率分布法。依据《风力发电场设计规范》(GB/T 51096—2015)，首先根据参证气象站历史最大风速观测数据，采用极值Ⅰ型概率分布函数计算 50 a 一遇最大风速为 23.0 m/s(图 6.14)；再根据气象站与测风塔实测高度层风速较大时段日最大风速的线性拟合关系(图 6.15)，可推算获得测风塔 120 m 高度 50 a 一遇最大风速为 36.7 m/s(采用参证气象站最大风速≥6 m/s 时段进行拟合)和 39.0 m/s(采用参证气象站最大风速≥8 m/s 时段进行拟合)。

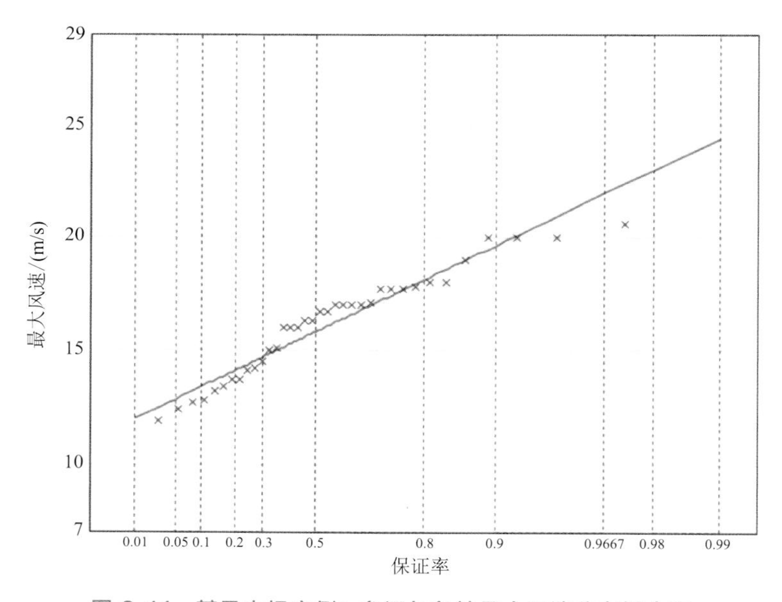

图 6.14 某风电场实例：参证气象站最大风速分布拟合图

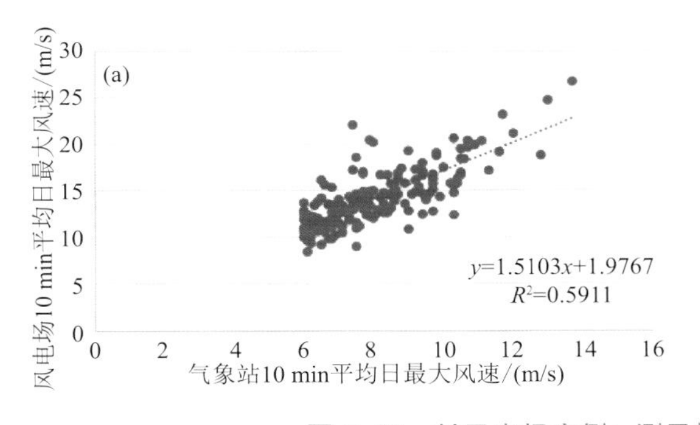

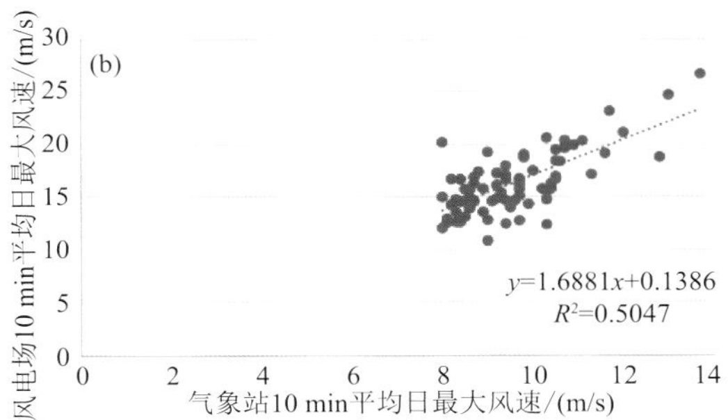

图 6.15 某风电场实例：测风塔 50 a 一遇最大风速推算图
(a) 参证站最大风速≥6 m/s 时段；(b) 参证站最大风速≥8 m/s 时段

(2)方法二

根据《风力发电机组 设计要求》(GB/T 18451.1—2022)给出的 50 a 一遇最大风速和 1 a 一遇极端风速关系，将实测最大风速作为 1 a 一遇极端风速，则 50 a 一遇最大风速为：

$$V_{50} = V_{实测}/0.8 \tag{6.1}$$

式中，V_{50} 为 50 a 一遇最大风速，$V_{实测}$ 为实测最大风速。

根据风电场测风塔测风当年 120 m 高度实测 10 min 最大风速为 26.6 m/s，推算出 120 m 高度 50 a 一遇最大风速为 33.3 m/s。

(3)方法三

五倍平均风速法。黄勇(2016)对 50 a 一遇多种方法展开了讨论，Weibull 曲线是一种用于拟合风速频率分布的线型，由形状参数 k 和尺度参数 c 决定，中国地区的 k 值通常在 1.0～2.6。《欧洲风电机组标准Ⅱ》(Dekker et al.，1998)中建议，在中纬度地区，当 Weibull 分布形状参数 $1.65<k<2.0$ 时，可采用 5 倍平均风速作为 50 a 一遇最大风速值。

该测风塔 90 m 以上高度 k 值均≥2.0(表 6.28)，不适宜采用该方法进行 50 a 一遇最大风速推算。

表 6.28 某风电场实例：测风塔各观测高度 k 值

高度	120 m	100 m	90 m	70 m	50 m	30 m	10 m
k 值	2.08	2.02	2.00	1.96	1.84	1.59	1.33

(4)方法一至方法三的比选确定

采用方法一至方法三推算出该风电场 120 m 高度 50 a 一遇最大风速为 33.3～39.0 m/s，从风电场安全运营角度出发建议采用较大的推算值 39.0 m/s。

(5)方法四

当轮毂高度无最大风速观测，可采用临近观测层 50 a 一遇最大风速计算结果，结合测风塔大风时段综合风切变指数或关键层风切变指数，推算出轮毂高度处 50 a 一遇最大风速。

该风电场拟选用 115 m 轮毂高度风机，因此，根据 120 m 高度 50 a 一遇最大风速拟合值(39.0 m/s)，结合测风塔大风综合风切变指数(0.1151)，推算得到 115 m 高度 50 a 一遇最大风速为 38.8 m/s。

(6)方法五

当无高层最大风速观测数据，或无法获得场址大风风切变时，可依据 IEC 61400-1:2019(IEC Central Office,2019)标准，假设大风风切变为 0.11，依据参证气象站 10 m 高度 50 a 一遇最大风速推算出轮毂高度处 50 a 一遇最大风速。

如果该风电场未设立测风塔，想要了解该地区 115 m 高度 50 a 一遇最大风速，则根据参证气象站 10 m 高度 50 a 一遇最大风速值(23.0 m/s)，采用风切变指数 0.11，推算得到 115 m 高度 50 a 一遇最大风速为 30.1 m/s。

根据实测该地区大风综合风切变指数 0.1151，推算出 115 m 高度 50 a 一遇最大风速为 30.5 m/s，与采用 IEC 61400-12-1:2017/COR1:2019 标准建议的大风风切变 0.11 推算出的结果比较接近。

6.4.1.3 评估结论

综合考虑上述计算结果，认为该个例选用方法一结合方法四比较适宜，推算得到 115 m 高度 50 a 一遇最大风速为 38.8 m/s，建议选用 IEC 61400-1:2019 标准的Ⅱ类风机。

6.4.2 风电场风切变确定实例

虽然已有很多学者采用幂指数拟合的方法对不同地区风资源进行推算，如徐宝清等(2014)、龚强等(2015)、谷新波等(2019)、王炎等(2019)、马晓梅等(2020)、刘霄等(2020)，但在风电场资源评估实际应用时还需根据情况细化处理。

针对不同需求，风电场资源评估时可细化分析综合风切变、关键层风切变、大风风切变、任意两层风切变。以某风电场为例，该风电场设置 1 座 120 m 测风塔，拟选风机轮毂高度在 120～140 m，需要评估给出适合的风切变指数，以便科学选择风机轮毂高度。以下给出评估实例。

6.4.2.1 任意层风切变

计算各高度与其他层的风切变指数(表 6.29)，可以得到各相邻层以及任意层之间的风切变指数。

表 6.29 某风电场测风塔风切变指数统计表

测风高度/m	到 120 m 高度的风切变指数	到 100 m 高度的风切变指数	到 90 m 高度的风切变指数	到 70 m 高度的风切变指数	到 50 m 高度的风切变指数
10	0.3571	0.3590	0.3618	0.3742	0.3846
50	0.3064	0.2996	0.2992	0.3245	
70	0.2951	0.2760	0.2654		
90	0.3211	0.3013			
100	0.3325				

6.4.2.2 综合风切变

为综合反映测风塔近地层风切变状况，采用幂指数拟合的方法，或利用高度比对数和风速比对数的线性拟合方法，确定综合风切变指数。

$$V_2 = V_1 \left(\frac{Z_2}{Z_1}\right)^{\alpha} \tag{6.2}$$

$$\lg\left(\frac{V_2}{V_1}\right) = \alpha \lg\left(\frac{Z_2}{Z_1}\right) \tag{6.3}$$

式中：V_2 为高度 Z_2 处的风速（单位：m/s）；V_1 为高度 Z_1 处的风速（单位：m/s）；Z_1 一般取 10 m 高度；α 为风切变指数，其值的大小表明了风速垂直切变的强度。由于近地层风速梯度观测中一般具有多个高度的观测（既多个 Z_2），为综合反映风切变状况，风工程中通常采用拟合方法确定 α。风速比对数与相应的高度比对数成正比，V_2 分别取 Z_2 高度的风速值（Z_2 可以为多个高度），然后通过最小二乘法拟合确定出 α。

（1）测风塔有 6 层风速观测，利用幂指数拟合方法确定综合风切变指数为 0.358（图 6.16）。

（2）利用高度比对数和风速比对数的线性拟合方法，确定综合风切变指数为 0.364（图 6.17）。

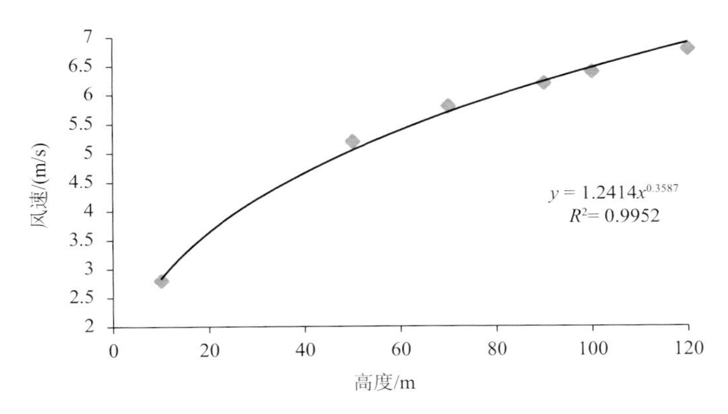

图 6.16 某风电场测风塔 10~120 m 各层风速随高度变化的幂指数拟合

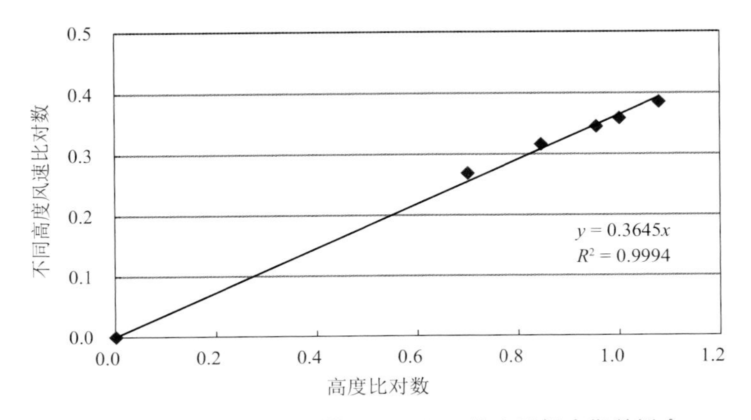

图 6.17 某风电场测风塔 10~120 m 综合风切变指数拟合

6.4.2.3 关键层风切变

由于该风电场综合风切变指数较大，且存在低层风切变指数相对更大的特征，因此对高度 50 m 以上、70 m 以上和 90 m 以上的风切变指数分别进行拟合，可以得到 3 个关键层以上的综合风切变指数，分别为 0.304、0.286 和 0.318（图 6.18—图 6.20）。

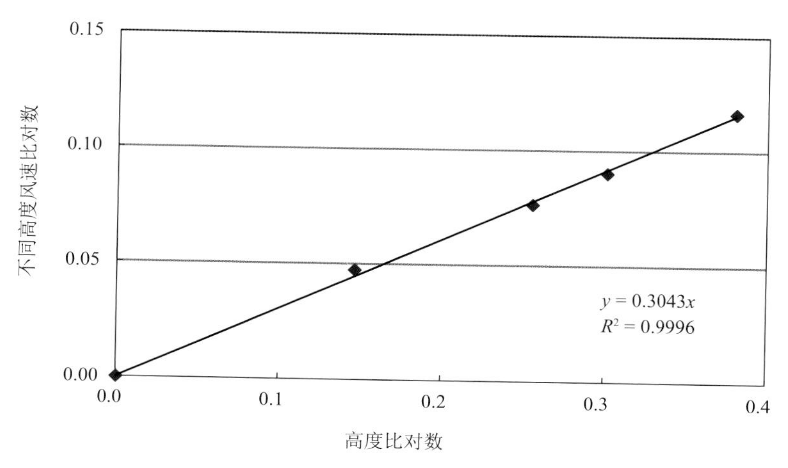

图 6.18　某风电场测风塔 50~120 m 综合风切变指数拟合

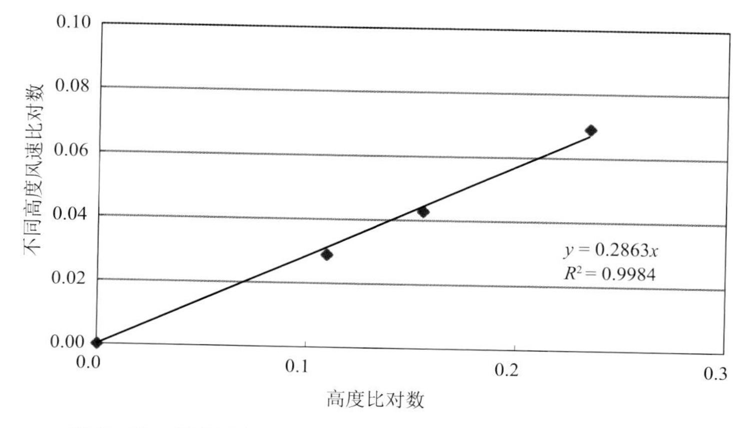

图 6.19　某风电场测风塔 70~120 m 综合风切变指数拟合

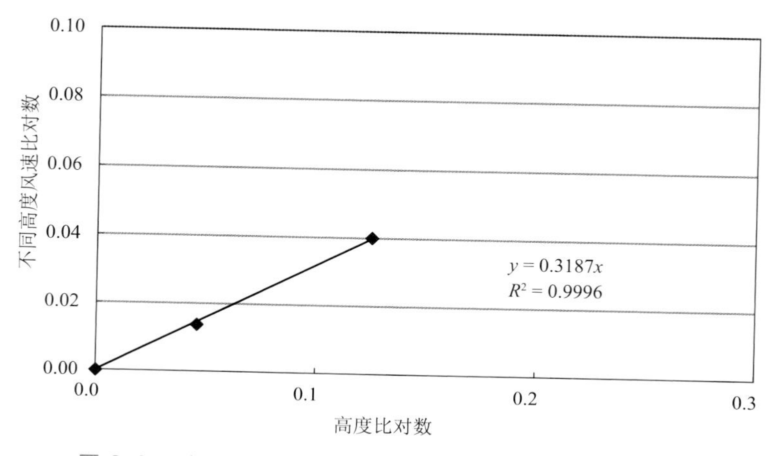

图 6.20　某风电场测风塔 90~120 m 综合风切变指数拟合

6.4.2.4 大风风切变

对 10 m 高度 10 min 平均风速≥10.8 m/s 时次各层的平均风速进行统计。采用幂指数拟合的方法得到综合风切变指数为 0.189(图 6.21);利用高度比对数和风速比对数的线性拟合方法确定综合风切变指数为 0.195(图 6.22)。

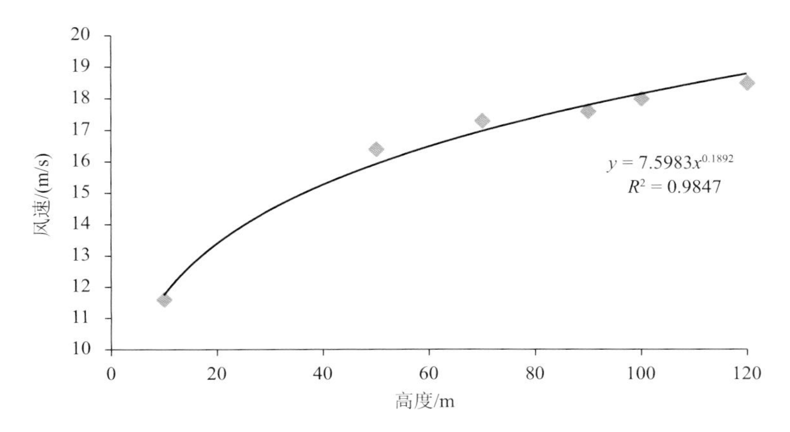

图 6.21 某风电场测风塔 10~120 m 各层风速随高度变化的幂指数拟合曲线

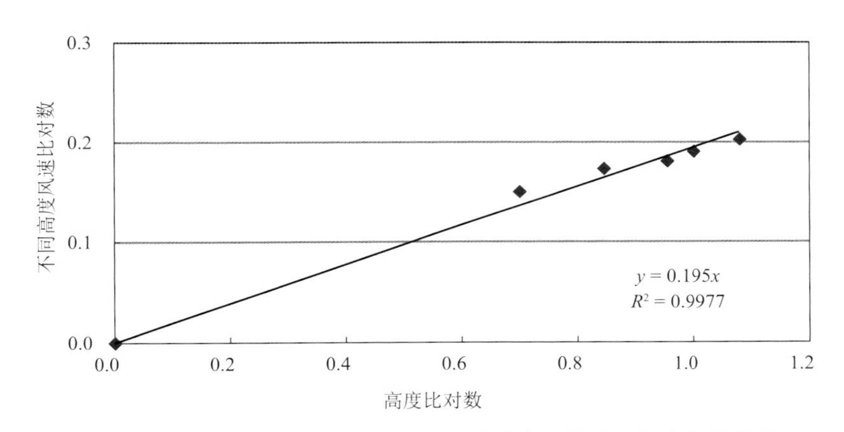

图 6.22 某风电场测风塔 10~120 m 高度大风综合风切变指数拟合

6.4.2.5 评估结论

由于该风电场测风塔最高观测层为 120 m 高度,风电场如选用轮毂高度超过 120 m 的风机,按相对保守估计,宜选用 70～120 m 高度综合风切变指数 0.286 进行高层逐时风速推算;而轮毂高度处 50 a 一遇最大风速则宜采用大风综合风切变 0.195 进行推算。

6.4.3 风电场湍流强度评估实例

细化测风塔湍流强度评估内容,形成包括平均湍流强度、代表性湍流强度(湍流强度的第 90 百分位数)或特征湍流强度(湍流强度的第 84 百分位数)、各风速区间湍流强度、各风向湍流强度的多参数计算方法,并与风机标准湍流强度比较,确定风机选型。

以某风电场为例,该风电场设置 120 m 高测风塔 1 座,拟选风机轮毂高度同为 120 m,

资源评估时为其科学地风机选型，减少湍流对风机的影响，提供了多项湍流计算参数（表6.30—表6.32，图6.23—图6.24），最后建议可以选用IEC标准的C类风机。

表6.30 某风电场测风塔各高度上的湍流强度

高度	平均湍流强度	代表性湍流强度	14.5～15.4 m/s 区间湍流强度	14.5～15.4 m/s 区间代表性湍流强度
120 m	0.1307	0.1461	0.0934	0.0945
100 m	0.1392	0.1553	0.1109	0.1117
90 m	0.1437	0.1607	0.1155	0.1161
70 m	0.1518	0.1663	0.1313	0.1321
50 m	0.1684	0.1849	0.1399	0.1405
10 m	0.3318	0.3606	0.1983	0.1985

表6.31 某风电场测风塔120 m高度各风向平均湍流强度

风向	N	NNE	NE	ENE	E	ESE	SE	SSE
湍流强度	0.1318	0.1245	0.1384	0.1573	0.2079	0.2246	0.2543	0.1892
风向	S	SSW	SW	WSW	W	WNW	NW	NNW
湍流强度	0.1417	0.1028	0.1023	0.1234	0.15	0.1591	0.1377	0.1476

表6.32 某风电场测风塔120 m高度各风速段湍流强度

风速段/(m/s)	平均湍流强度	代表性湍流强度	风速段/(m/s)	平均湍流强度	代表性湍流强度
0.0～0.5	0.2382	0.6121	10.5～11.5	0.0808	0.1245
0.5～1.5	0.5520	0.7803	11.5～12.5	0.0828	0.1258
1.5～2.5	0.2881	0.4469	12.5～13.5	0.0864	0.1280
2.5～3.5	0.1826	0.2847	13.5～14.5	0.0907	0.1273
3.5～4.5	0.1384	0.2092	14.5～15.5	0.0934	0.1312
4.5～5.5	0.1155	0.1758	15.5～16.5	0.0987	0.1315
5.5～6.5	0.1029	0.1589	16.5～17.5	0.1045	0.1349
6.5～7.5	0.0926	0.1445	17.5～18.5	0.1104	0.1398
7.5～8.5	0.0880	0.1384	18.5～19.5	0.1102	0.1449
8.5～9.5	0.0833	0.1297	19.5～20.5	0.1215	0.1430
9.5～10.5	0.0815	0.1276	20.5～21.5	0.0808	0.1245

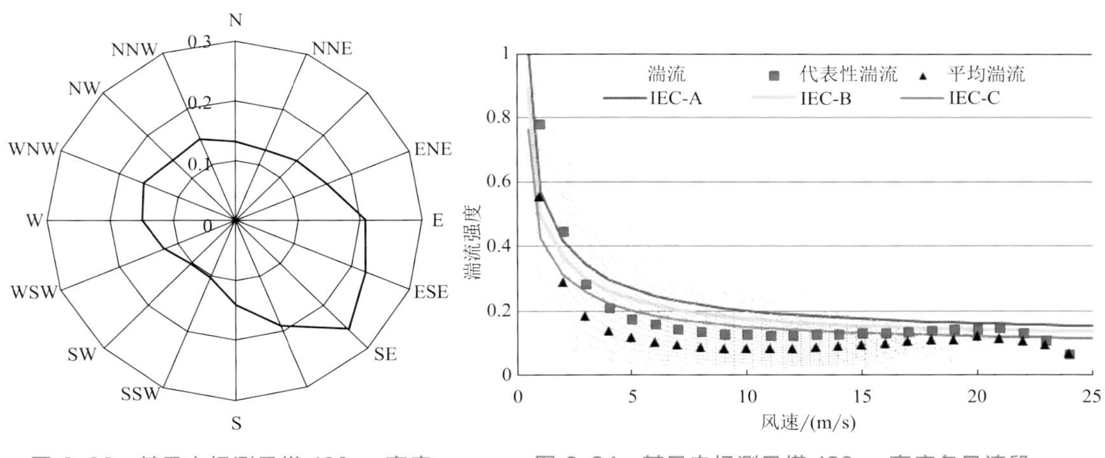

图 6.23 某风电场测风塔 120 m 高度各风向平均湍流强度

图 6.24 某风电场测风塔 120 m 高度各风速段湍流强度与标准值的比较

6.5 风能资源气候平均分布模拟

6.5.1 陆上风能资源气候平均分布模拟和空间分析技术

辽宁省陆上风能资源气候平均分布的数值模拟采用了中国气象局风能资源数值模拟评估系统(WERAS/CMA),该系统包括天气背景分类与典型日筛选系统、中尺度气象模式WRF和复杂地形动力诊断模式CALMET系统。

WERAS/CMA风能资源数值模拟评估方法基本思路是:将评估区历史上出现过的天气进行分类,然后从各天气类型中随机抽取5%的样本作为数值模拟的典型日,之后分别对每个典型日进行逐时数值模拟,最后根据各类天气型出现的频率,统计分析得到风能资源的气候平均分布。

采用GIS(地理信息系统)空间分析技术,绘制辽宁省陆地风能资源分布图,计算陆地风能资源储量。结合辽宁省地形坡度数据(表6.33),计算风电装机容量系数。

表 6.33 装机容量系数与地形坡度关系

地形坡度/%	装机容量系数/(MW/km^2)
0~3	5.0
3~6	2.5
6~30	1.5

6.5.2 海上风能资源气候平均分布模拟

采用WRF中尺度数值模式多层嵌套方案对辽宁海域风能资源状况进行模拟。模式最内层覆盖辽宁海域，水平分辨率为 1 km。

考虑到海表的动力粗糙度具有随风速的变化而变化的特征，并且海浪对动力粗糙度的影响也十分显著，而下垫面动力粗糙度的取值，直接影响模式中近地层湍流通量方案（M-O相似理论）的计算结果，既影响近海面风速与气温。为此，在模拟辽宁海域风况时，更新参数化方案和下垫面数据。

参数化方案：MYNN 3.0rd TKE 边界层方案、RUC 陆面模型以及 Taylor and Yelland 海表动力粗糙度方案（isftcflx＝3）。

下垫面数据：使用每 6 h 更新一次的海面温度数据。

模拟时段：不少于 1 a。

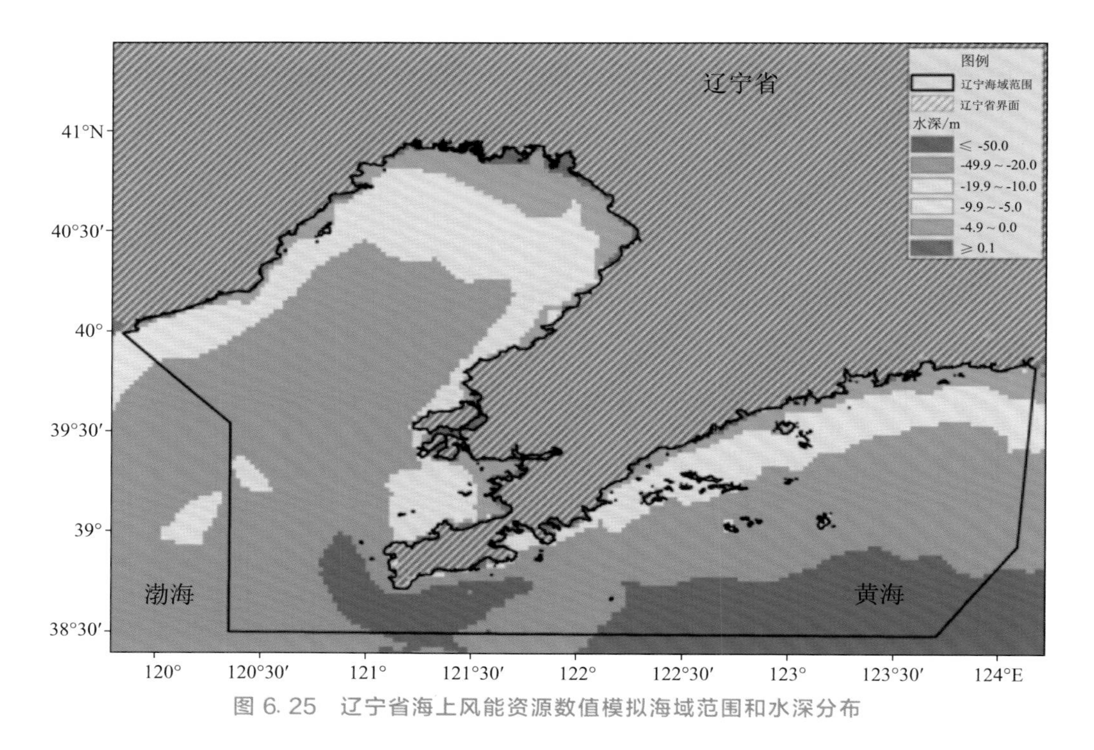

图 6.25　辽宁省海上风能资源数值模拟海域范围和水深分布

海上风电场的建设除了受风资源和水深的影响，还会受到诸多因素的影响和制约，如硬性制约（军事区、航道等）、软性制约（渔民利益、规划冲突等）、技术制约（海床条件等）、环境制约（生态因素、噪声等）、经济制约等。关新等（2018）指出，目前辽宁省近海风能资源丰富，沿海城市大连、锦州、营口经济发展迅速，在发展近海风电上具有诸多有利条件，因作者目前不详细掌握这些信息，故对此不做分析，而只计算海上风能资源储量和不同水深情况下的风能资源储量。

第 7 章
辽宁省风能资源监测评估新结论

随着风电发展形势对风能资源监测评估的需要，以及风能资源监测数据的逐渐积累，对风能资源状况和变化的监测评估一直在不断丰富和完善，也不断刷新着对风特性的认知。龚强等(2020)的《辽宁省风能资源评估》一书，已针对辽宁省风能资源专业观测网26座测风塔实测数据进行了详细的实测风能资源计算和分析，并结合数值模拟技术，给出辽宁省风能资源综合评估结果。本章对上述结果不再赘述，重点介绍基于风能资源长期监测网数据的风能资源变化特征、对风特性的新认识以及针对辽宁省风电发展规划的风能资源分析。

7.1 风能资源变化特征

通常情况下，风电场的设计寿命为20 a，风速的长期变化特征将直接影响我国风能资源开发利用的效率、规划和长远发展。因此，研究在气候变化背景下风况的长期变化趋势对风电产业的发展具有十分重要的指导意义。

7.1.1 气象站观测的风速变化

由于经济快速增长和城市化快速发展，大部分气象站观测场周边环境发生了明显的变化，由建站初期相对空旷的郊外逐渐变成建筑成群的现代化城镇，风观测数据的代表性、均一性受到了不同程度的影响，不能完全代表自然的气候背景。为此，这里在辽宁省62个国家气象站中，筛选出站址海拔较周边地区高、1981年以来未发生站址迁移、离人口密集区较远的草河口、桓仁和凌源气象站作为代表站，分析辽宁省风速的长期变化特征。其中，凌源气象站位于辽宁省的最西部，桓仁气象站位于最东部，草河口气象站位于中部偏东位置，3个站具有较好的空间代表性(表7.1)。

表7.1 风速长期变化代表气象站信息

气象站站名	观测场海拔高度/m	地址
草河口	233.6	本溪县草河口镇新市街(山地)
桓仁	245.5	桓仁县桓仁镇西关村(山地)
凌源	417.1	凌源市铁西一街23号(丘陵)

对上述3个代表气象站1981—2022年逐年平均风速序列进行分析可见，草河口风速有波动增大趋势，增大速率为每10 a 0.07 m/s，桓仁和凌源风速呈减小趋势，减小速率分别为每10 a 0.03 m/s和0.01 m/s。其中，草河口和桓仁风速变化趋势通过了0.05的显著性检验，凌源未通过0.05的显著性检验。3站平均风速存在每10 a 0.009 m/s的增大速率，未通过0.05的显著性检验。总体看来，单站年平均风速存在增或减的趋势性，

以减小为主，但变化幅度不大，而代表整个区域的 3 站平均的长期趋势性变化几乎可以忽略。

在全球变暖大背景下，我国多数气象站观测到年平均风速存在下降趋势，并主要归结为自然变化和人类活动影响（详见 3.1.1.1 节）。如果不筛选代表站，从辽宁全省气象站长期观测数据看，绝大多数气象站风速为明显减小趋势，全省平均风速也存在明显的减小趋势，但筛选站点后的结论却有所不同。因此，关于风速长期变化问题还需要将来通过代表性的观测进一步验证。

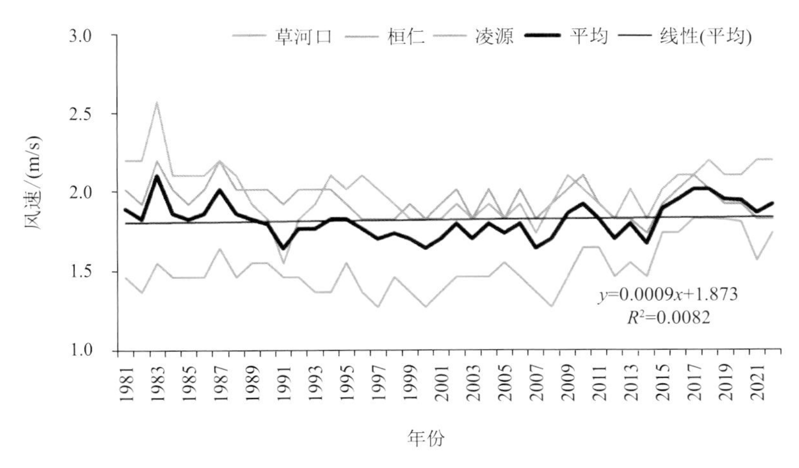

图 7.1 代表气象站年平均风速逐年变化

7.1.2 风能资源长期监测网观测的风速变化

根据辽宁省风能资源长期监测网 8 座测风塔 70 m 高度 2010—2022 年风速风向观测数据，分析近 13 a 风能资源的变化情况。8 座测风塔布局和观测信息详见 5.2.2.1 节。本节中，各风能资源参数采用 8 塔的算术平均值，代表全省的平均情况，距平值为相对 2010—2022 年累年平均值的差值。由于测风塔代表了风电场环境，本节分析的各风能资源参数的变化基本可以反映全省风电场风能资源变化的平均特征。

7.1.2.1 年平均风速

2010—2022 年，70 m 高度年平均风速距平为－0.2～0.3 m/s，总体表现为下降趋势，但未通过 0.05 的信度检验，趋势性不显著。其中，2010—2014 年风速年际波动相对较大，2015—2022 年较平稳（图 7.2）。

结合图 7.1 可见，近 10 余年中，2010 年风速偏大以及 2012 年、2014 年风速偏小是辽宁各地的普遍现象，10～70 m 高度风速的年际波动和长期变化存在一定的共性。气象站受环境影响更多（城市化、观测高度低受地表和周边环境影响大等），而测风塔常年在野外（风机运行环境），周边环境变化相对较小，在相同的大尺度风气候背景下，叠加局地小气候后，导致了不同气象站之间、测风塔之间年际变化存在差异。

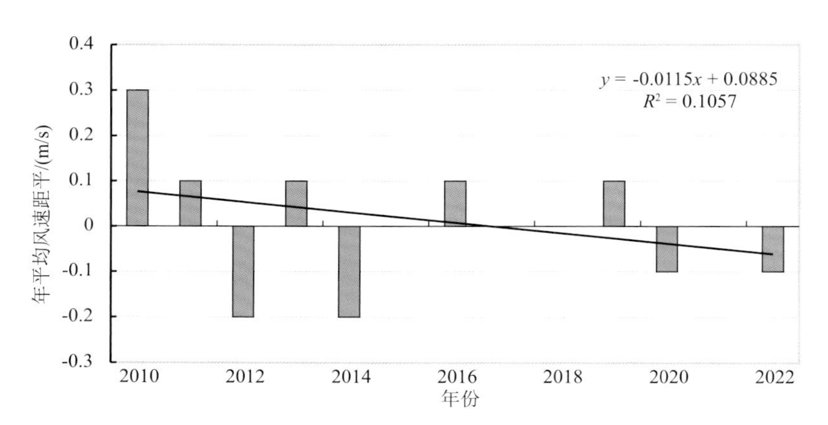

图 7.2 70 m 高度年平均风速距平年际变化

7.1.2.2 年平均风功率密度

2010—2022 年，70 m 高度的年平均风功率密度与年平均风速年际变化基本一致，整体表现为减小趋势，但也未通过 0.05 的信度检验。由于风功率密度与风速的三次方成正比，风功率密度的年际变化振幅大于风速(图 7.3)。

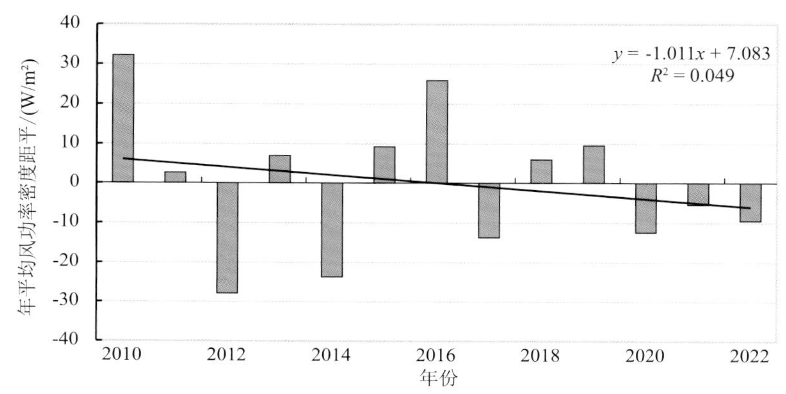

图 7.3 70 m 高度年平均风功率密度距平年际变化

7.1.2.3 风向和主风能方向

辽北和辽西地区主要以偏南风为主导风向，中部和南部具有偏北风与偏南风两个优势风向。各地的主风能方向均比较集中，黄海北部沿海和辽东湾东部沿海主要以偏北风为主能量风向，其他地区主要以偏西南风为主能量风向。

近 13 a 累年风向频率、各风向风能频率与 2022 年的对比，可以看到，风向、风能方向的年际差异不大，其变化对风电机组排布影响很小(图 7.4、图 7.5)。

7.1.2.4 年有效风力小时数

对大型风电机组而言，一般将风速 3～25 m/s 作为有效风速区间(出现在该区间风速的累计小时数为有效风力小时数)，该风速段内风机运行相对比较安全。2010—2022 年，70 m 高度年有效风力小时数整体呈上升趋势(图 7.6)，但未通过 0.05 的信度检验。有效风力小时数不仅与年平均风速有关，还与全风速段的风速频率分布有关，因此，即使有些年份年平均风速偏大，但有效风力小时数未必偏多。

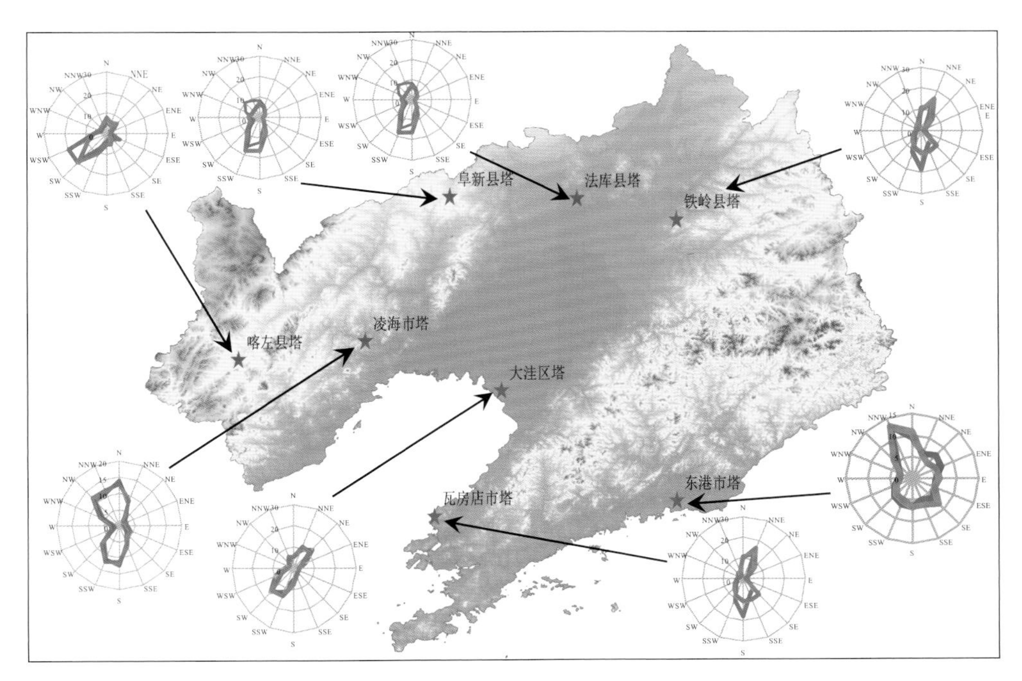

图 7.4　各测风塔 70 m 高度 2022 年(红)年平均风向频率(%)分布与常年(蓝)的对比图

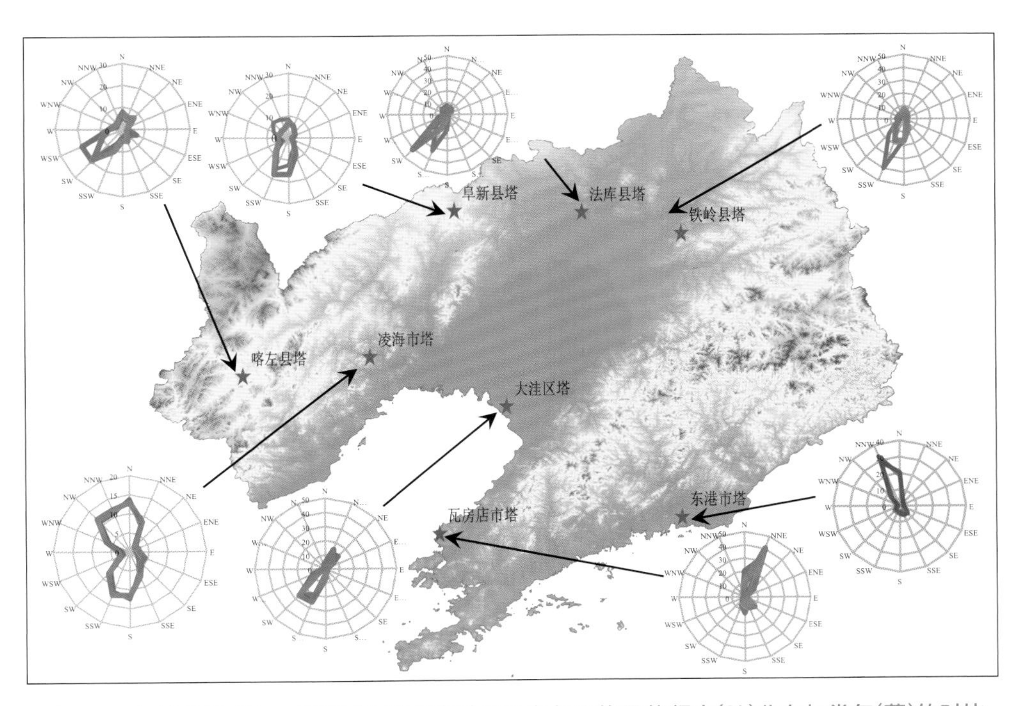

图 7.5　各测风塔 70 m 高度 2022 年(红)各风向年平均风能频率(%)分布与常年(蓝)的对比

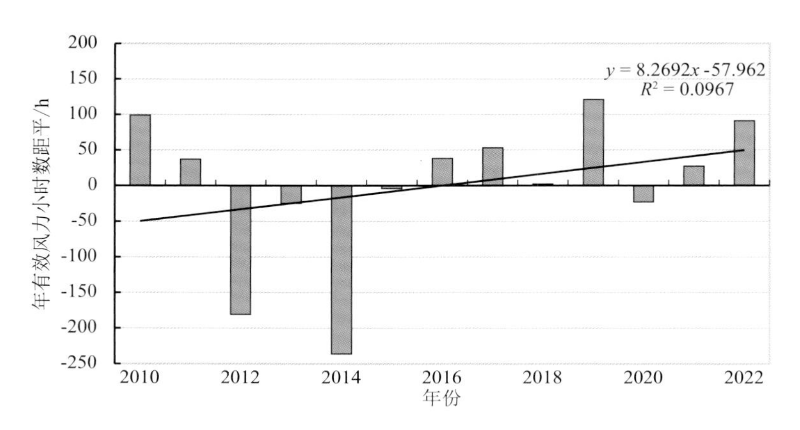

图 7.6　70 m 高度年有效风力小时数距平年际变化

7.1.2.5　风机理论满发电小时数

利用风切变指数由测风塔 70 m 高度实测风速推算出轮毂高度 140 m 处的风速，再结合风机功率曲线，计算出风机年理论满发电小时数，以轮毂高度为 140 m 的 2 种风机机型(GW150-3000、GW165-4000)为例。

2010—2022 年，2 种风机的年理论满发电小时数均表现为减小趋势(图 7.7)，但未通过 0.05 的信度检验，说明趋势性不明显，主要以年际波动变化为主。

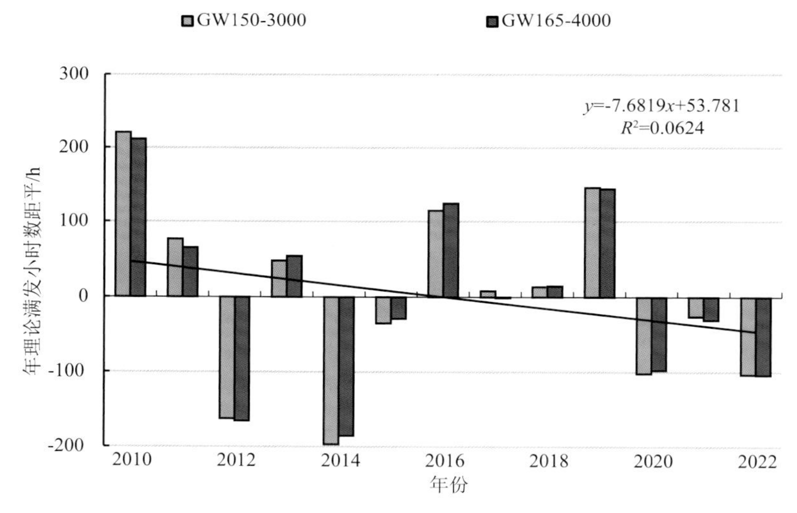

图 7.7　2 种风机机型年理论满发电小时数距平年际变化

7.1.2.6　风能资源的季节变化

风能资源年内分布不均。2010—2022 年，70 m 高度各季节风速、风功率密度、有效风力小时数、理论满发电小时数的变化趋势均未通过 0.05 的信度检验，趋势性不显著，主要以年际波动变化为主。

春季风速具有略微上升趋势，夏季基本持平，秋季和冬季略有下降（图 7.8）。各季节风速的年际波动振幅大于年平均风速的波动。相对而言，夏季年际波动振幅最小，距平值在 −0.4～0.4 m/s，春季则可达到 −0.7～0.6 m/s。

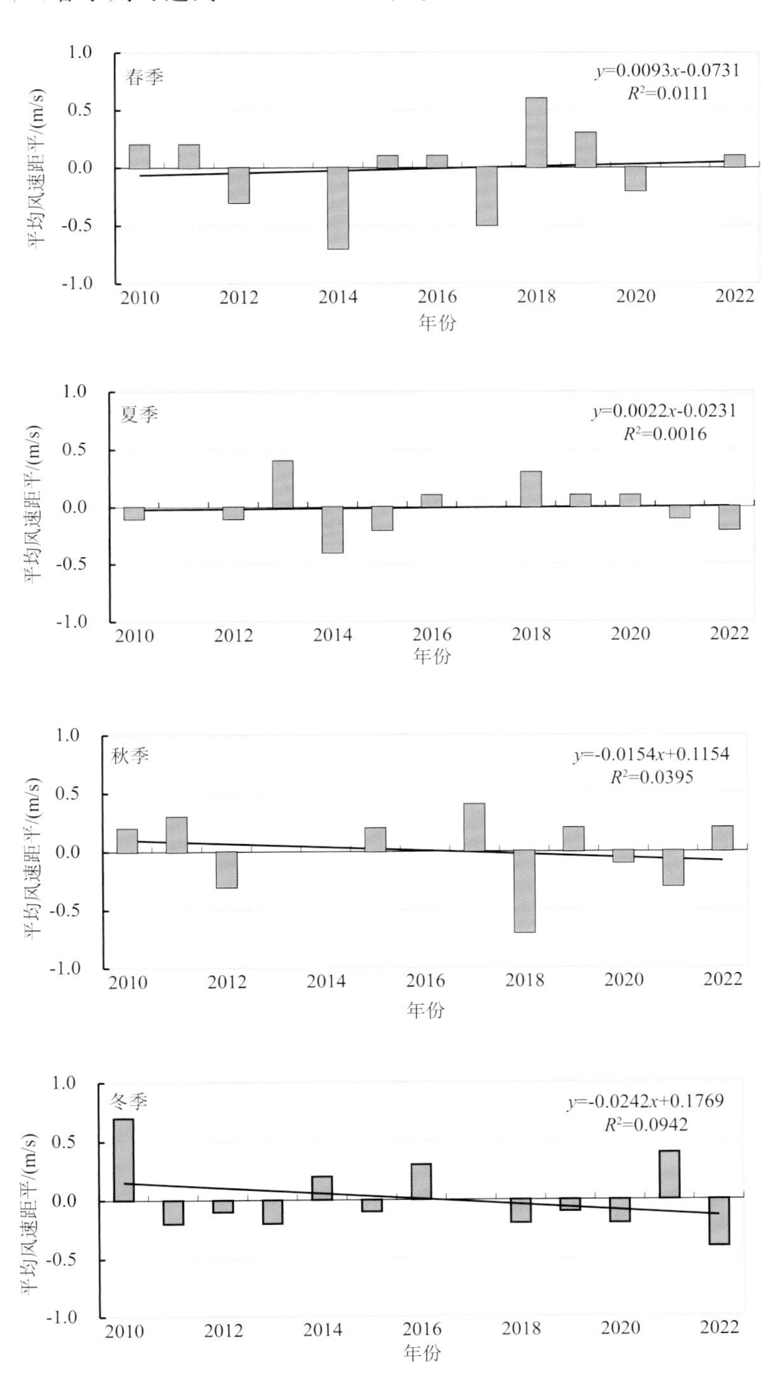

图 7.8　70 m 高度各季节平均风速距平

各季节风功率密度变化趋势与风速一致，年际波动也基本一致，仅幅度略有差异（图 7.9）。

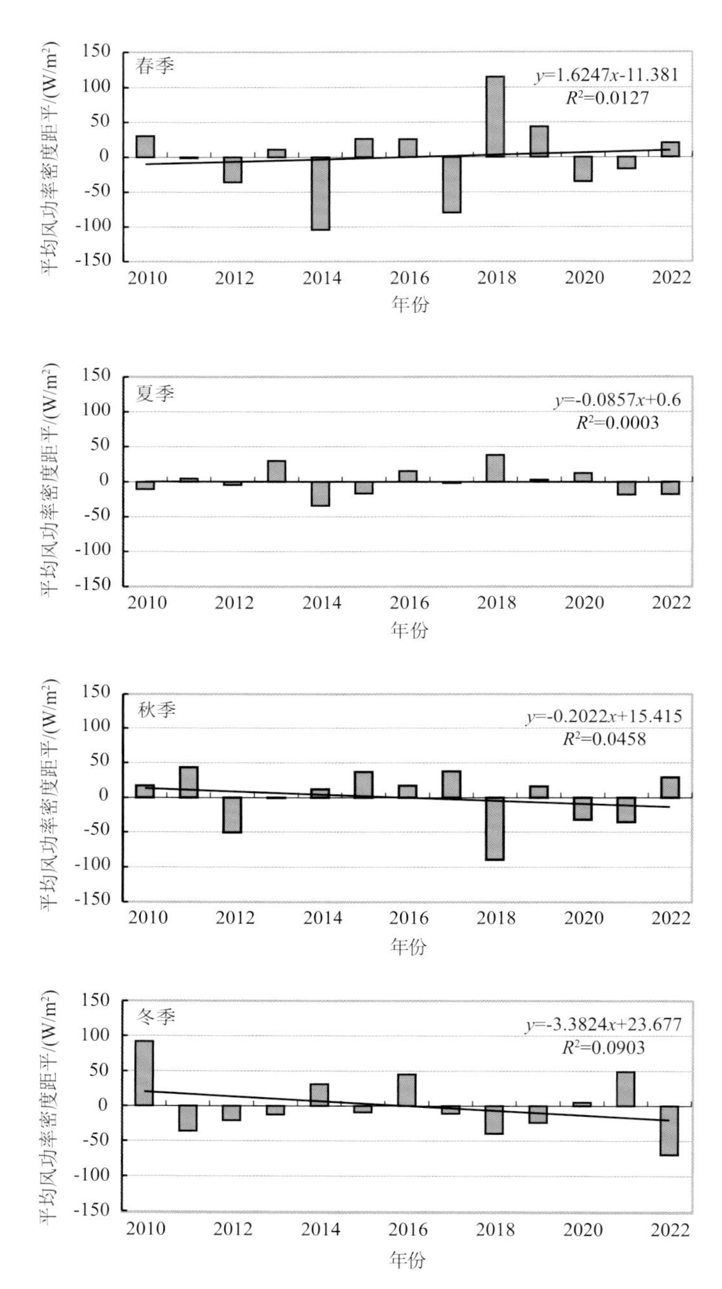

图 7.9　70 m 高度各季节平均风功率密度距平

年有效风力小时数与风速、风功率密度的季节变化趋势略有差异（图 7.10）。春季和夏季年有效风力小时数略有上升趋势，而秋季和冬季基本无趋势性，进一步说明有效风力小时数距平变化不仅与年平均风速有关，还与全风速段的风速频率分布有关。

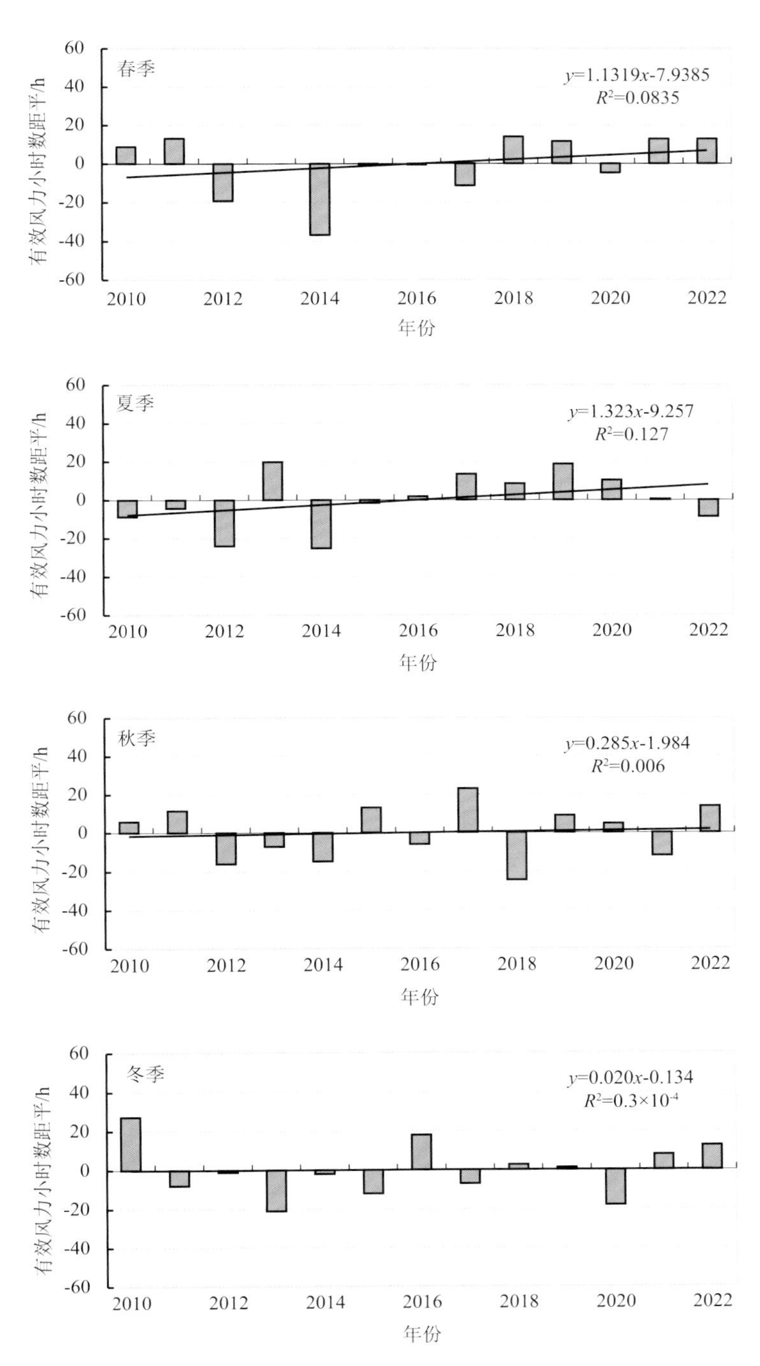

图 7.10 70 m 高度各季节有效风力小时数距平

各季节理论满发电小时数变化趋势、年际变化波动与风速、风功率密度基本一致（图 7.11）。

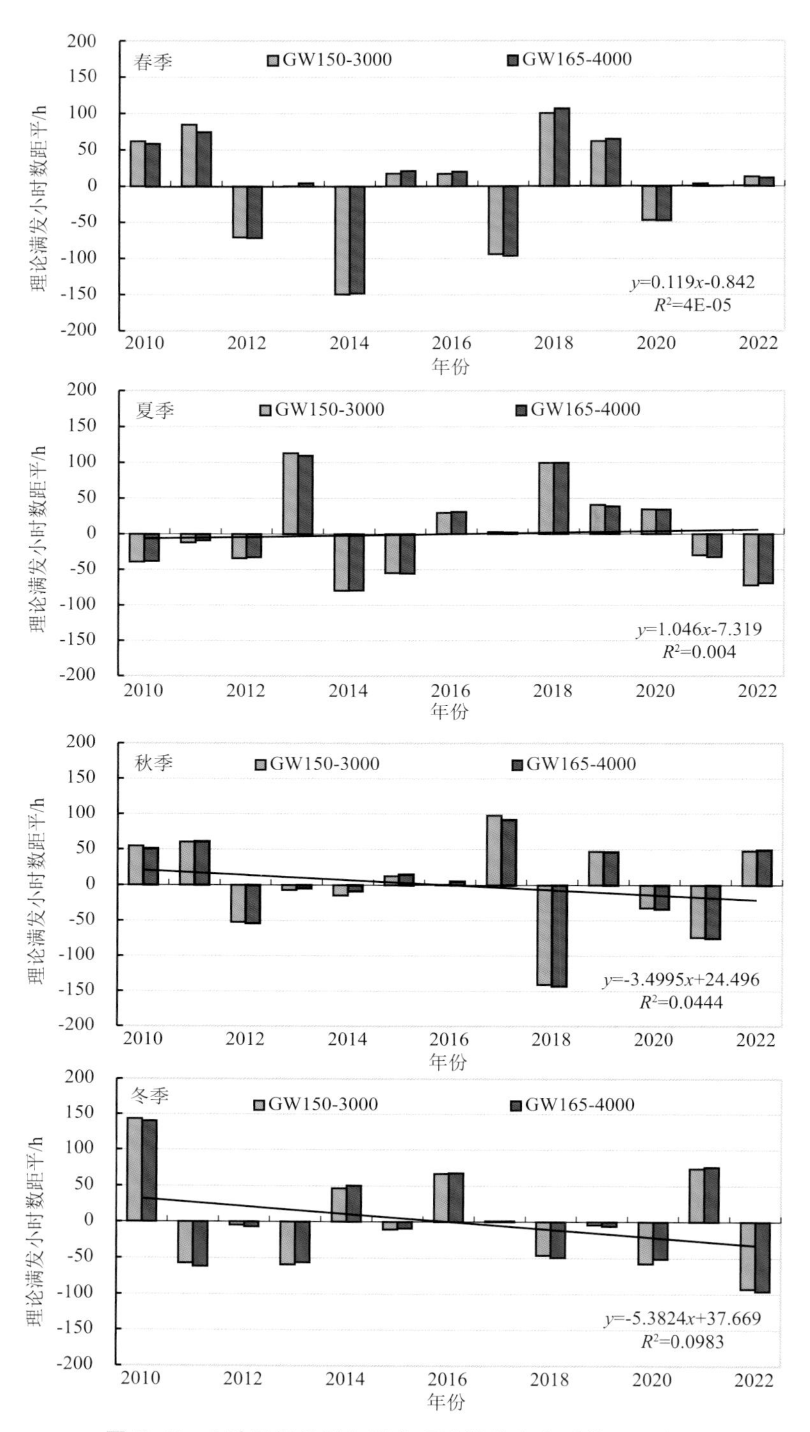

图 7.11 2 种风机机型各季节理论满发电小时数距平变化

7.1.2.7 小结

从风能资源长期监测网的观测看，辽宁省近 10 余年风能资源的变化趋势不明显，对风电开发的长期影响不大。风电场一般建设在人烟较少或距离城镇有一定距离的空旷地区，人类活动对风速的直接影响相对较小，只要保护好风电场周边地区一定范围内的环境，尽量避免人类活动的影响，风电场风能资源的长期变化幅度不会太大，基本保持在稳定的状态。

基于风能资源长期监测网 8 座测风塔实测数据的分析可以看到，近 13 a 中 2012 年、2014 年是风速、风功率密度和年有效风力小时数明显偏小年份，2010 年是明显偏大年份，但也有些年份年平均风速、年平均风功率密度和年有效风力小时数的距平符号或距平变化幅度不一致，如 2022 年在风速和风功率密度偏小的情况下，有效风力小时数反而略偏多，说明该年风速比较平稳，大风小时数较常年偏少，有效风速区间偏小风速段风速出现的时间多，导致平均风速偏低、风能不足，理论发电量也略偏低。这也进一步说明风资源细节特征以及风速质量对风机实际发电效果均有影响，不能仅依据平均风速大小判断风资源的优劣。

7.2 近地层风特性的新认识

7.2.1 近地层 10～70 m 高度幂指数风切变的适用性

随着近年来材料、工艺、运输等手段的不断进步，企业常用增加叶轮直径、提升轮毂高度等技术提升发电效益，低风速区域测风塔高度率先向 120～150 m 发展。考虑设立测风塔的成本、测风设备维修维护，以及一些风电场早期设立测风塔达不到现有轮毂高度要求，需要在现有观测基础上对轮毂高度风资源进行合理的推算，推算结果也直接决定了风机选型、发电量估算等。

近地层风速的垂直分布主要取决于地表粗糙度和低层大气的层结状态。在中性大气层结下，对数和幂指数方程一般可以较好地描述风速的垂直廓线，国内外对近地层风廓线拟合普遍采用幂指数方法，《建筑结构荷载规范》(GB 50009—2012)也推荐使用幂指数公式。但因下垫面条件复杂多样，有些地区会出现诸如反弓形、递减形、S 形、均匀性、弓形、复杂形等风廓线分布，故这里对辽宁地区近地层幂指数风切变的适用性进行分析，以便对风电场评估风资源采用幂指数进行拟合的精确度有所了解。

采用幂指数方法拟合风廓线时，通过将风速比值和高度比值取对数，转化为线性问题后开展显著性检验，以通过显著性检验(F 分布表中，取 α 为 0.05)的百分率评估其适用性，显著性检验见黄嘉佑等(2014)的专著。为使用空间覆盖面更广且时间同步的测风塔观测数据，这里采用辽宁省风能资源专业观测网 26 座测风塔 2009 年 6 月 1 日—2010 年 5 月 31 日为期 1 a 的数据进行分析，观测资料统一采用自动和人工判别相结合的方式进行了质量控制，质量控制方法见李雁等(2012)的文献，26 座测风塔布局和观测信息详见 5.2.1 节。

26 座测风塔全年各时次幂指数风切变通过显著性检验的百分率存在明显的日变化特征，日间呈现明显的下凹形势，夜间则较高。各测风塔白天幂指数风切变通过显著性检验的百分率最低为 20%～70%，夜间为 40%～90%，昼夜差值在 20%以上，甚至超过 40%(表 7.2，图 7.12)。这与大气稳定度状态的规律一致，白天特别是中午前后大气不稳定状态居多，夜间则相反，说明中性和稳定条件下幂指数风切变更为适用。

表 7.2 26 座测风塔各时次全年幂指数风切变通过显著性检验的百分率

%

塔号	21	22	23	0	1	2	3	4	5	6	7	8	9	10	11	12	13	14	15	16	17	18	19	20
1	80.6	83.4	84.6	82.5	83.6	84.6	83.7	83.6	81.2	81.5	74.1	68.0	59.8	59.2	60.7	62.4	65.7	66.7	72.3	80.7	86.6	86.8	84.5	83.1
2	69.9	74.1	73.5	74.2	73.7	72.5	72.8	74.8	70.8	76.0	72.1	65.6	54.0	48.3	46.6	41.7	42.7	41.8	50.0	62.5	75.1	80.3	76.9	71.2
3	48.7	53.0	50.4	49.0	46.6	46.4	46.2	45.3	39.4	41.0	33.6	25.1	21.4	21.7	23.6	22.8	26.7	26.6	28.0	35.4	42.5	49.3	50.6	51.7
4	75.0	77.5	78.2	79.9	81.7	81.4	81.1	79.1	78.4	75.7	69.6	61.4	57.7	56.9	53.7	56.5	60.8	61.6	64.5	74.2	76.2	77.4	75.0	75.7
5	67.5	69.2	70.4	71.8	70.2	69.7	68.8	65.3	64.1	59.7	49.0	36.0	31.2	31.1	30.1	31.6	34.0	41.0	39.3	50.3	62.4	68.7	70.7	70.8
6	56.8	58.5	57.6	56.2	59.7	57.9	56.2	53.9	53.0	53.0	53.4	47.6	41.6	36.8	32.6	32.3	36.9	34.8	38.0	48.0	52.9	58.6	56.2	60.1
7	85.0	84.7	82.0	83.2	82.6	83.4	81.2	82.3	81.7	83.8	75.0	64.5	57.2	62.2	62.8	67.9	71.0	75.6	78.4	83.2	86.6	88.6	88.6	89.4
8	73.8	74.3	75.8	77.4	77.7	76.0	74.9	71.5	75.7	74.8	64.3	49.9	42.7	33.6	36.0	40.8	40.6	43.6	50.8	60.9	66.9	76.6	76.0	78.5
9	77.2	78.3	76.1	79.3	73.3	76.6	75.5	70.5	73.5	69.4	65.2	52.1	40.9	34.0	37.9	32.5	39.7	38.2	44.9	53.2	62.5	71.0	79.1	78.6
10	74.5	74.3	69.1	70.1	67.6	69.8	68.1	68.7	69.0	70.1	65.4	57.7	58.0	50.7	49.7	49.7	54.4	59.2	65.7	72.9	79.6	81.5	79.8	76.2
11	87.0	84.3	85.1	87.3	88.4	86.7	85.9	85.4	84.3	83.7	79.0	66.9	63.5	59.1	64.5	63.9	74.1	73.2	76.5	80.4	85.6	90.6	90.6	89.5
12	52.3	49.8	49.5	49.5	52.5	48.8	46.7	48.7	45.7	46.2	39.1	39.1	29.9	29.8	28.5	28.5	21.9	21.6	25.9	25.7	32.3	42.7	48.7	43.0
13	48.0	51.0	52.8	51.2	50.3	53.6	51.6	51.8	48.0	51.9	41.0	34.2	28.3	29.8	32.9	33.1	32.3	32.0	33.5	43.0	49.2	55.6	58.3	50.8
14	86.6	86.6	87.5	84.8	86.0	88.2	85.2	84.0	82.6	84.3	79.3	70.2	63.3	57.3	54.2	50.8	56.7	59.2	65.3	74.7	82.6	86.4	88.3	85.8
15	43.8	40.4	47.8	42.4	38.7	40.1	45.2	46.3	45.3	40.6	35.8	26.4	23.4	22.2	19.2	19.8	17.3	14.2	17.5	26.6	37.4	42.3	46.1	43.5
16	84.2	87.2	86.8	85.7	85.7	83.4	83.8	82.2	82.2	83.8	81.2	74.1	73.5	72.1	74.3	71.0	70.4	72.0	75.0	77.6	78.0	84.9	81.5	85.1
17	50.2	49.2	46.5	53.6	52.6	53.8	52.2	46.9	46.6	48.9	40.6	36.8	24.1	20.7	21.8	21.0	20.0	22.3	20.6	21.8	30.8	39.2	44.5	49.1
18	77.1	76.5	78.8	77.3	75.1	77.2	74.1	81.2	80.3	81.1	77.3	75.5	69.2	64.3	61.7	63.4	61.2	64.7	65.5	67.9	72.4	72.3	75.0	76.8
19	72.0	75.1	72.8	73.1	73.4	72.6	71.1	73.6	72.0	72.0	70.3	64.5	57.4	53.0	49.7	51.8	52.5	52.4	56.2	66.2	74.7	79.8	79.7	79.3
20	60.2	59.8	54.6	55.1	50.8	48.5	48.5	49.8	54.9	49.8	46.3	31.7	24.0	16.8	20.4	17.4	15.2	17.1	24.3	37.5	53.8	59.8	64.0	61.0
21	78.9	77.0	79.8	80.4	75.1	78.1	74.4	73.0	76.8	75.4	68.7	62.3	58.2	55.4	54.3	56.5	55.2	59.5	64.5	68.9	75.8	78.0	81.5	79.2
22	61.0	62.4	63.7	64.0	63.1	66.6	64.0	61.1	61.7	60.3	51.7	43.7	31.6	33.6	37.6	40.3	42.7	40.4	46.0	51.2	60.9	61.5	66.8	64.6
23	59.4	57.2	61.7	60.1	59.8	61	57.9	57.9	61.2	58.1	53.9	36.2	26.1	22.4	23.5	23	24.4	29.2	26.3	30.5	41	51	55.1	54.4
24	73.4	73.5	70.2	76.0	72.1	71.4	71.7	72.6	75.3	71.3	68.3	56.5	47.9	41.2	37.2	36.6	38.2	41.8	43.5	47.4	62.4	66.7	71.8	72.0
25	55.0	51.5	52.1	48.2	48.7	47.0	47.4	47.1	41.5	40.6	37.8	31.8	35.8	35.7	38.9	40.3	42.9	41.3	45.6	48.5	52.4	57.8	59.8	52.1
26	72.6	74.8	73.7	74.4	66.9	69.0	69.2	66.9	68.8	66.8	60.2	48.9	44.0	45.1	37.9	34.5	37.2	39.2	42.1	49.3	57.7	64.1	70.0	68.8

将各测风塔幂指数风切变通过显著性检验的百分率按一日内最小值≥50%、[30%,50%)和<30%划分为三个等级,则各等级内分别有9座、10座和7座测风塔。其中,≥50%等级中,各时次通过检验的百分率最大值基本在80%以上,该等级采用幂指数拟合风廓线较好;[30%,50%)等级中,各时次通过检验的百分率最大值基本在60%~80%,该等级比较适宜采用幂指数拟合风廓线;<30%等级中,各时次通过检验的百分率最大值基本在47%~64%,有2座塔的最小值在15%左右。总体而言,辽宁地区比较适合采用幂指数拟合风的垂直分布,按上述3个等级划分测风塔并无明显的空间分布规律(图7.13),局地环境对幂指数风切变适用性影响更大些。

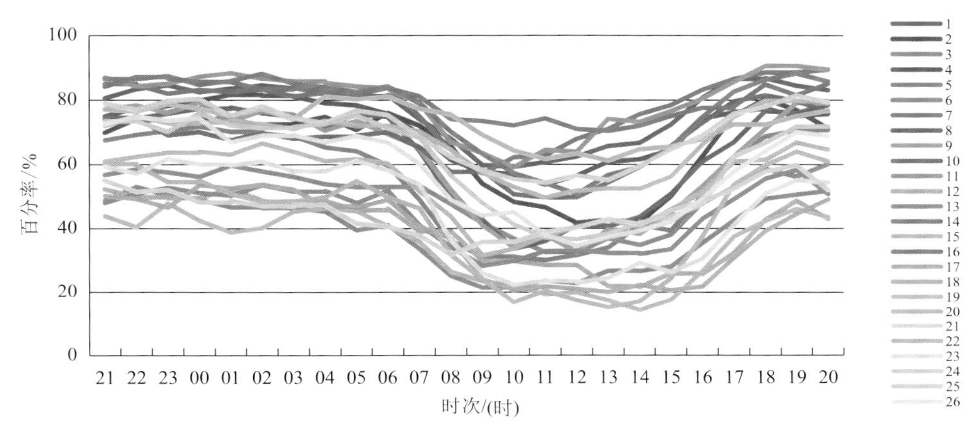

图7.12　26座测风塔各时次全年幂指数风切变通过显著性检验的百分率图

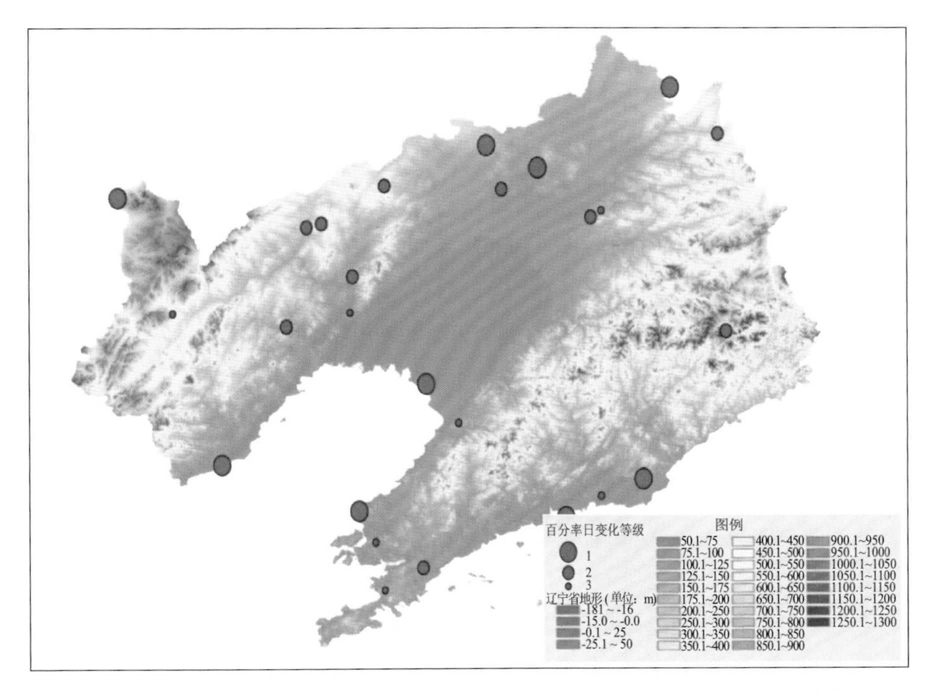

图7.13　测风塔幂指数风切变全年通过显著性检验的百分率等级空间分布

7.2.2 最大风速和极大风速的关系

极端风速是风电场、大型桥梁、高耸建筑、航空、通信、港口、输变电线路等风易损结构抗风工程设计和生产建设中必须考虑的问题，它关系到整个工程的安全性和经济性。宋丽莉等(2004)、王志春等(2013)、许向春等(2013)、Miller 等(2016)和周福等(2017)对极端风速大多考虑最大风速(10 min 平均风速的最大值)和极大风速(3 s 平均风速的最大值)，以及两者不同重现期风速估算值。历史上出现很多因瞬时强风而引发的灾难事故，然而，我国最大风速观测起步较早，极大风速记录一般年代较短。虽然当前何晓凤等(2015)、徐静馨等(2016)、姚琳等(2018)倾向于对风的精细化评估可以采用数值模拟，陈刚等(2016)采用 CFD 技术以及、李正泉等(2016)采用遥感反演等方法，但这些方法对于描述极端风速仍有欠缺，因此目前在估算极大风速时通常采用统计方法或经验值。例如，呼津华等(2009)指出，推算风电场不同高度 50 a 一遇的极大风速时，通常采用相应高度 50 a 一遇最大风速乘以平均阵风系数 1.4。史军等(2015)在估算上海地区不同重现期极大风速时，采用了经验阵风系数 1.7。张秀芝等(1993)、朱智慧等(2014)用平均风速或最大风速、短期大风资料等估算或预报极大风速的研究。但是风是时空变化剧烈的要素，不同地区、不同高度的最大风速、极大风速特征均可能不同，不宜简单以经验值替代。且随着对工程安全的日益重视，苏志等(2010)、黄韬颖等(2007)提出，我国采用 10 min 时距的风资料作为风工程抗风设计的基础可能存在不足，需要考虑 3 s 时距的瞬时大风。

汪宏宇等(2019)采用辽宁省风能资源专业观测网 26 座测风塔(地形划分上具有沿海、内陆、平原、丘陵、山地的典型特征，详见 5.2.1 节)2009 年 6 月 1 日—2010 年 5 月 31 日实测逐 10 min 的最大风速、极大风速资料，分析不同高度、不同时距最大风速与极大风速关系，以期为近地面风特性研究、极大风速估算以及各种风工程抗风安全和建设资金合理使用提供参考。

7.2.2.1 不同时距最大风速、极大风速的比值关系

首先对逐日极大风速和最大风速进行拟合。10 m 高度上极大风速与最大风速比值无明显的地域分布特征(其他高度层比值空间图略)，存在个别差异(图 7.14)。26 座测风塔 10 m 高度的比值为 1.274～1.708，平均为 1.416，即日极大风速是日最大风速的 1.42 倍左右(表 7.3)。除 13 号塔 30 m 高度、17 号塔 50 m 高度外(该现象可能与测风塔局地环境和测风仪器有效误差有关)，其他各塔均存在随着高度增加比值减小的特征，即随着高度的增加日极大风速与日最大风速的比值普遍减小，各测风塔 30 m 以上高度的比值普遍在 1.4 以下，70 m 高度普遍在 1.3 以下。可见，在实际应用中推算极大风速时，不同高度不宜采用统一的比值(图 7.15)。

表 7.3 26 座测风塔不同高度逐日极大风速与最大风速的比值系数统计

	10 m	30 m	50 m	70 m	100 m
最小值	1.274	1.222	1.183	1.156	1.128
最大值	1.708	1.490	1.420	1.383	1.143
平均值	1.416	1.302	1.268	1.239	1.134

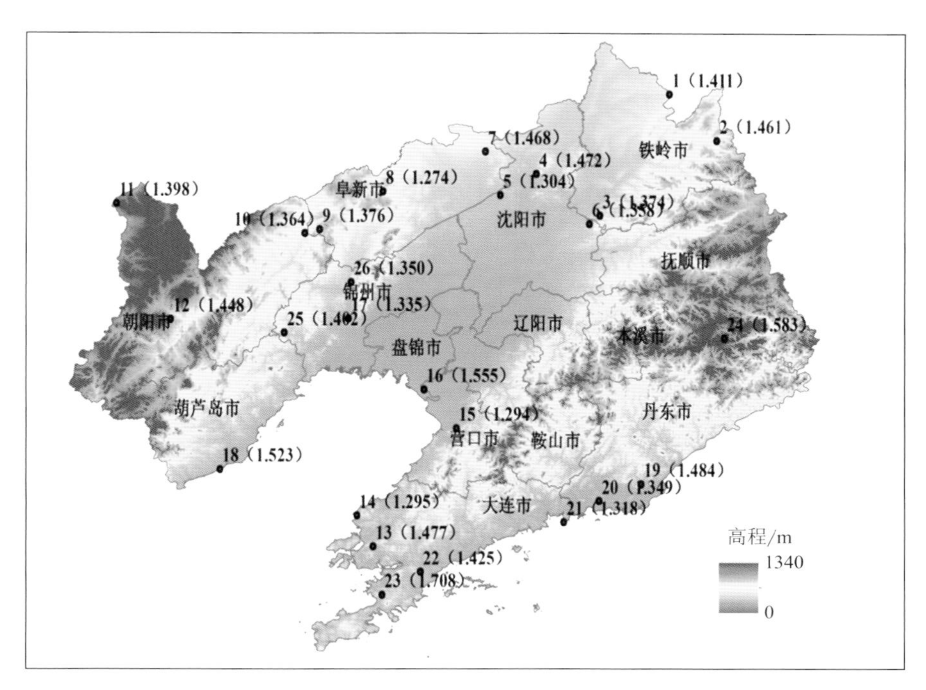

图 7.14 26座测风塔位置示意及10 m高度日极大风速与日最大风速拟合的比值系数

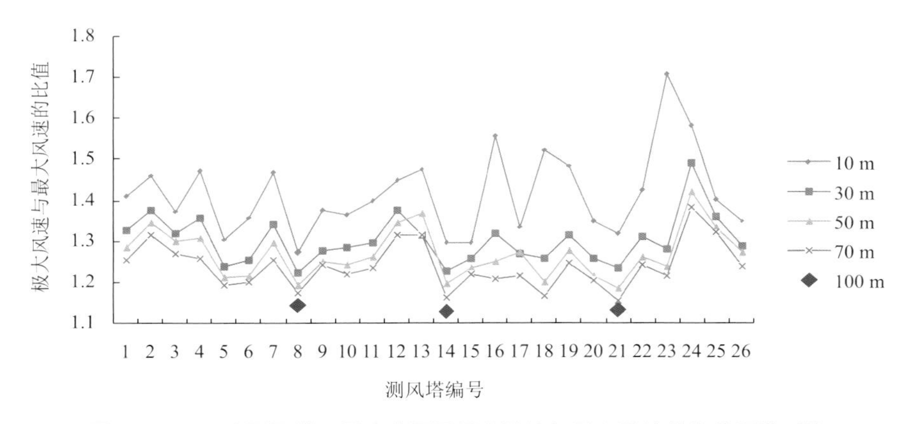

图 7.15 26座测风塔不同高度逐日极大风速与最大风速的比值系数对比

虽然最大风速与极大风速有很强的随机性，但表示两者拟合优度的 R^2 值为 0.794～0.983，平均为 0.941，既平均的相关系数达到 0.970，说明逐日极大风速和最大风速的相关性非常高，图 7.16 以各高度层 R^2 最小的测风塔为例给出了拟合散点图。

考虑到不同时距的最大风速、极大风速的相关性可能不同，这里再利用逐 10 min 的最大风速、极大风速分析其相关性，发现两者的相关性甚至略高于日最大风速与日极大风速的相关性，R^2 值为 0.856～0.984，平均为 0.951。两个时距的比值系数虽相差不大，但 10 min 时距的比值系数普遍略小于利用日极大风速与日最大风速拟合的结果(图 7.17)，且差值普遍为随高度增高而减小，到 100 m 高度差值已为负值，两者差值说明如果采用逐 10 min 最大风速数据推算低层极大风速略偏保守，而对高层则差异不大甚至可能相反。

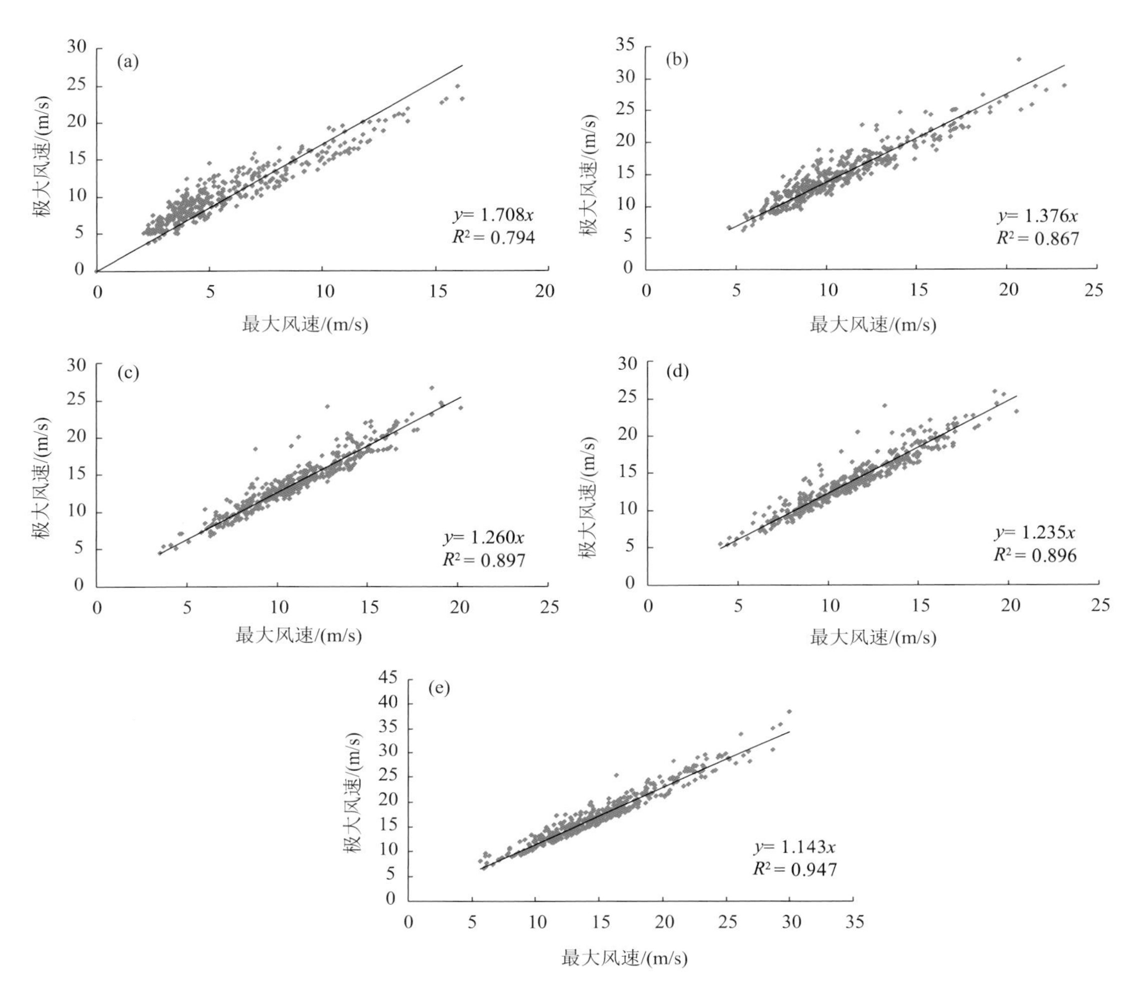

图 7.16　26 座测风塔中各高度层 R^2 最小测风塔的日极大风速与日最大风速的拟合散点图
(a)23 号塔 10 m 高度；(b)12 号塔 30 m 高度；(c)11 号塔 50 m 高度；
(d)11 号塔 70 m 高度；(e)8 号塔 100 m 高度

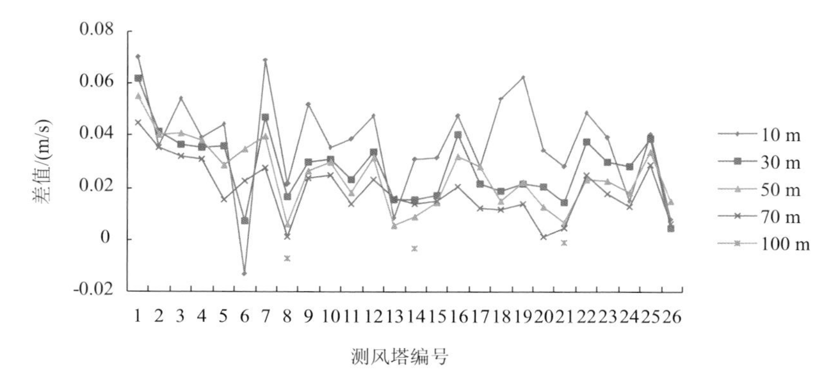

图 7.17　26 座测风塔不同高度日时距与 10 min 时距的极大风速、最大风速比值系数的差值

7.2.2.2 大风条件下最大风速、极大风速的比值关系

7.2.2.1 节对全风速段的不同时距最大风速与极大风速的对应关系进行了分析，但实际应用中更关心可能导致灾害的大风条件下的风特性，而且有些特性确实在不同风速段存在差异。气象上一般将平均风力≥6 级（风速≥10.8 m/s）或者瞬时风力≥8 级（17.2 m/s）的风称之为大风，故这里以测风塔 10 m 高度日最大风速≥10.8 m/s 为大风日，取当日各层最大风速和极大风速数据作为大风样本数据，分析大风情况下各高度层最大风速与极大风速的关系。

表 7.4 与表 7.3 对比可见，大风条件下日极大风速与最大风速的比值的最大值、最小值、平均值均与全风速段结果相差不大。但大风条件下 R^2 值明显降低，18 号塔因风速较小符合样

表 7.4 26 座测风塔大风条件下（10 m 高度日最大风速≥10.8 m/s）逐日极大风速与最大风速的比值

塔号	10 m	30 m	50 m	70 m	100 m
1	1.406	1.334	1.297	1.271	—
2	1.415	1.352	1.322	1.298	—
3	1.370	1.327	1.309	1.285	—
4	1.470	1.371	1.325	1.278	—
5	1.300	1.249	1.231	1.223	—
6	1.345	1.282	1.253	1.235	—
7	1.445	1.339	1.311	1.282	—
8	1.273	1.225	1.198	1.180	1.149
9	1.368	1.271	1.247	1.243	—
10	1.333	1.266	1.236	1.216	—
11	1.385	1.290	1.253	1.231	—
12	1.423	1.352	1.346	1.325	—
13	1.502	1.303	1.408	1.329	—
14	1.285	1.222	1.194	1.165	1.134
15	1.291	1.254	1.229	1.214	—
16	1.420	1.276	1.252	1.222	—
17	1.325	1.270	1.278	1.224	—
18	1.519	1.296	1.222	1.190	—
19	1.444	1.320	1.316	1.281	—
20	1.350	1.264	1.233	1.119	—
21	1.328	1.250	1.206	1.181	1.154
22	1.439	1.346	1.295	1.295	—
23	1.526	1.222	1.199	1.180	—
24	1.565	1.494	1.448	1.431	—
25	1.389	1.349	1.326	1.312	—
26	1.320	1.266	1.251	1.222	—
最小值	1.273	1.222	1.194	1.119	1.134
最大值	1.565	1.494	1.448	1.431	1.154
平均值	1.394	1.300	1.276	1.247	1.146

本条件的仅 8 个样本，各层 R^2 值甚至为负值，除此之外的 R^2 值为 0.049～0.969，平均为 0.796，即大风条件下两者的比值拟合关系明显不如全风速段的拟合关系。由此也见，利用最大风速推算极大风速时可以不依据风速挑选样本，利用具有更多样本的全风速段最大风速推算极大风速的方法是比较合理的。除 18 号塔以外各高度层 R^2 最小的测风塔的拟合散点图显示，大风情况下样本数量明显减少，样本离散度增大，特别是 24 号和 22 号塔 10 m 高度风速较小（两塔 10 m 高度年平均风速分别为 3.4 m/s 和 4.8 m/s），大风样本少，R^2 值较低（图 7.18）。

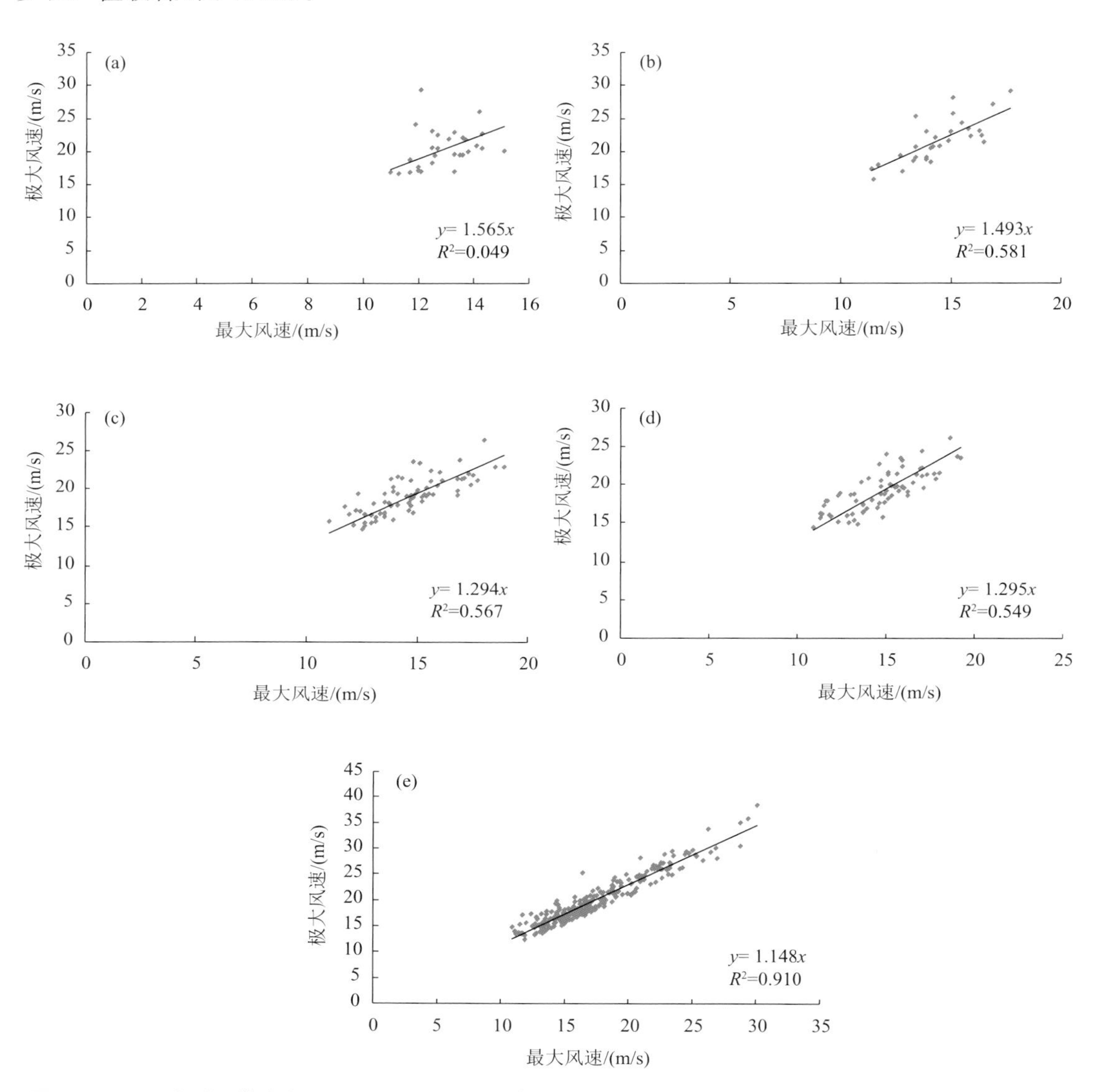

图 7.18　26 座测风塔中大风条件下各高度层 R^2 最小测风塔的日极大风速与日最大风速的拟合散点图（18 号塔除外）

(a)24 号塔 10 m 高度；(b)24 号塔 30 m 高度；(c)22 号塔 50 m 高度；(d)22 号塔 70 m 高度；(e)8 号塔 100 m 高度

7.2.2.3 小结

日时距、10 min 时距和大风条件下，极大风速与最大风速均普遍具有较好的相关性，两者日时距的平均相关系数达到 0.970，10 min 时距为 0.951，大风条件下为 0.796，日时距的相关性最好。日时距、10 min 时距和大风条件下，极大风速与最大风速的比值系数相差不大，但从相关性看，如果没有极大风速的观测，可以考虑优先使用日时距样本的最大风速推算极大风速。

26 座测风塔 10 m 高度极大风速与最大风速的比值系数为 1.274～1.708。随着高度的增加，极大风速与最大风速的比值系数普遍减小，10 m 高度日极大风速为日最大风速的 1.42 倍左右，70 m 高度则是 1.24 倍左右，故在实际应用中对不同高度不宜采用统一的比值系数。

大风对风工程影响较大，且局地个性特征明显。上述分析表明，极大风速与最大风速的比值随高度减小，因此建议各类风工程应加强实地观测，精确计算风参数，不宜照搬他值或采用统一的经验值，但涉及建设成本时应考虑大风随高度的变化。

7.2.3 地面至 300 m 高度风特征

大气边界层底层厚度的 10% 为近地层，高度 100 多米，其中地表摩擦力与气压梯度力平衡；而近地层以上则是科氏力、地表摩擦力与气压梯度力三力平衡，风速随高度的变化不能再用单调函数描述。大型风电机组风能利用高度内的风廓线算法需要考虑低层中尺度大气运动带来的平流甚至是急流的贡献，Wimhurst 等(2019)研究认为，200 m 高度左右的超低空急流是重要的风能资源。

7.2.3.1 基础数据情况

5.3.2 节对采用 L 波段秒级探空雷达开展地面至 300 m 高度风廓线观测进行了描述，这也是现阶段所能选用的具有空间、时间上同步且有一定量数据积累的观测数据进行 300 m 高度内风廓线分析。

采用 2014—2018 年沈阳和大连 2 个探空站每日 08 时和 20 时 L 波段秒级探空数据，并作如下筛选处理：不考虑对于风力发电没有意义的小风天气，剔除地面至 300 m 高度范围内平均风速小于 1.5 m/s，且最大风速小于 3 m/s 的整组探空数据；不考虑出现概率较低的超低空急流现象，剔除 300 m 高度以下风速超过 40 m/s 的整组探空数据。筛选后有效数据占总数据量的 82%。其中，08 时沈阳、大连有效数据占比分别为 83.4%、79.6%，20 时分别为 88.1%、81.0%，两个时次占比沈阳均略高于大连，且两地均表现为 20 时大于 08 时(图 7.19)。

7.2.3.2 风廓线特征

考虑城市化等多因素影响，近地面底层风存在不稳定性，因此这里主要分析 50～300 m 高度的风廓线特征。

徐红等(2022)给出了沈阳和大连探空站 2014—2018 年 50～300 m 高度年平均风速廓线。沈阳风速随高度增加较快，60～180 m 风速随高度增大最快，大约 180 m 高度开始风速增幅明显减慢。大连风廓线无明显的转折，风速随高度几乎持续增大，170 m 高度以上增大

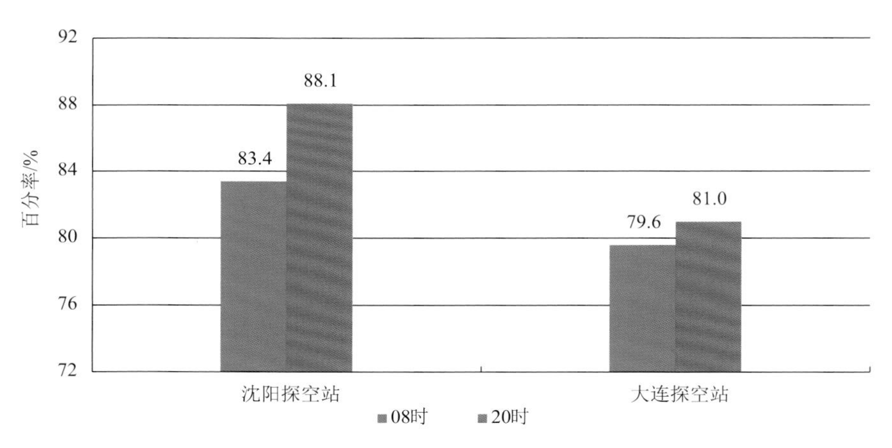

图 7.19　沈阳、大连探空站 2014—2018 年 08 时、20 时有效数据占总数据量的百分率

情况略有减缓。但 170 m 以下，沈阳风速随高度增加速率大于大连，170～240 m 则相反，说明一个地区地面至 300 m 高度内风廓线很难用同一个单调函数表达(图 7.20)。

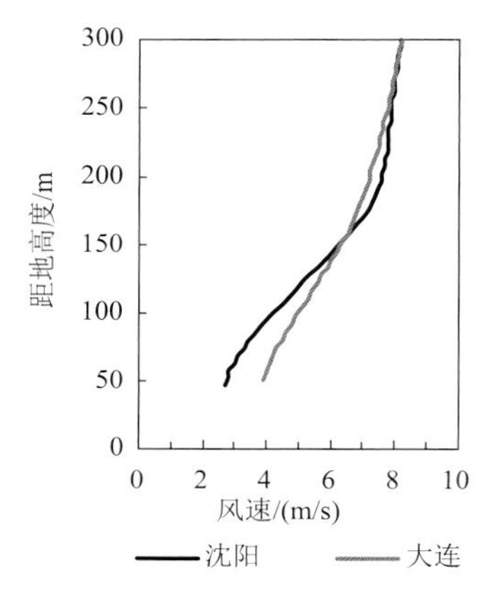

图 7.20　沈阳和大连 50～300 m 高度年平均风速廓线

从沈阳和大连 50～300 m 高度四季风速廓线情况可以看出，沈阳四季代表月风廓线均存在 180 m 高度左右风速增大减缓的特点，特别是 1 月和 4 月，180～300 m 高度上风速几乎维持恒定；100 m 高度以上呈现明显的 4 月风速最大、10 月次之、1 月最小的特点，但 50～100 m 高度 1 月和 7 月风速相近，7 月偏小，这与气象站或测风塔观测到的辽宁省内陆地区全年中以夏季风速最小的特征一致，也进一步说明低层与高层风速特点存在差异。大连各代表月总体上风速随高度升高而增大，150 m 高度以上 7 月风速最小、10 月次之、4 月最大的特点比较明显，50～100 m 高度风速随高度增大较小，100～170 m 高度风速随高度增大速率加大(图 7.21)。对比沈阳和大连，两者的季节特征不完全一致，主要表现在冬季，大连 1 月从低层到高层风速均大于沈阳，可能与大连处于沿海，沿海与内陆风特性不同有关。

风速随着高度升高而增加，达到一定高度后增速减缓，这里暂且称此高度为转折高度。沈阳 08 时和 20 时转折高度频率分布较为一致，在 175～200 m 范围的占比最多，比例均超

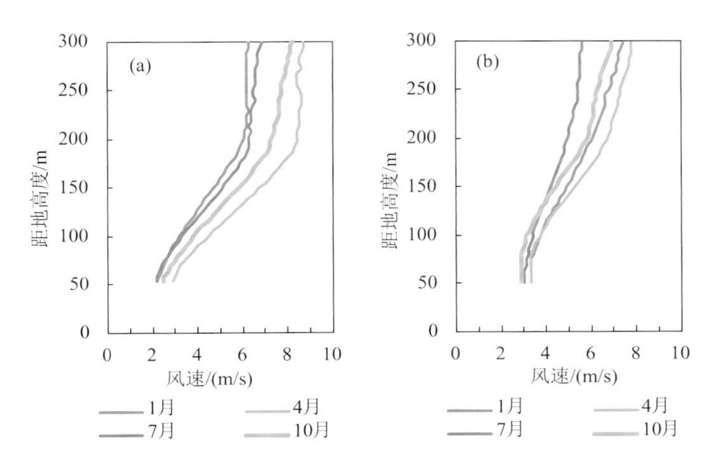

图 7.21 沈阳(a)和大连(b)50～300 m 高度代表月平均风速廓线

过 30%，转折高度>175 m 的累积占比达到 67.9%以上。大连 08 时和 20 时转折高度频率分布有较大差异；08 时转折高度在 175～200 m 范围的占比最多，比例为 26.6%；20 时转折高度在 125～150 m 范围的占比最多，比例为 28.9%，而转折高度为 100～150 m 的占比约 51.3%(图 7.22)。大连 08 时和 20 时风廓线较大的差异与其地理位置有重要关系，海陆热力属性差异产生海陆风，导致大连近地层风速风向多变。

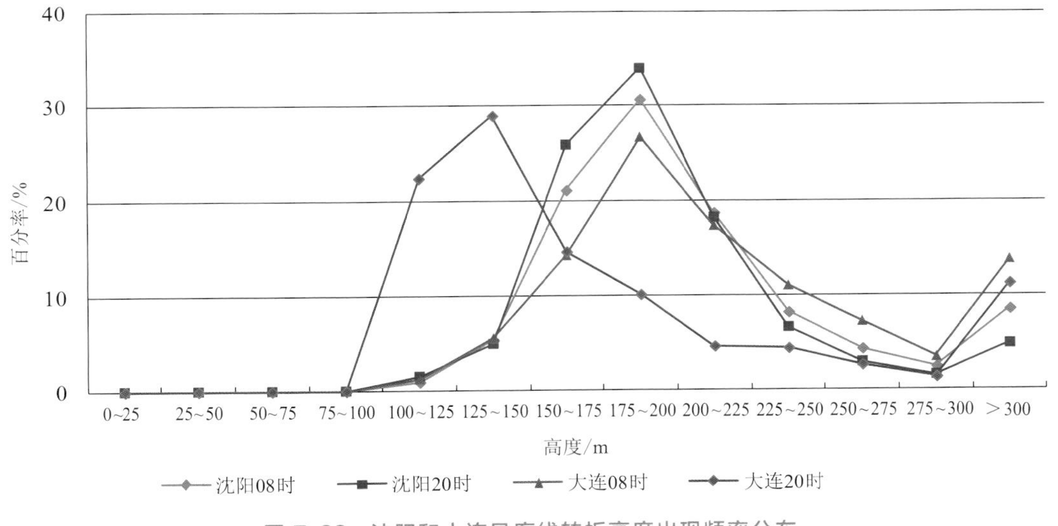

图 7.22 沈阳和大连风廓线转折高度出现频率分布

L 波段秒级探空数据虽不能直接用于风力发电量测算，但可以代表风能开发的风环境特征。总体看来，辽宁区域风速随高度增加明显，这对风电企业通过增加风机轮毂高度来提高发电量是有意义的，但未来风机轮毂最佳高度与其建设和维护成本、风能资源特性密切相关，需要研究合理的性价比，以达到最佳收益。

7.3 辽宁省清洁能源强省建设的风能资源分析

2022年9月30日，辽宁省人民政府办公厅印发《辽宁省加快推进清洁能源强省建设实施方案》，设定了“2025年全省清洁能源装机占比将达到55%、发电量占比达到48%以上，2030年全省清洁能源装机及发电量占比达到70%以上”的目标。为科学实现目标，这里基于“新一代中国气象局风能资源精细模拟评估系统”水平分辨率为1 km×1 km的风能资源分布模拟数据，对辽宁省陆上和海上以及风电重点开发区域的风能资源储量、分布情况等进行分析，为辽宁省实现“双碳”目标、建设清洁能源强省提供支撑。

7.3.1 陆上风能资源情况

7.3.1.1 风能资源空间分布

数值模拟得到的辽宁省陆地70 m、100 m、120 m和150 m高度上的长年平均风速和风功率密度分布图可以看出，各高度层风能资源分布形势基本相同，但随高度升高风能资源显著增大。风速和风功率密度较大的区域主要分布在与内蒙古交界的努鲁尔虎山区、北部与内蒙古通辽和吉林双辽交界地区、辽东湾东部和北部沿海地区、大连市南部的旅顺口地区以及位于辽东半岛和辽东山区的长白山余脉的主山梁上。丹东地区和大连市东北部的庄河一带位于长白山余脉主梁的东南侧，是年平均风速和风功率密度的小值区（图7.23、图7.24）。

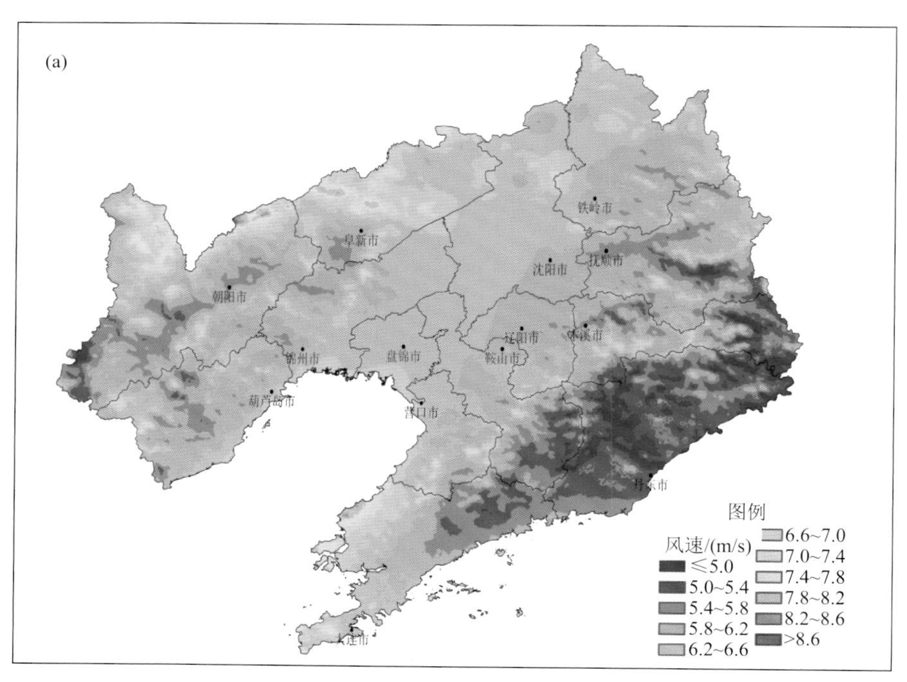

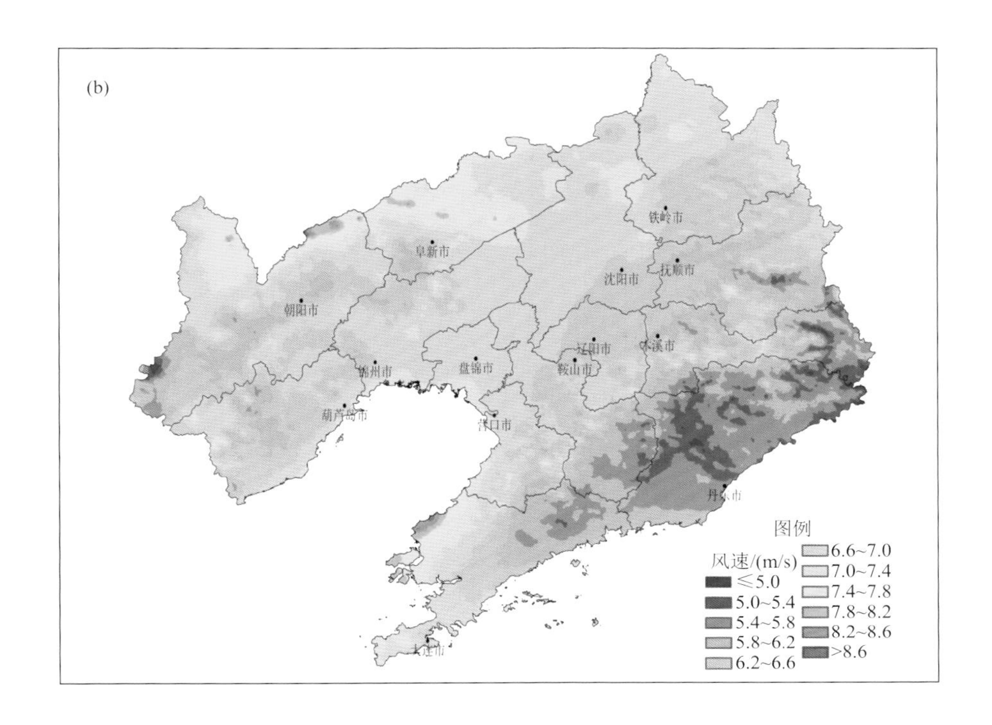
(b)
铁岭市
阜新市
沈阳市
抚顺市
朝阳市
辽阳市
本溪市
锦州市
盘锦市
鞍山市
葫芦岛市
营口市
丹东市
大连市
图例
风速/(m/s)
≤5.0
5.0~5.4
5.4~5.8
5.8~6.2
6.2~6.6
6.6~7.0
7.0~7.4
7.4~7.8
7.8~8.2
8.2~8.6
>8.6

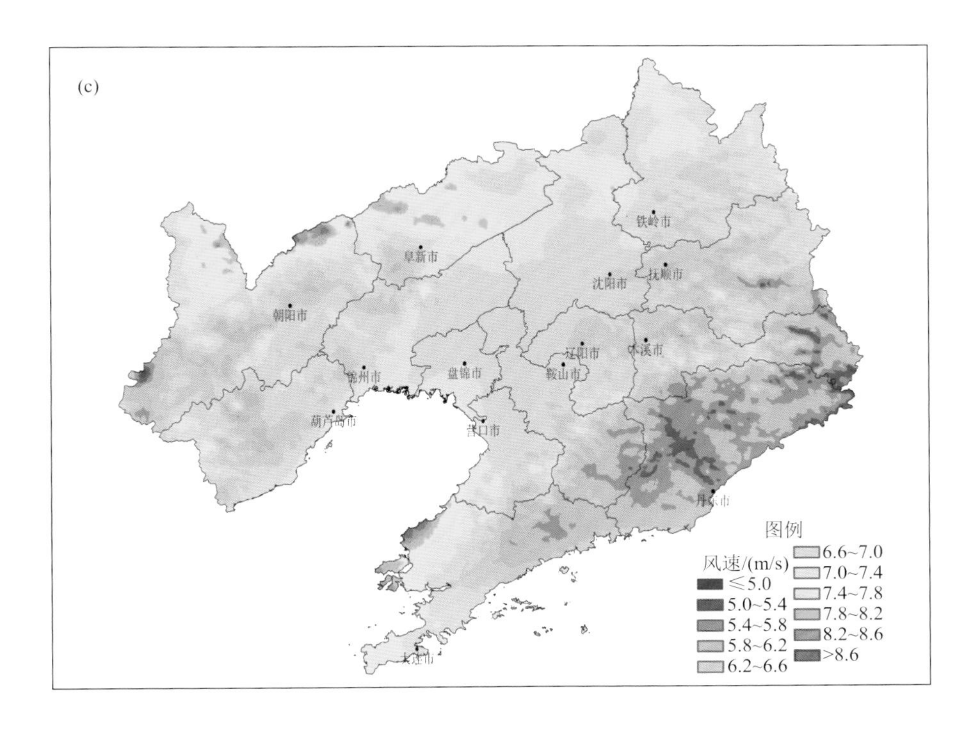
(c)
铁岭市
阜新市
沈阳市
抚顺市
朝阳市
辽阳市
本溪市
锦州市
盘锦市
鞍山市
葫芦岛市
营口市
丹东市
大连市
图例
风速/(m/s)
≤5.0
5.0~5.4
5.4~5.8
5.8~6.2
6.2~6.6
6.6~7.0
7.0~7.4
7.4~7.8
7.8~8.2
8.2~8.6
>8.6

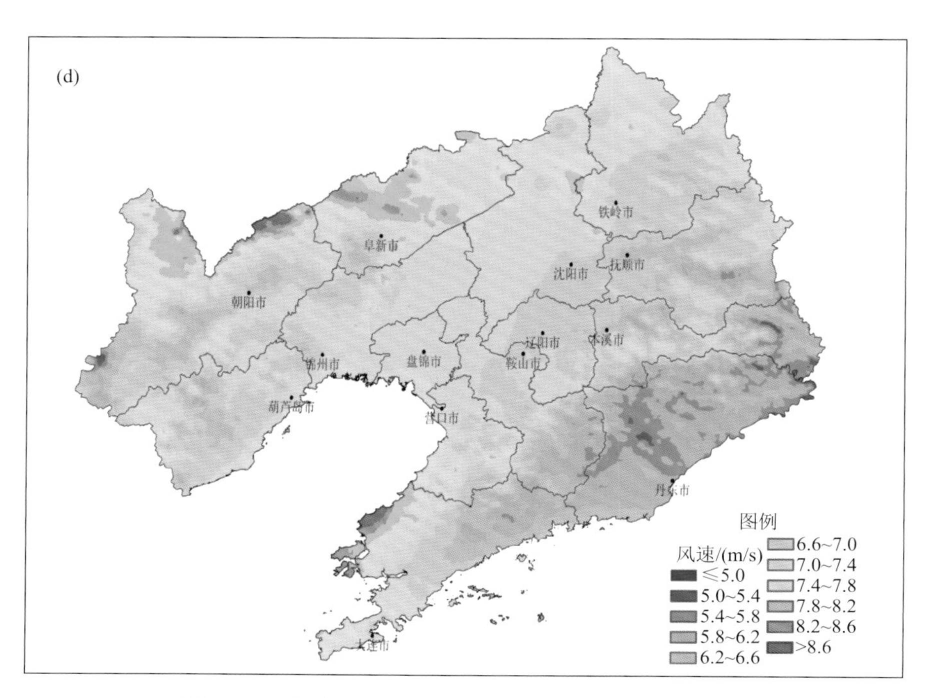

图 7.23 辽宁省陆上 70 m(a)、100 m(b)、120 m(c)
和 150 m(d)高度年平均风速分布

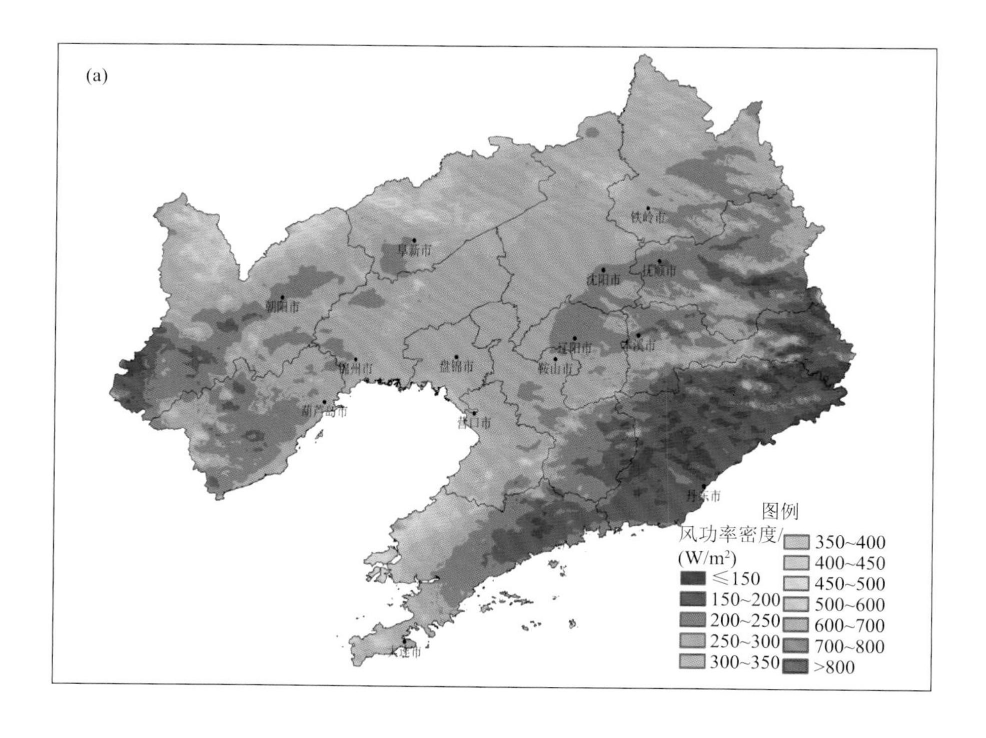

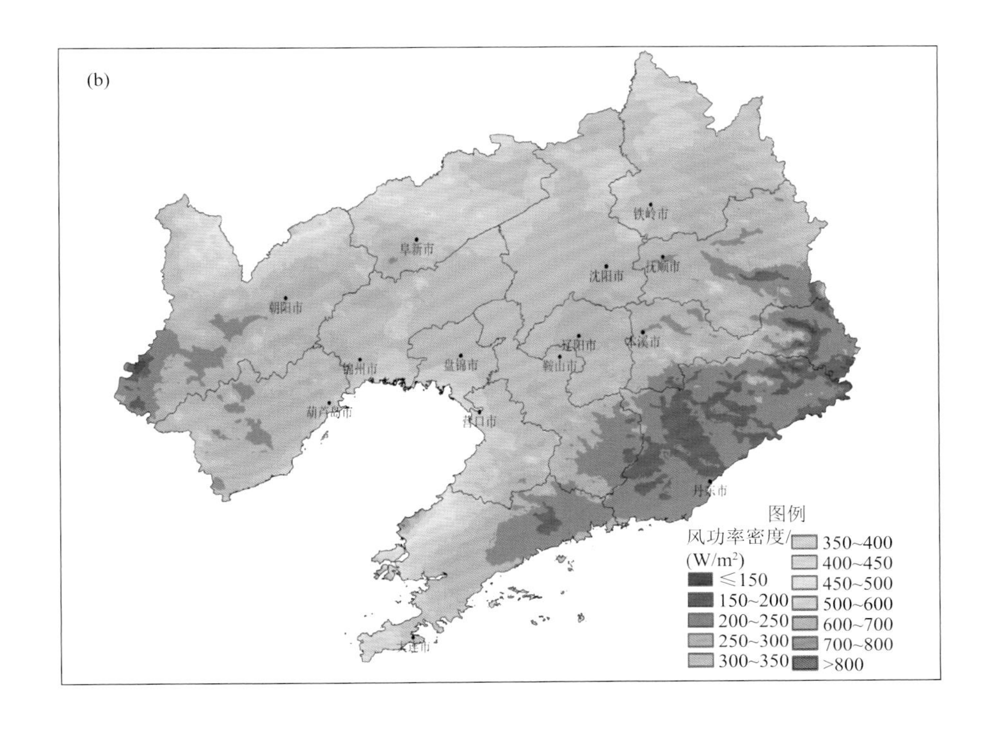
(b)
铁岭市
阜新市
沈阳市
抚顺市
朝阳市
辽阳市
本溪市
锦州市
盘锦市
鞍山市
葫芦岛市
营口市
丹东市
大连市
图例
风功率密度/(W/m²)
≤150
150~200
200~250
250~300
300~350
350~400
400~450
450~500
500~600
600~700
700~800
>800

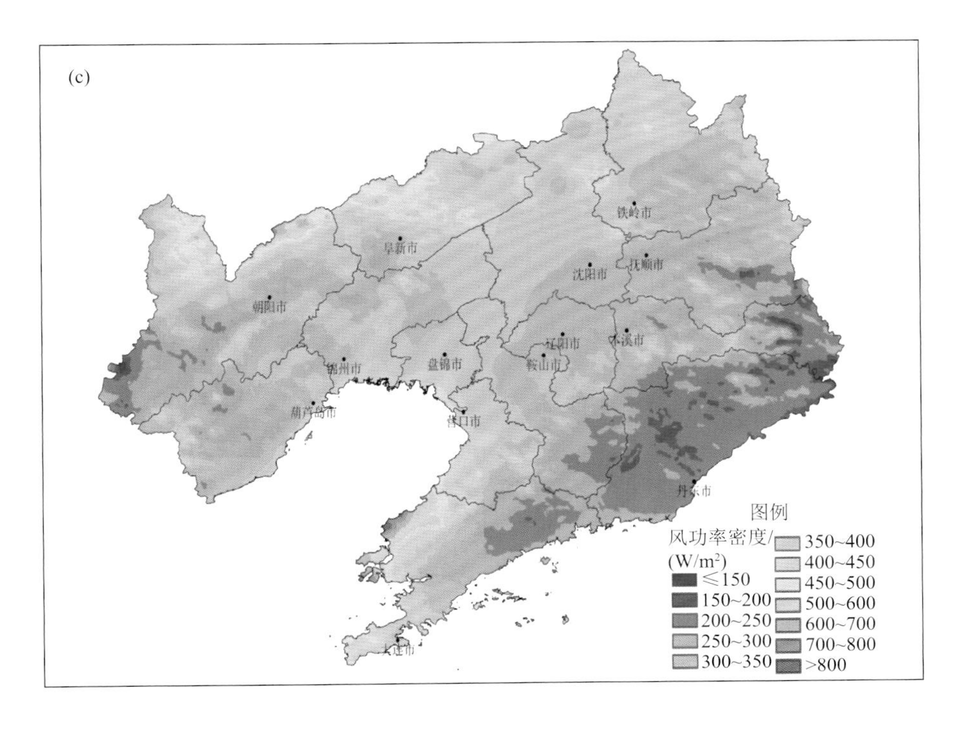
(c)
铁岭市
阜新市
沈阳市
抚顺市
朝阳市
辽阳市
本溪市
锦州市
盘锦市
鞍山市
葫芦岛市
营口市
丹东市
大连市
图例
风功率密度/(W/m²)
≤150
150~200
200~250
250~300
300~350
350~400
400~450
450~500
500~600
600~700
700~800
>800

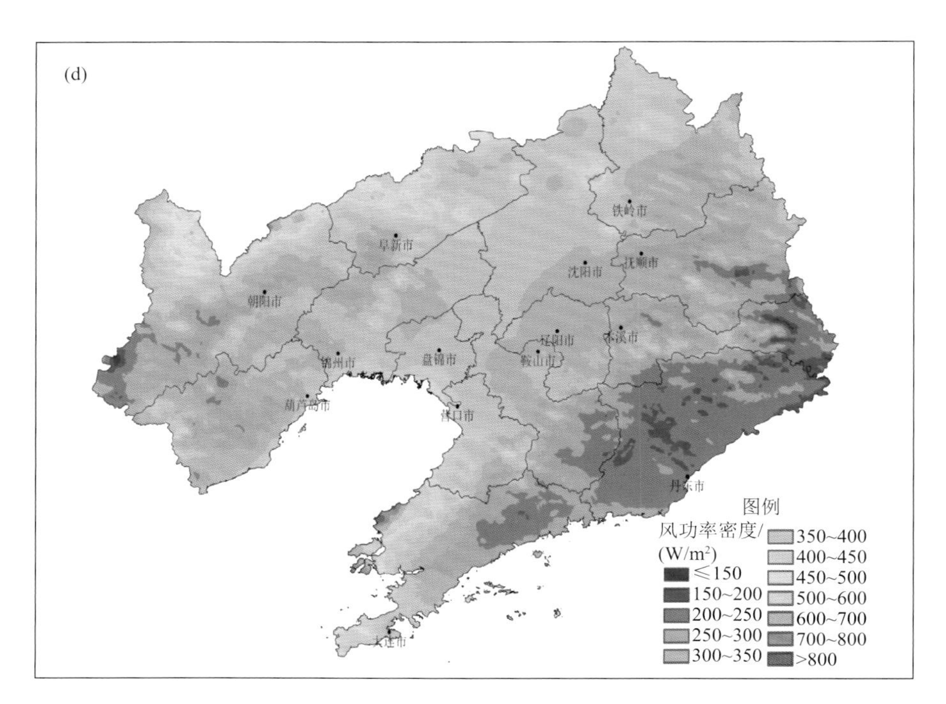

图 7.24 辽宁省陆地 70 m(a)、100 m(b)、120 m(c)和 150 m(d)
高度年平均风功率分布

风能资源空间分布差异较大，以当前主流风机轮毂高度 120 m 为例，按照水平分辨率为 1 km×1 km 的风能资源分布模拟数据，全省各地 120 m 高度年平均风速为 4.8～9.1 m/s、年平均风功率密度为 144～878 W/m²，风能资源等级分属于 D-1 级～5 级（分级标准见表 7.5），资源优劣差异跨度较大，风电场开发选址对发电效果的影响较大。

表 7.5 风功率密度等级表（NB/T 31147—2018《风电场工程风能资源测量与评估技术规范》）

风功率密度等级	10 m 高度		30 m 高度		50 m 高度		70 m 高度		100 m 高度		120 m 高度	
	风功率密度/(W/m²)	年平均风速参考值/(m/s)	风功率密度/(W/m²)	年平均风速参考值/(m/s)	风功率密度/(W/m²)	年平均风速参考值/(m/s)	风功率密度/(W/m²)	年平均风速参考值/(m/s)	风功率密度/(W/m²)	年平均风速参考值/(m/s)	风功率密度/(W/m²)	年平均风速参考值/(m/s)
D-1	<55	3.6	<90	4.2	<110	4.5	<120	4.7	<150	5.0	<160	5.1
D-2	55～70	3.9	90～110	4.5	110～140	4.9	120～160	5.1	150～190	5.4	160～200	5.5
D-3	70～85	4.2	110～140	4.9	140～170	5.3	160～200	5.5	190～230	5.8	200～250	5.9
1	85～100	4.4	140～160	5.1	170～200	5.6	200～240	5.9	230～280	6.2	250～300	6.3
2	100～150	5.1	160～240	5.9	200～300	6.4	240～350	6.7	280～410	7.1	300～450	7.3
3	150～200	5.6	240～320	6.5	300～400	7.0	350～460	7.3	410～540	7.7	450～580	7.9
4	200～250	6.0	320～400	7.0	400～500	7.5	460～570	7.9	540～670	8.3	580～720	8.5
5	250～300	6.4	400～480	7.4	500～600	8.0	570～690	8.4	670～800	8.8	720～880	9.1
6	300～400	7.0	480～640	8.2	600～800	8.8	690～910	9.2	800～1070	9.7	880～1140	9.9
7	400～1000	9.4	640～1600	11.0	800～2000	11.9	910～2180	12.3	1070～2570	13.0	1140～2750	13.3

7.3.1.2 风能资源储量

辽宁省陆上70 m、100 m、120 m和150 m高度风能资源储量分别为3.77亿kW、4.37亿kW、4.81亿kW和5.45亿kW，150 m高度相对于70 m高度风能资源储量增加了45%。14个地(市)中，朝阳市风能资源储量最大，沈阳市次之，铁岭市位列第三(表7.6)。各县(区)中，阜新县风能资源储量最多、建平县次之，北票市位列第三(表7.7)，上述地区风能资源丰富、地理条件好，具有大规模开发潜力。

考虑当前主流风机对风能资源的基本需求，以各高度年平均风功率密度≥200 W/m^{2}的区域计算，全省陆上70 m、100 m、120 m和150 m高度风能资源储量分别为3.35亿kW、4.24亿kW、4.76亿kW和5.44亿kW，即120 m高度以上辽宁省陆上几乎整体具有开发风电的资源条件。从各县(区)看，年平均风功率密度≥200 W/m^{2}的风资源储量仍以阜新县、建平县、北票市风能资源位列前三(表7.8)。

表7.6 辽宁各地(市)陆上风能资源总储量和年平均风功率密度≥200 W/m^{2}的风能资源储量

单位：万kW

地点	70 m高度		100 m高度		120 m高度		150 m高度	
	总储量	≥200 W/m^2	总储量	≥200 W/m^2	总储量	≥200 W/m^2	总储量	≥200 W/m^2
沈阳	3573	3572	4255	4255	4666	4666	5273	5273
大连	3392	2835	3879	3820	4257	4252	4828	4828
鞍山	2229	1988	2591	2530	2844	2790	3221	3142
抚顺	2660	2370	3096	3043	3418	3400	3902	3901
本溪	1886	1416	2143	1947	2370	2257	2712	2677
丹东	2610	468	3008	2060	3285	2988	3704	3668
锦州	2735	2734	3215	3215	3522	3522	3985	3985
营口	1541	1540	1788	1788	1972	1972	2248	2248
阜新	3271	3257	3781	3781	4155	4155	4713	4713
辽阳	1207	1207	1427	1427	1571	1571	1783	1783
铁岭	3563	3559	4192	4192	4616	4616	5243	5243
朝阳	5464	5125	6244	6175	6843	6811	7738	7725
盘锦	980	979	1167	1167	1279	1279	1442	1442
葫芦岛	2545	2468	2961	2961	3262	3262	3721	3721
全省	37651	33515	43747	42392	48060	47593	54513	54428

表7.7 辽宁省各县(市、区)陆上风能资源储量

单位：万kW

市名	县(市、区)名	70 m高度	100 m高度	120 m高度	150 m高度
沈阳	沈阳市辖区	902	1077	1182	1336
	新民市	920	1101	1205	1358
	辽中区	433	520	570	645
	康平县	620	736	805	907
	法库县	697	821	904	1027

续表

市名	县(市、区)名	70 m 高度	100 m 高度	120 m 高度	150 m 高度
大连	大连市辖区	305	353	388	442
	金州	354	421	466	534
	瓦房店市	1280	1496	1642	1858
	普兰店市	612	724	795	904
	庄河市	715	841	919	1037
	长海县	38	44	47	53
鞍山	鞍山市辖区	168	199	220	250
	海城市	705	833	917	1042
	岫岩县	970	1099	1202	1358
	台安县	385	460	505	571
抚顺	抚顺市辖区	160	194	212	240
	抚顺县	576	666	736	841
	清原县	963	1120	1240	1419
	新宾县	963	1116	1230	1402
本溪	本溪市辖区	331	387	429	491
	本溪县	871	976	1080	1238
	桓仁县	685	780	861	983
丹东	丹东市辖区	141	163	177	199
	东港市	384	461	501	561
	凤城市	965	1119	1220	1371
	宽甸县	1089	1265	1387	1573
锦州	锦州市辖区	90	108	118	133
	太和区	5	6	6	7
	凌海市	795	946	1036	1170
	义县	679	780	858	977
	北宁市	460	538	591	672
	黑山县	705	837	913	1026
营口	营口市辖区	152	181	198	223
	大石桥市	453	532	587	668
	鲅鱼圈区	16	19	21	24
	盖州市	920	1056	1166	1333
阜新	阜新市辖区	110	128	140	158
	清河门区	22	25	27	31
	阜新县	2042	2350	2588	2942
	彰武县	1083	1278	1400	1582

续表

市名	县(市、区)名	70 m 高度	100 m 高度	120 m 高度	150 m 高度
辽阳	辽阳市辖区	64	78	85	96
	辽阳县	746	871	962	1098
	弓长岭区	76	90	99	111
	灯塔县	323	388	425	478
铁岭	铁岭市辖区	45	54	59	67
	清河区	37	44	48	55
	铁岭县	631	732	805	913
	西丰县	701	817	907	1041
	昌图县	1269	1507	1653	1867
	调兵山市	83	97	107	122
	开原市	793	941	1037	1178
朝阳	朝阳市辖区	32	39	42	46
	朝阳县	1239	1435	1574	1784
	北票市	1424	1622	1771	1993
	建平县	1584	1789	1966	2229
	凌源市	660	763	839	952
	喀左县	517	596	651	734
盘锦	盘锦市辖区	44	53	58	65
	盘山县	519	619	678	765
	大洼县	416	495	543	612
葫芦岛	葫芦岛市辖区	607	711	784	896
	兴城市	484	577	631	713
	绥中县	645	764	842	959
	建昌县	800	909	1005	1153

表 7.8 辽宁省各县（市、区）陆上各高度风功率密度≥200 W/m^2 的风能资源储量

单位：万 kW

市名	(市、区)名	70 m 高度	100 m 高度	120 m 高度	150 m 高度
沈阳	沈阳市辖区	902	1077	1182	1336
	新民市	920	1101	1205	1358
	辽中区	433	520	570	645
	康平县	620	736	805	907
	法库县	697	821	904	1027
大连	大连市辖区	305	353	388	442
	金州	354	421	466	534
	瓦房店市	1280	1496	1642	1858

续表

市名	(市、区)名	70 m 高度	100 m 高度	120 m 高度	150 m 高度
大连	普兰店市	544	724	795	904
	庄河市	314	782	914	1037
	长海县	38	44	47	53
鞍山	鞍山市辖区	168	169	170	171
	海城市	705	833	917	1042
	岫岩县	730	1068	1198	1358
	台安县	385	460	505	571
抚顺	抚顺市辖区	150	194	212	240
	抚顺县	569	666	736	841
	清原县	935	1120	1240	1419
	新宾县	716	1063	1212	1401
本溪	本溪市辖区	321	387	429	491
	本溪县	793	961	1080	1238
	桓仁县	302	599	748	948
丹东	丹东市辖区	14	89	155	199
	东港市	63	445	501	561
	凤城市	180	652	1073	1362
	宽甸县	211	874	1259	1546
锦州	锦州市辖区	90	108	118	133
	太和区	5	6	6	7
	凌海市	795	946	1036	1170
	义县	679	780	858	977
	北宁市	460	538	591	672
	黑山县	705	837	913	1026
营口	营口市辖区	152	181	198	223
	大石桥市	453	532	587	668
	鲅鱼圈区	16	19	21	24
	盖州市	919	1056	1166	1333
阜新	阜新市辖区	110	128	140	158
	清河门区	22	25	27	31
	阜新县	2042	2350	2588	2942
	彰武县	1083	1278	1400	1582
辽阳	辽阳市辖区	64	78	85	96
	辽阳县	746	871	962	1098
	弓长岭区	76	90	99	111
	灯塔县	323	388	425	478

续表

市名	(市、区)名	70 m 高度	100 m 高度	120 m 高度	150 m 高度
铁岭市	铁岭市辖区	45	54	59	67
	清河区	37	44	48	55
	铁岭县	631	732	805	913
	西丰县	701	817	907	1041
	昌图县	1269	1507	1653	1867
	调兵山市	83	97	107	122
	开原市	793	941	1037	1178
朝阳	朝阳市辖区	32	39	42	46
	朝阳县	1210	1435	1574	1784
	北票市	1424	1622	1771	1993
	建平县	1584	1789	1966	2229
	凌源市	413	694	807	939
	喀左县	462	596	651	734
盘锦	盘锦市辖区	44	53	58	65
	盘山县	519	619	678	765
	大洼县	416	495	543	612
葫芦岛	葫芦岛市辖区	607	711	784	896
	兴城市	478	577	631	713
	绥中县	613	764	842	959
	建昌县	770	909	1005	1153

7.3.1.3 风电装机容量系数

辽宁省地处东北平原,地形相对简单。按照地理条件和年平均风功率密度≥200 W/m² 的风能资源条件,辽宁省风电装机容量系数为 5.0 MW/km²、3.5 MW/km²、2.5 MW/km²、1.5 MW/km² 的面积分别为 8.3 万 km²、1.46 万 km²、3.47 万 km²、1.21 万 km²。中部平原和沿海地区风电装机容量系数高,几乎均可达到 5 MW/km²,具有大规模成片开发的条件。东部和西部受复杂地形限制,可开发范围虽广但不连续,大部分地区风电装机容量系数为 1.5～3.5 MW/km²(图 7.25)。

7.3.1.4 规划重点开发区域的风能资源情况

2022 年,《辽宁省加快推进清洁能源强省建设实施方案》提出,重点支持辽西北等地区发展陆上风光基地,开发阜新 140 万 kW 风电光伏、铁岭 150 万 kW 风电、朝阳 120 万 kW 基地项目。模拟结果显示,阜新、铁岭、朝阳 3 市的风能资源随高度呈比较均匀的增大,阜新市和朝阳市的风资源明显优于铁岭市。

阜新地区,风能资源丰富、地理条件好,具有大规模开发潜力。全市风能资源普遍偏好,阜新县优于彰武县,阜新县北部和中东部风能资源最好(图 7.26)。全市因地形相对简单,风电装机容量系数高,大部分地区可达到 5 MW/km²。

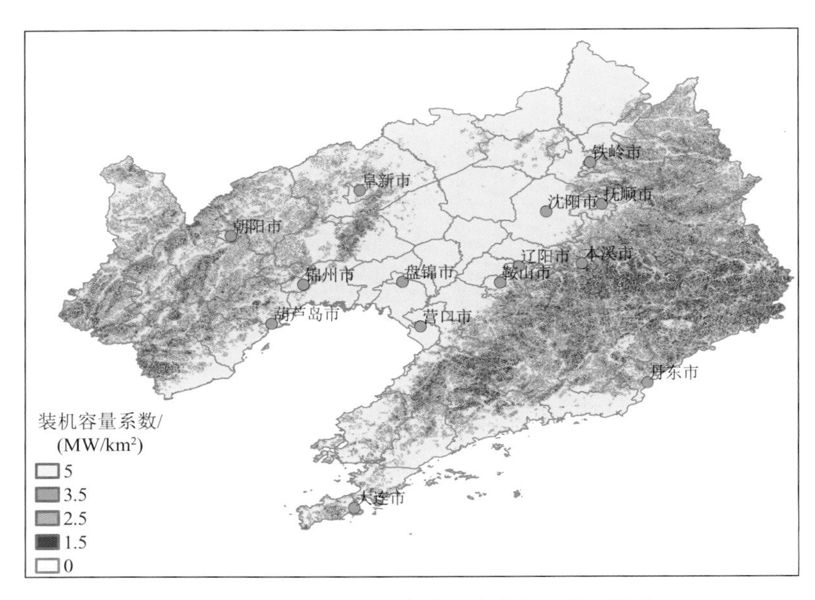

图 7.25　辽宁省 120 m 高度风电装机容量系数分布

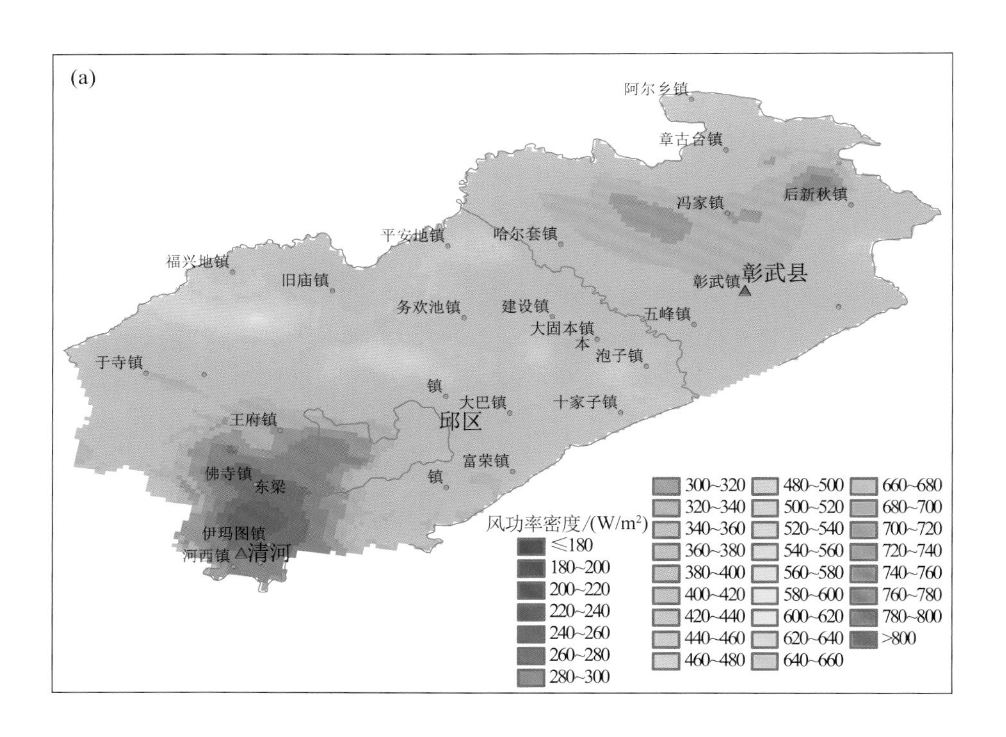

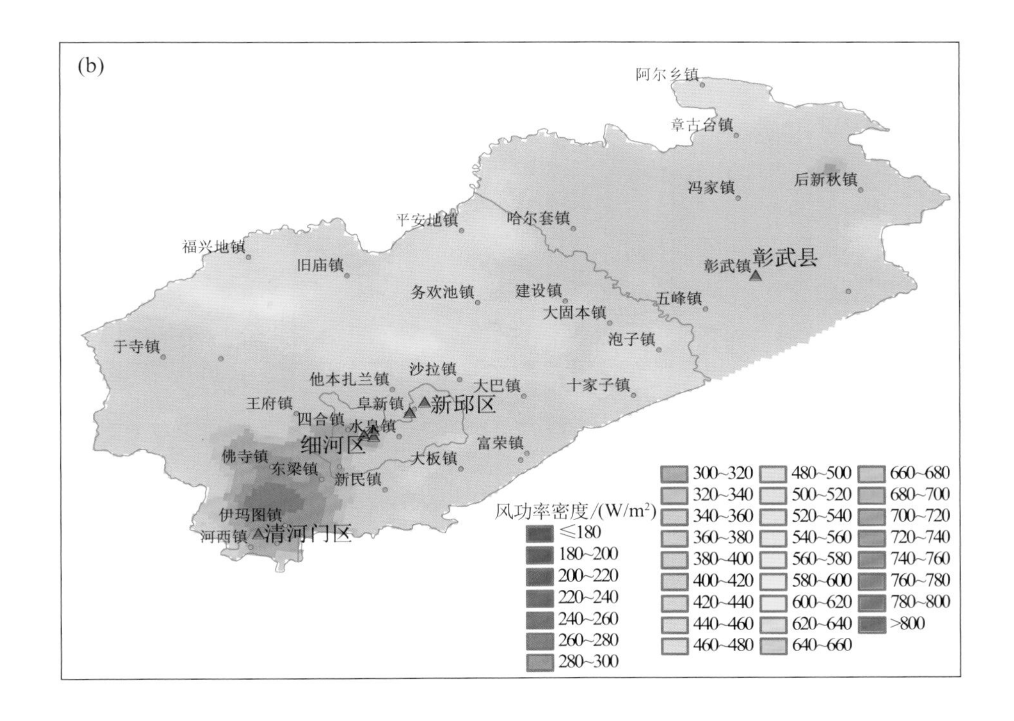

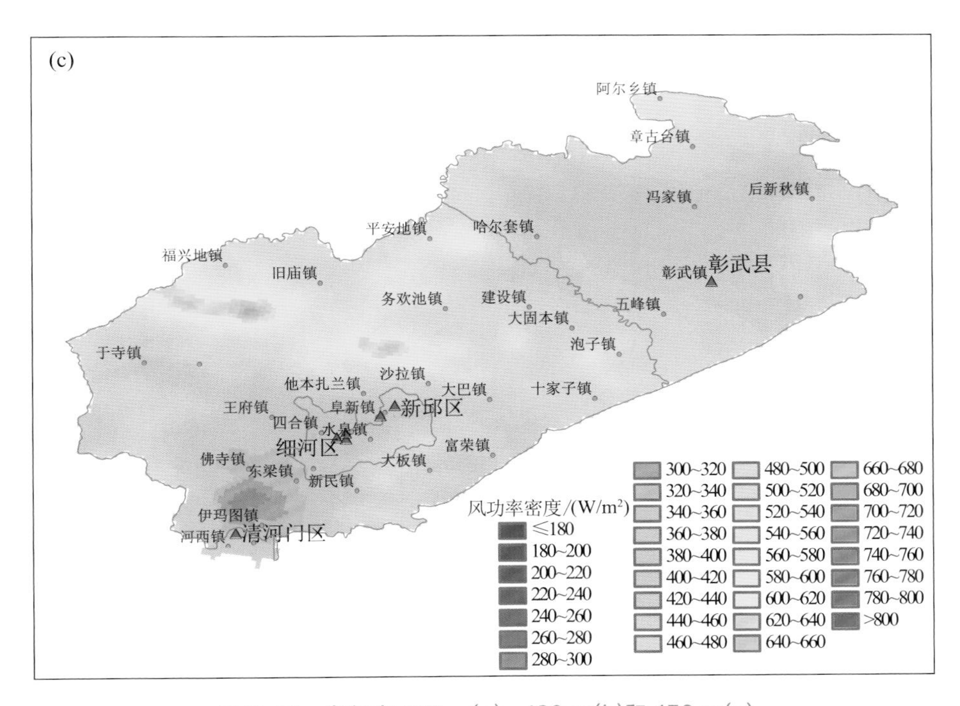

图 7.26　阜新市 100 m(a)、120 m(b)和 150 m(c)高度年平均风功率密度分布

朝阳地区，风能资源丰富，但受复杂地形条件限制，开发难度大于阜新地区。北票市北部和建平县东部的努鲁儿虎山山系是全省风能资源最好的地区，喀左、凌源和朝阳县中部的风能资源较差（图 7.27）。因山地丘陵纵横，装机容量系数偏低。

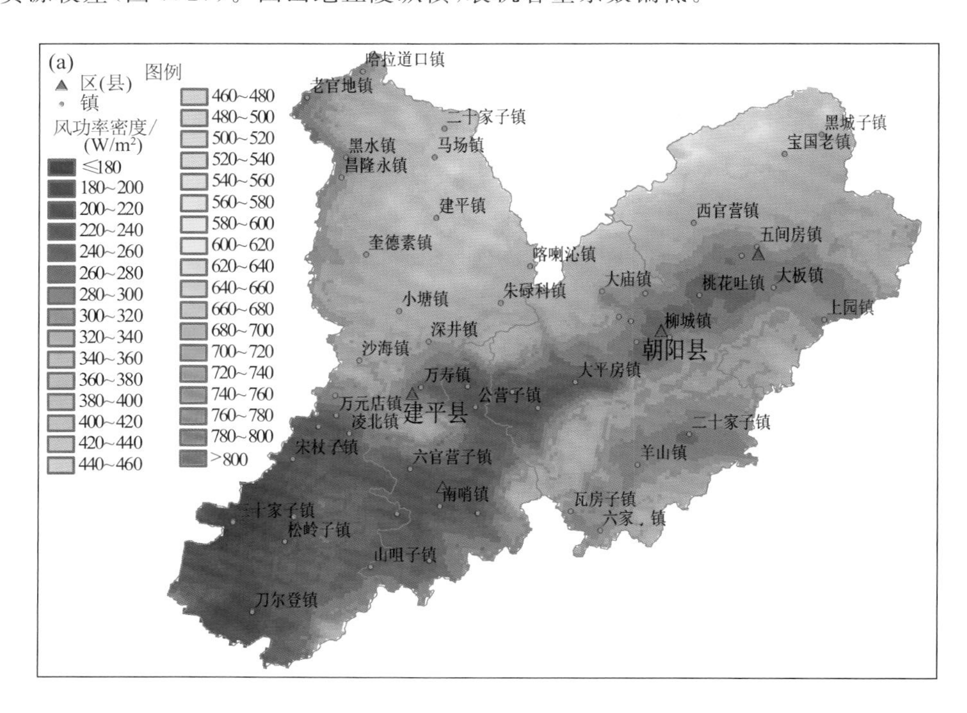

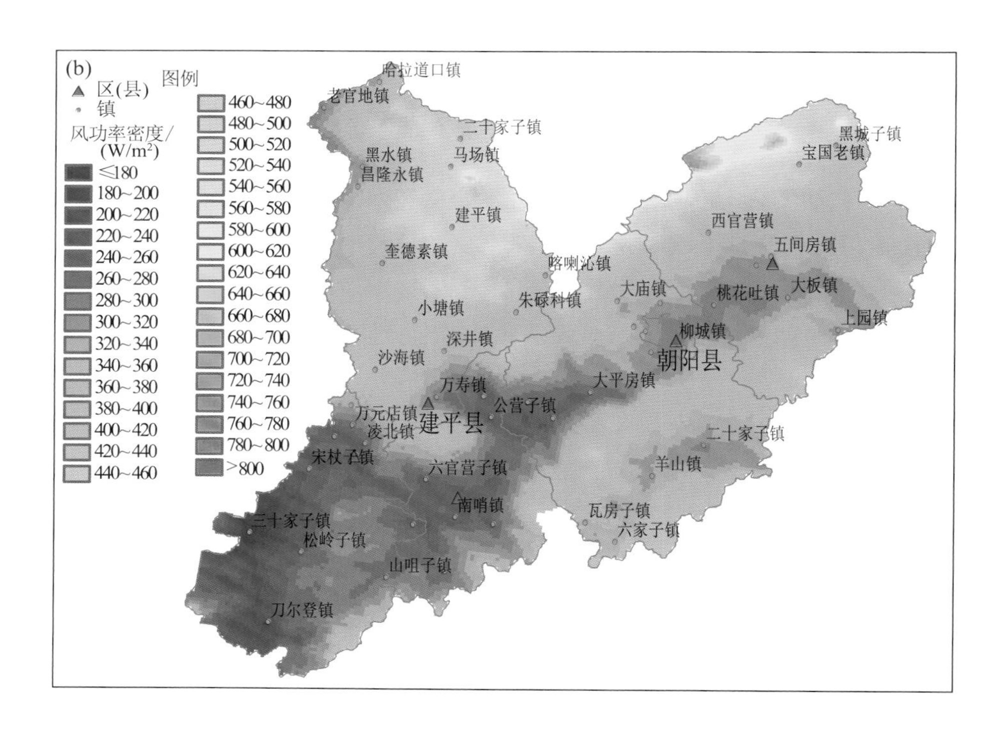

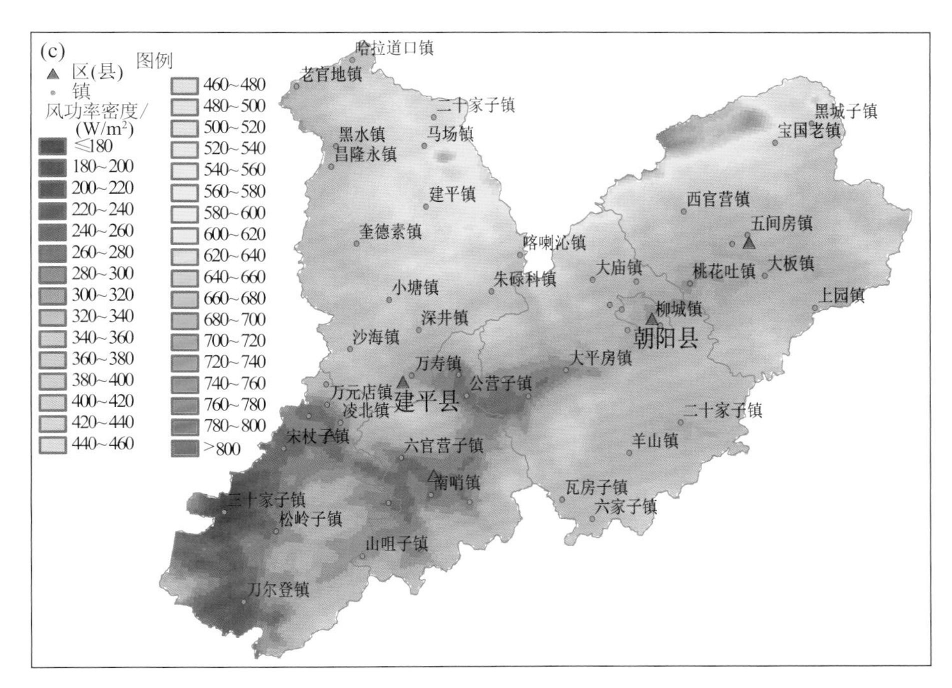

图 7.27　朝阳市 100 m(a)、120 m(b)和 150 m(c)高度年平均风功率密度分布

铁岭地区，风能资源较丰富，昌图县地理条件好，具有大规模开发潜力。西丰县东北部、昌图县的大部分地区以及调兵山地区风能资源相对较好，西丰县南部和开原市的风能资源相对较差(图 7.28)。昌图县、铁岭县因地形相对简单，大部分地区风电装机容量系数可达到 5 MW/km^2。

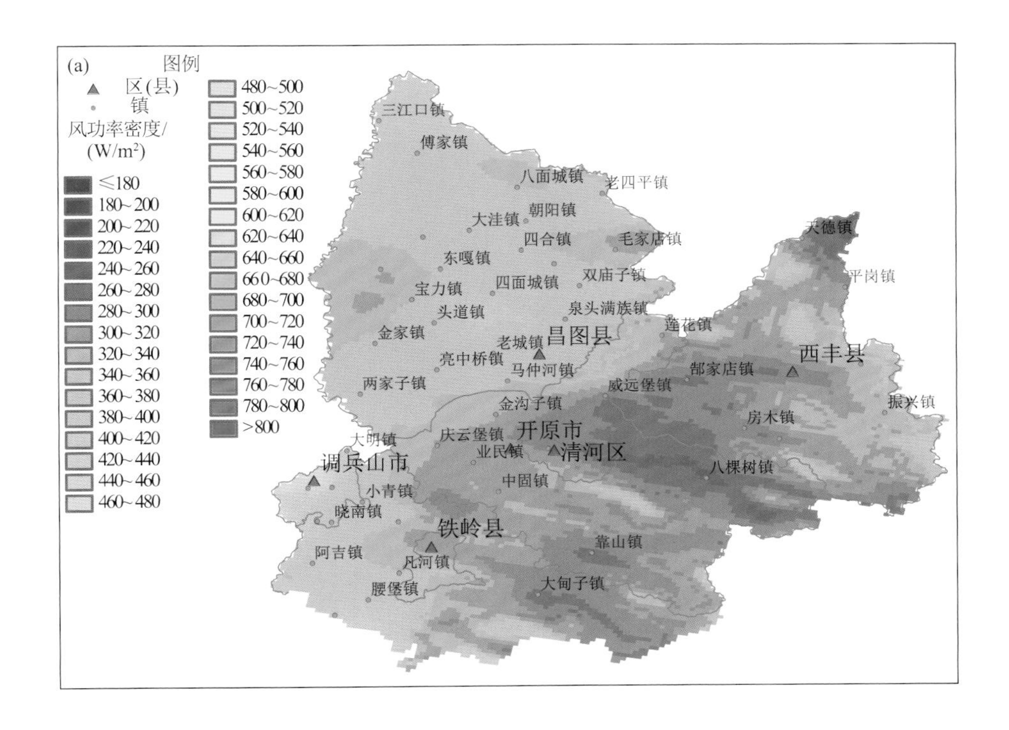

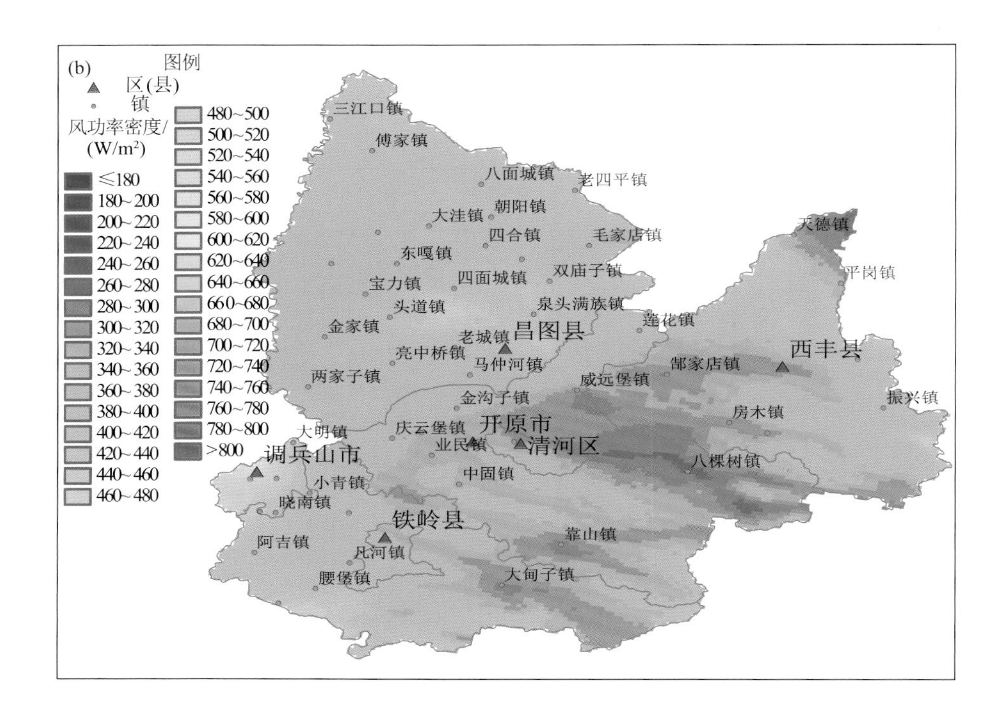

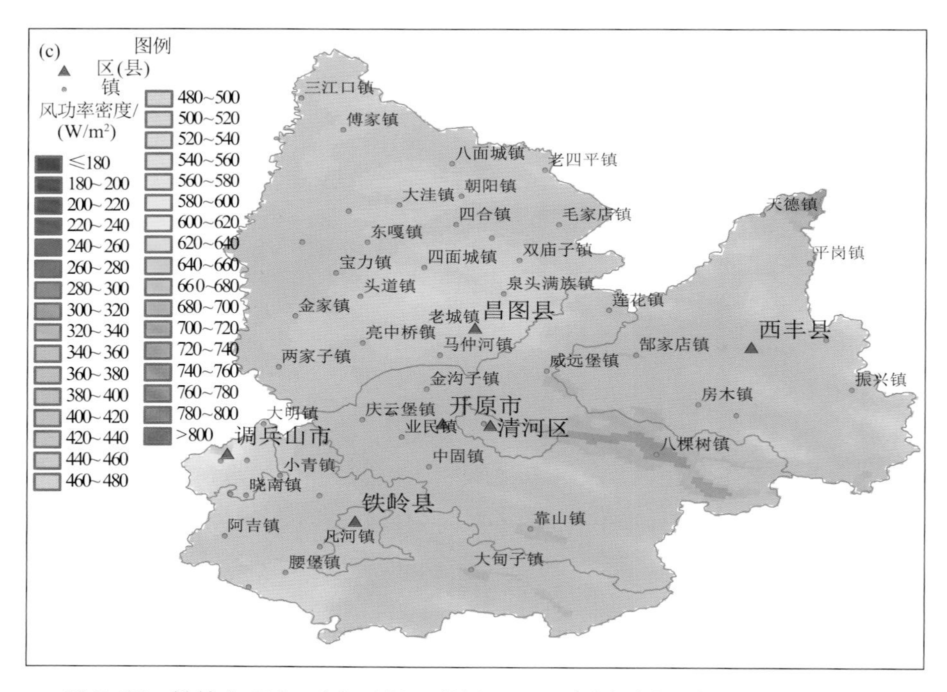

图 7.28 铁岭市 100 m(a)、120 m(b)和 150 m(c)高度年平均风功率密度分布

7.3.2　海上风能资源情况

7.3.2.1　风能资源空间分布特征和储量

辽宁省海上风能资源明显优于陆上，近海风能资源分布走势存在与海岸线近乎平行的特点，风速从远海向近海、陆地逐渐衰减，离海岸越远风能资源越好。相比之下，渤海辽东湾海域风能资源优于黄海北部海域，且以辽东湾东部近岸海域的风能资源最好。依据《风电场工程风能资源测量与评估技术规范》(NB/T 31147—2018)风功率密度等级表(表7.5)，辽宁海域的风能资源等级属于2～5级。

辽宁省海上70 m、100 m、120 m和150 m高度风能资源储量分别为2.60亿kW、3.19亿kW、3.61亿kW和3.76亿kW(表7.9)，70～150 m高度内海上风能资源储量也随高度增加而增加。在水深10 m或20 m以内的海域开发风电更具有可操作性。辽宁省10 m以内水深的海域面积约为1.02万km^2，20 m以内水深的海域面积约为1.89万km^2。70 m、100 m、120 m和150 m高度，10 m等深线以内海域的风能资源储量分别为3530万kW、4321万kW、4821万kW、5050万kW，20 m等深线以内海域的储量分别可达到8060万kW、9890万kW、11190万kW、11736万kW，近海风能资源储量巨大。

表7.9　辽宁省海上各高度风能资源储量

单位：万kW

海域	70 m高度	100 m高度	120 m高度	150 m高度
海岸线至10 m等深线之间海域	3530	4321	4821	5050
海岸线至20 m等深线之间海域	8060	9890	11190	11736
辽宁整个海域	26015	31926	36109	37636

龚强等(2020)基于数值模拟技术已对辽宁海域风能资源状况进行了分析，给出了50 m、70 m、100 m、120 m、150 m高度海上年平均风速、年平均风功率密度分布图，并指出了评估的不确定性，这里不再赘述。

7.3.2.2　规划重点开发区域的风能资源情况

2022年辽宁省人民政府办公厅印发《辽宁省加快推进清洁能源强省建设实施方案》，该方案提出，支持大连、营口、丹东、盘锦、葫芦岛等市建设海上风电基地。根据近海风能资源模拟结果，大连瓦房店市近海风能资源最好，锦州和盘锦近海次之，再次为营口、葫芦岛，丹东和大连西侧黄海海域的近海风能资源相对较差。

葫芦岛海域，沿海岸水深小于10 m的海域范围较狭窄，风电开发可能向水深10～20 m的海域发展，120 m高度上的年平均风功率密度为600 W/m^2左右。锦州和盘锦海域，浅水海域范围是辽宁省最大的地区，水深5 m以下的海域120 m高度上的年平均风功率密度可达到700 W/m^2左右。

营口海域，120 m高度上的年平均风功率密度也为600 W/m^2左右，北部海域风资源差于南部海域，但北部海域水深较浅，建设条件易于南部海域。

大连瓦房店海域，120 m高度上的年平均风功率密度可达到750 W/m^2左右，但水深落差大，水深小于 20 m 的海域范围较小，开发难度相对大。普兰店湾和金州湾海域，120 m 高度上的年平均风功率密度为 550 W/m^2 左右，浅水海域相对较宽。旅顺口、大连市城区南部，水深几乎在 20 m 以下，120 m 高度上的年平均风功率密度为 550 W/m^2 左右。

大连其他北黄海海域以及丹东海域，水深 20 m 以下海域 120 m 高度上的年平均风功率密度在 600 W/m^2 以下，近海 5 m 以内水深海域为 450 W/m^2 左右。

第 8 章
辽宁省风能开发利用高影响天气

风能资源开发利用是充分利用气候资源的一种方式，但有些极端天气条件下，风能资源开发利用还存在一定的风险，因此，高影响天气分析是评价风能资源条件的重要内容之一。对辽宁省而言，大风、低温、台风、雷电、暴雨洪涝、电线积冰、沙尘等对风电机组运行有较大影响，风电场设计建设阶段要充分考虑其强度和频次，从风机选型、布局等方面尽可能排除不利气象条件对风电场安全运行的影响。

8.1 大风

当风速超过切出风速时，风机将自动停机，降低可利用率。风速在切出风速附近时，频繁停机启动，易导致电机、齿轮箱温度过高，发生故障。另外，风力过大时也易出现风机损坏或倒塔事件。

8.1.1 最大风速

根据气象站历史观测数据，辽宁省各地出现的历史最大风速为 14.2～33.3 m/s，中部地区较大、东西部地区相对较小(图 8.1)。阜新、锦州、大连、长海和丹东气象站观测到的最大风速超过 30 m/s。全省大部分地区最大风速为 20～30 m/s，其中，阜新、沈阳东部、铁岭北部、朝阳东部、锦州大部、盘锦全域、营口北部、大连南部最大风速为 25～30 m/s。朝阳大

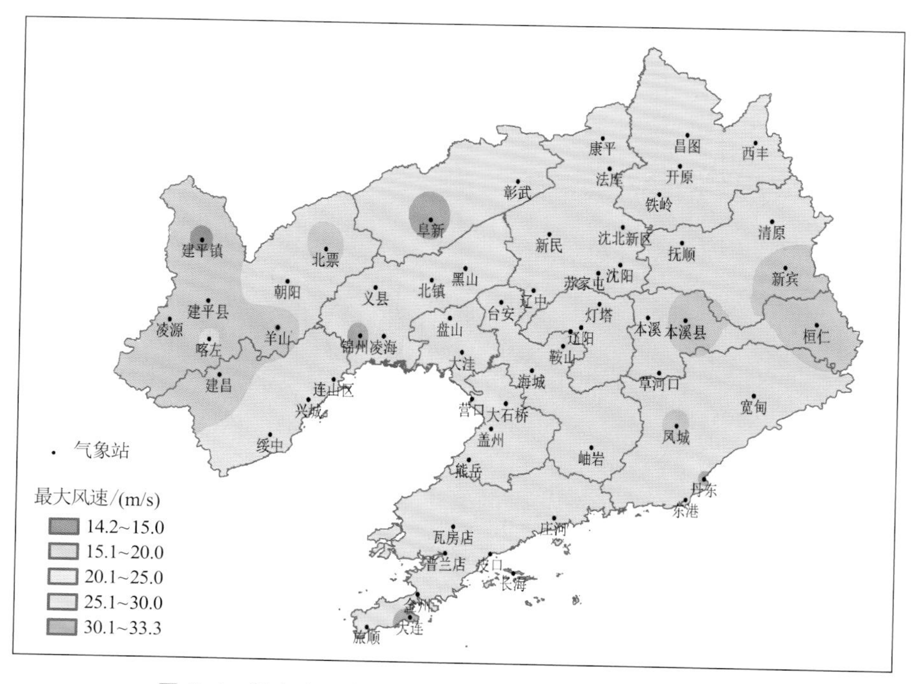

图 8.1 辽宁省国家气象站出现的历时极端最大风速分布

部、葫芦岛北部、抚顺东南部、本溪中东部最大风速较小，低于 20 m/s，其中，建平镇出现的极端风速最小，仅为 14.2 m/s。从各地历史最大风速的出现时间看，除了沿海部分地区出现在夏季 7 月、8 月以外，其他大部分地区主要出现在 3—5 月，说明春季大风是造成辽宁省出现极端风速的主要原因，其次可能是夏季台风。

8.1.2　大风日数

一天中出现瞬时风速≥17.0 m/s 或风力≥8 级则记为大风日。

从累年（1991—2020 年）平均大风日数的空间分布来看，大风日数较多的地区主要分布在辽宁北部、中部和南部，其中，旅顺口和昌图气象站年平均大风日数分别达到 48.2 d 和 42.4 d；辽宁东部及西部地区大风日数较少，其中，清原、新宾、桓仁、宽甸、本溪县、凌源和喀左气象站年平均大风日数均不足 5 d（图 8.2）。

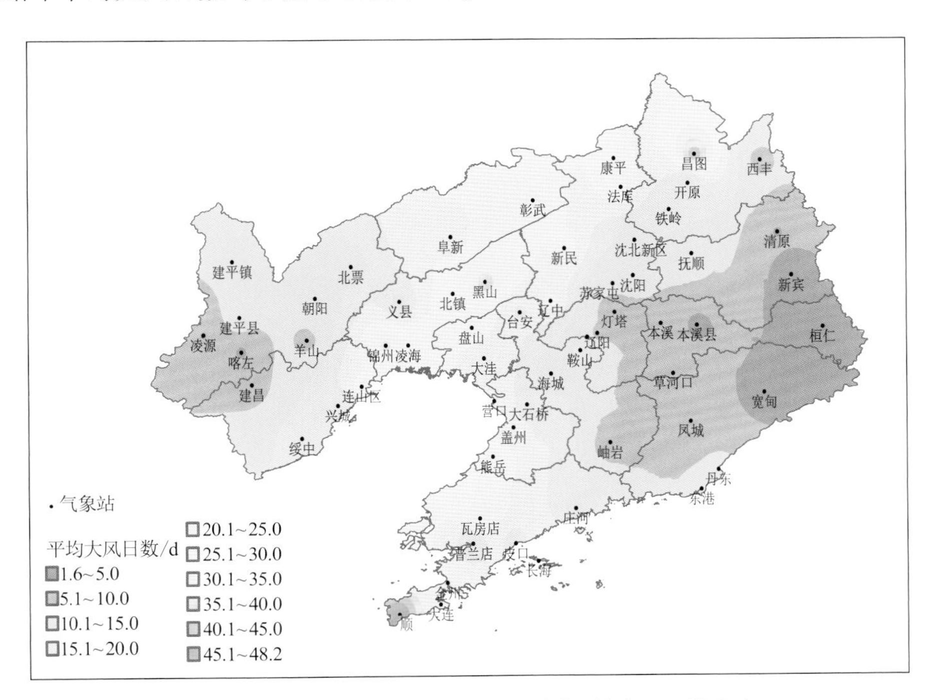

图 8.2　辽宁省累年（1991—2020 年）平均大风日数分布

从年最多大风日数（气象站有观测以来至 2021 年）的空间分布来看，其分布特征与年平均大风日数分布特征基本一致，以辽宁北部、中部和南部地区较多，东部及西部地区较少。其中，大连气象站年最多大风日数最多，达到 165 d，出现在 1956 年。另外，长海、旅顺口、昌图、黑山、绥中、盘锦、沈阳气象站年最多大风日数均超过 100 d（图 8.3）。

8.1.3　测风塔观测的最大风速和极大风速

为保证风机安全，需要了解风机轮毂高度的极端风速情况。基于近 13 a 的风能资源专业观测数据集，以及为风电企业开展大量风电场资源评估服务中收集到的百余座测风塔捕

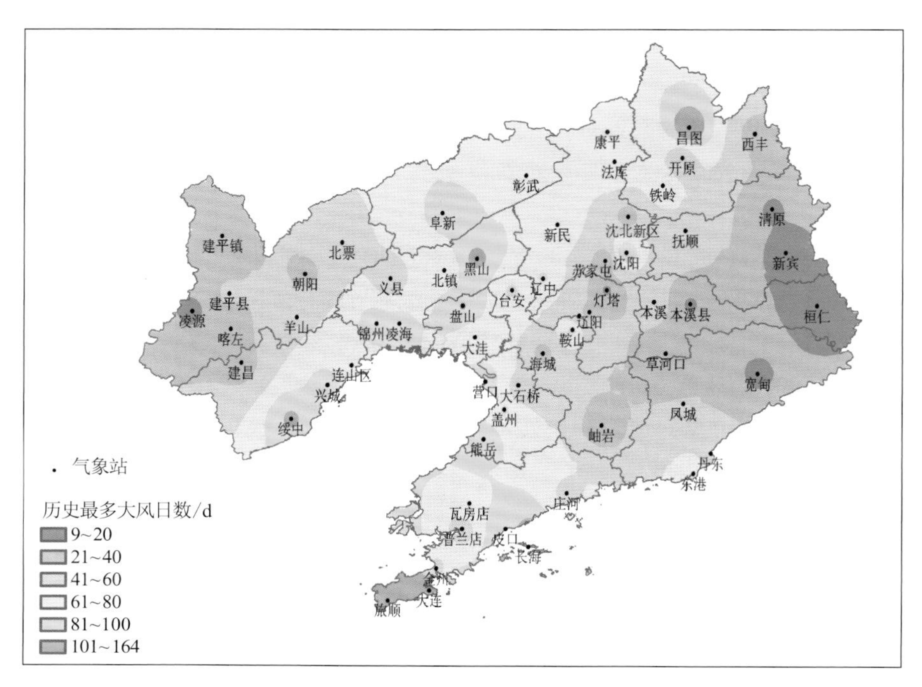

图 8.3 辽宁省各地历史最多大风日数分布

捉到的极端风速值(表 8.1、表 8.2)可以看到,100 m 左右实测到的最大风速为 31.6 m/s,极大风速为 38.3 m/s,收集到的最大风速观测值都低于Ⅲ类风机标准(37.5 m/s),属于风机可抗大风最低标准以内,说明辽宁省 100 m 高度左右针对风机安全的大风风险相对偏低(辽宁风电发展近 30 a 的时间里未发生因大风导致的风机折损事故)。但随着风机轮毂高度不断提升,大风风险还需持续分析。

表 8.1 近 13 a 来辽宁省风能资源专业观测数据集记录的最大和极大风速

单位:m/s

	10 m	30 m	50 m	70 m	100 m
最大风速	28.4	30.0	29.4	30.1	31.5
极大风速	37.7	37.6	37.3	38.2	38.3

表 8.2 近 10 余年百余座风电场测风塔捕捉到的最大风速

单位:m/s

	50 m	70 m	100 m	120 m
最大风速	**30.0**	**30.7**	**31.6**	**30.9**

根据长期风电场资源评估服务中积累的成果发现,评估出的辽宁各地风电场 100 m 高度左右的 50 a 一遇 10 min 平均最大风速大部分小于Ⅲ类风机标准,但在辽东湾东岸、辽北局部地区风机选型还需慎重考虑实际情况,特别是渤海辽东湾东岸及东部海域正是辽宁陆地和海上风能资源均非常丰富的地区,其大风风险也相对偏高(表 8.3)。

表 8.3　50 a 一遇 10 min 平均最大风速评估值大于Ⅲ类风机标准的部分风电场情况

风电场	评估高度/m	50a 一遇最大风速/(m/s)
大连瓦房店某风电场	100	52.8
大连瓦房店某风电场	100	44.6
大连普兰店某风电场	140	45.9
锦州黑山某风电场	120	39.0
沈阳康平某风电场	110	38.9
沈阳康平某风电场	140	41.5

8.2　低温

温度条件也是风电场建设要考虑的一个重要因素。低温下发电机组的运行状况、零部件的性能、机组的可维护性等方面均将发生变化。一般金属材料的疲劳极限随温度的降低而提高，风机的许多主要零部件在高寒环境下存在低温疲劳问题。电子电器件功能受温度影响也较大，并且随温度降低空气密度增大，可使风机出现过载现象。不同机型对低温的要求不尽相同，寒冷地区应采用抗低温机组。当气温≤－30 ℃时，即使是低温型风机也要停止运行，停机后当气温＞－20 ℃时才能开机运行。

根据辽宁省气候特点，辽宁全域适宜采用低温风电机组。

8.2.1　极端最低气温

从各气象站建站以来的极端最低气温分布情况来看，辽宁各地极端最低气温为－43.4～－19.0 ℃，空间差异较大。极端最低气温主要以辽宁东部地区最低，其次为西北地区，南部地区最高。全省 61 个国家气象站中仅东北部的西丰、新宾出现过低于－40 ℃低温；中东部和北部大部分地区极端最低气温为－40～－30 ℃；沿海地区极端最低气温基本在－30～－20 ℃，其中，大连中南部极端最低气温为－25～－20 ℃，旅顺口极端最低气温高于－20 ℃（图 8.4）。

8.2.2　各等级低温日数

采用 2005—2021 年的逐时气温资料对辽宁省不同等级低温（≤－10 ℃、≤－20 ℃、≤－30 ℃）出现情况、持续时间等进行分析。

辽宁各地出现≤－10 ℃低温的累积小时数分布差异较大，2005—2021 年各地出现的累计小时数为 1285～26993 h，平均每年 76～1588 h。≤－10 ℃低温的累积小时数总体呈现自东北向西南递减的特征。辽宁东北部和辽西的建平镇地区累计小时数在 20000 h 以上（年均 1176 h），西丰累计小时数最多。沿海地区累计小时数基本在 10000 h 以下（年均 588 h），旅顺口最少。各地出现≤－10 ℃低温的平均持续时间为 2～179 h，最长持续时间可达 309 h，出现在昌图，其次是西丰（308 h）（图 8.5）。

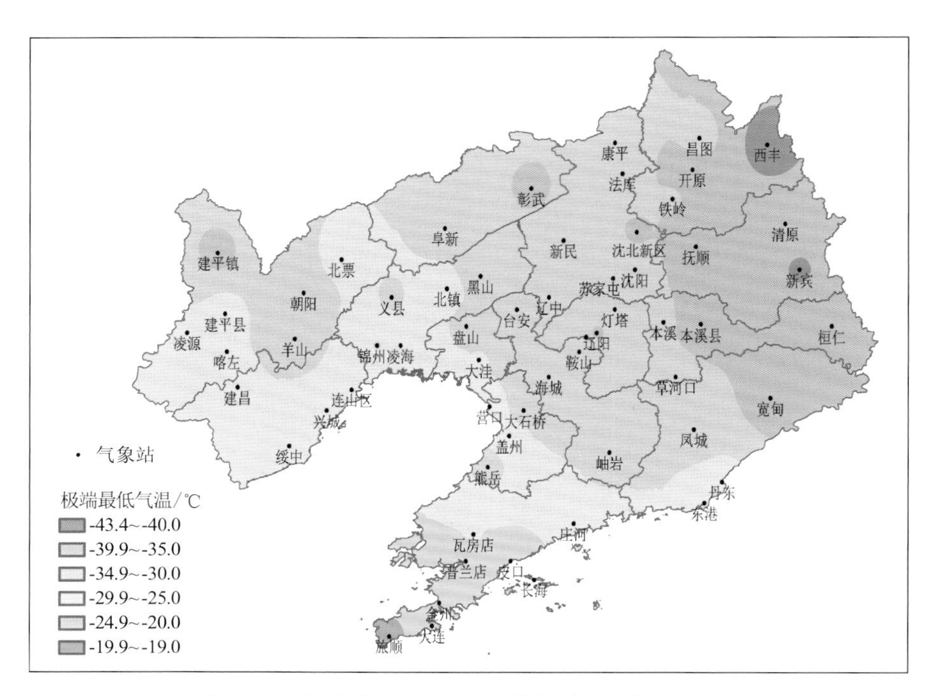

图 8.4 辽宁省建站至 2021 年极端最低气温分布

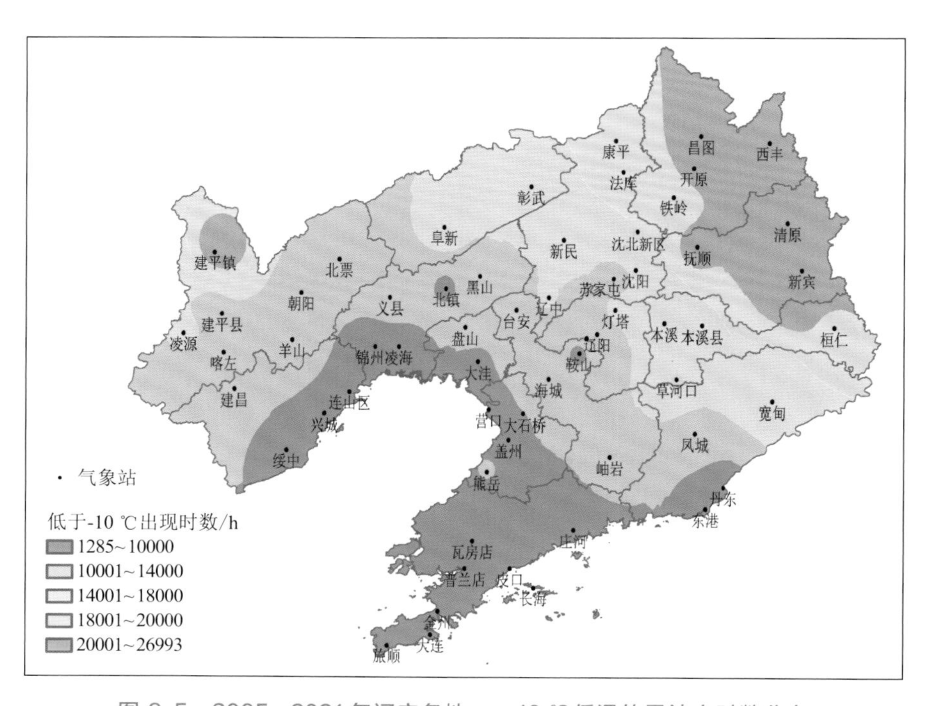

图 8.5 2005—2021 年辽宁各地≤－10 ℃低温的累计小时数分布

辽宁各地≤－20 ℃低温的累计小时数也呈现自东北向西南递减的特征，2005—2021 年各地累计出现 0～9529 h，平均每年 0～561 h。其中，辽宁东北部和辽西的建平镇地区累计小时数在 4000 h 以上(年均 235 h)，西丰累计小时数最多；沿海地区累计小时数基本在 200 h 以下(年均 12 h)，其中大连、旅顺口、金州、长海未出现过≤－20 ℃的低温天气。各地出现≤－20 ℃低温的平均持续时间为 2～17 h，最长连续持续时间为 68 h，出现在西丰(图 8.6)。

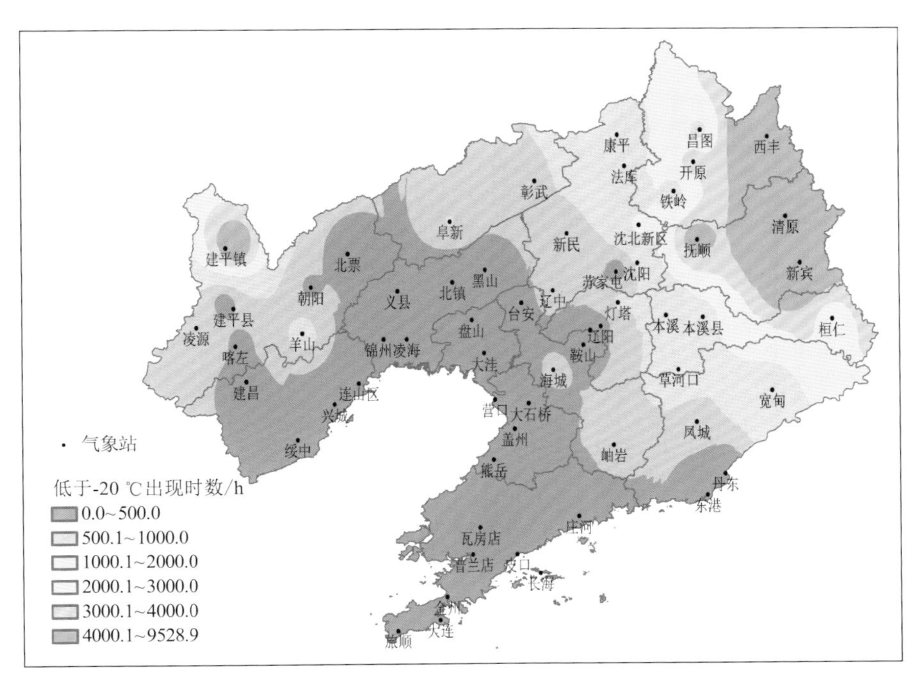

图 8.6 2005—2021 年辽宁各地≤－20 ℃低温的累计小时数分布

全省各地≤－30 ℃的低温天气主要出现在辽宁东北部和辽西的建平镇，其余大部分地区未出现过≤－30 ℃的低温天气。2005—2021 年各地≤－30 ℃的累计小时数为 0～735 h，平均每年 0～43 h。西丰累计小时数最多，新宾、抚顺、清原累计超过 50 h。各地出现≤－30 ℃低温的平均持续时间为 1～16 h，最长持续时间为 16 h，出现在西丰(图 8.7)。

8.3 热带气旋

热带气旋通过风雨影响而可能引发灾害，热带气旋带来的狂风、暴雨、巨浪、风暴潮等对风电场安全运行影响很大，在我国南部和东部沿海，热带气旋风险分析是海上和沿海风电场可研设计的必要专题。

影响辽宁省热带气旋数量基本呈现自东南向西北递减的分布特征。辽宁东南部是受热带气旋影响最频繁的区域，1961—2020 年共有 82 个热带气旋影响该区域，平均每年 1.2 个。

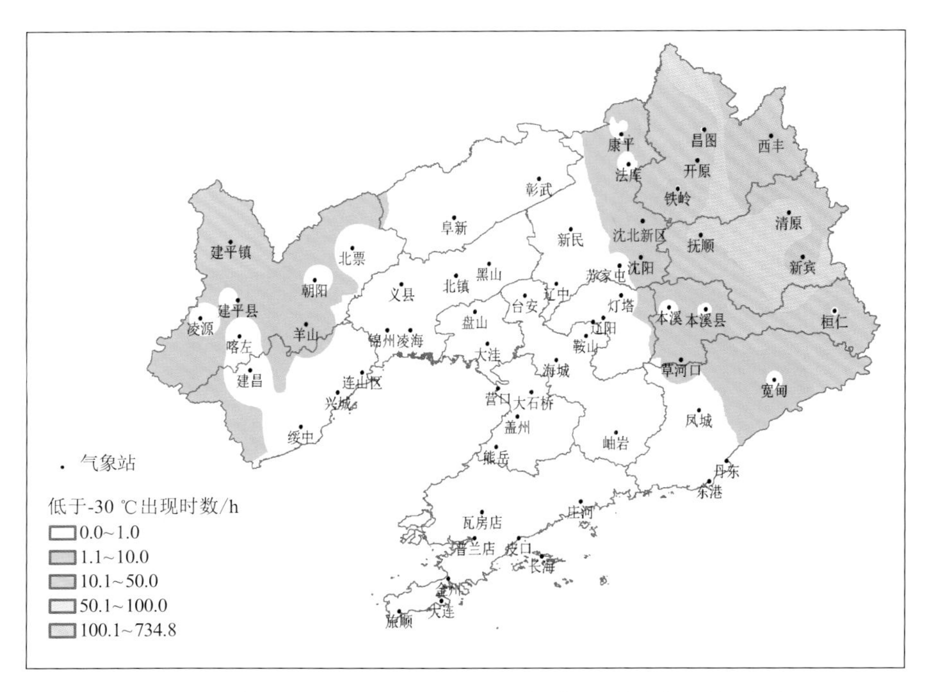

图 8.7　2005—2021 年辽宁各地≤－30 ℃低温的累计小时数分布

其中，丹东受热带气旋影响次数最多，共受到 82 个热带气旋影响，宽甸和东港均为 80 个。影响中部地区的热带气旋数量为 40～60 个，其中，沈阳为 53 个。辽西地区受热带气旋影响较少，一般在 40 个以下，最少的为朝阳，共受到 35 个热带气旋影响(图 8.8)。

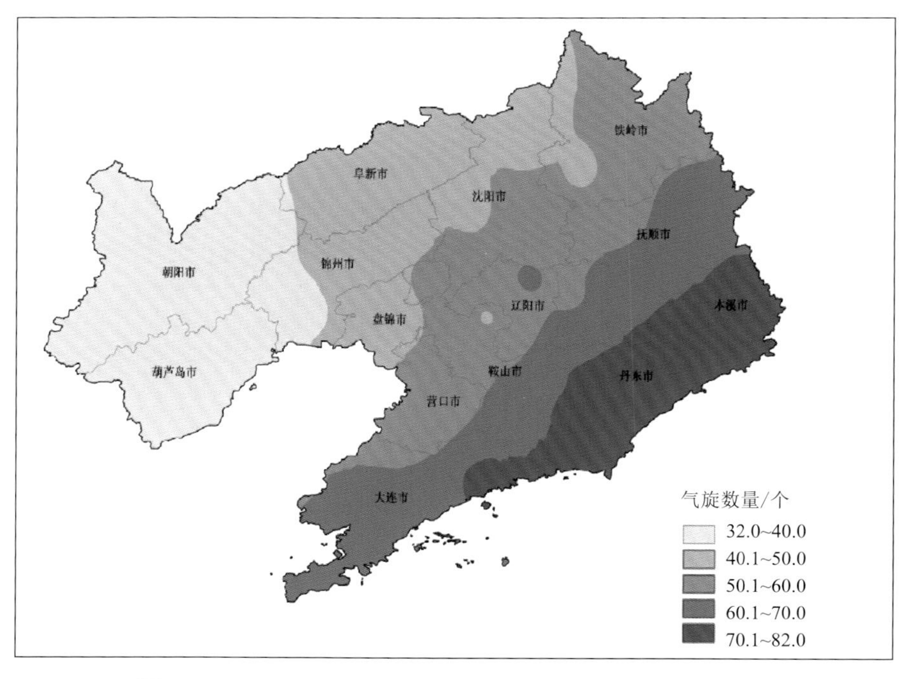

图 8.8　1961—2020 年影响辽宁省的热带气旋数量空间分布

从登陆辽宁的热带气旋看，大连市是热带气旋登陆最频繁的地区，13 个登陆热带气旋中有 7 个在大连市，占比超过 58%，其次为葫芦岛市，有 3 个，丹东市和盘锦市则分别有 2 个和 1 个(图 8.9)。

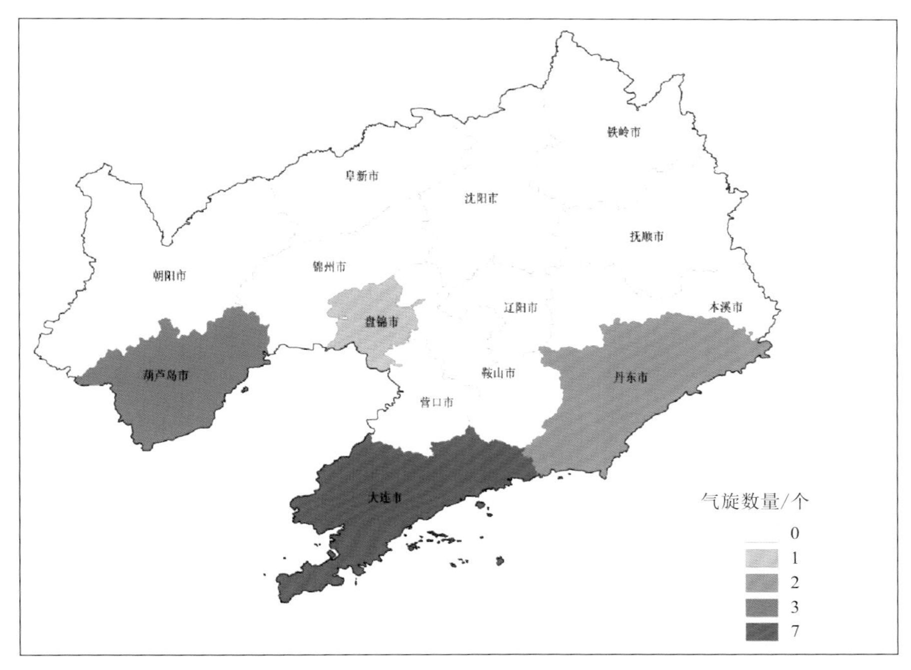

图 8.9 1961—2020 年登陆辽宁省的热带气旋数量空间分布

总体而言，辽宁全省均可受热带气旋影响，丹东和大连沿海受热带气旋影响或热带气旋直面登陆影响风险较大。近 10 余年各类陆地测风塔虽没有捕捉到超过Ⅲ类风机标准的实况风速，也未发生因大风导致的风机折损事故(详见 8.1.3 节)，但随着海上风电的发展，特别是向深远海风电的发展，辽宁海域的热带气旋风险仍不可忽视。

8.4 雷暴

雷暴是由发展旺盛的积雨云引起并伴有闪电雷鸣的天气现象，常伴有阵雨、大风、低能见度、下击暴流、风切变和冰雹等天气，是破坏地面设施最主要的天气现象。雷暴释放的巨大能量会造成风电机组叶片损坏、发动机绝缘击穿、控制元器件烧毁等事故。

8.4.1 雷暴日数

按照中国气象局观测业务调整要求，各气象站从 2014 年开始停止雷暴人工观测，因此这里统计的是 2014 年以前的观测数据。辽宁各地累年(1984—2013 年)平均雷暴日数为

16～38 d(图 8.10),各地建站至 2013 年的年最多雷暴日数为 28～59 d(图 8.11),东北部和西北部地区雷暴出现较多,大连及部分沿海地区较少。雷暴活动的季节性很强,一般夏季最多,春秋季其次,冬季最少。

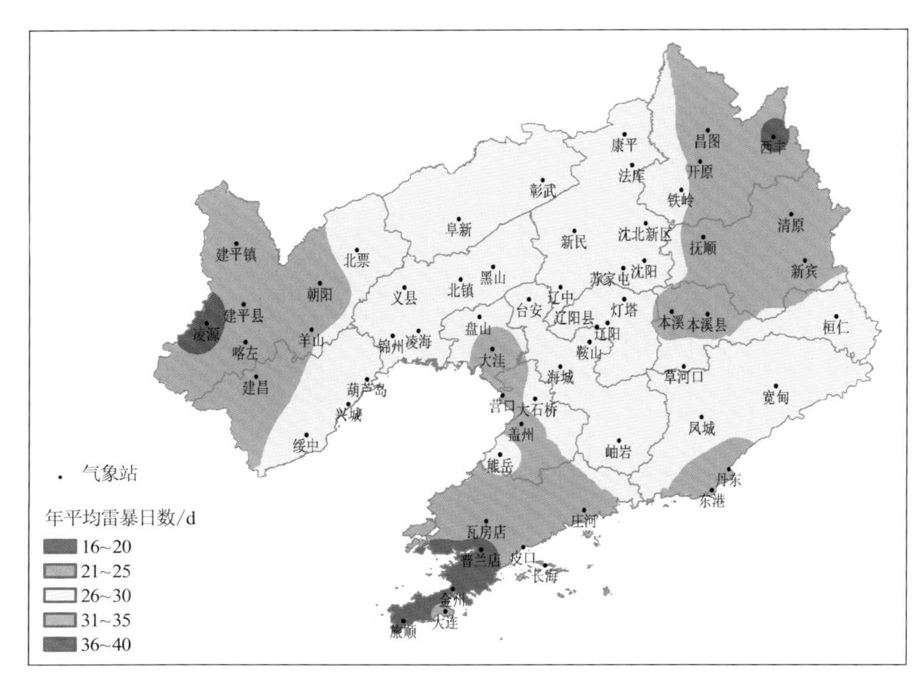

图 8.10 辽宁省累年(1984—2013 年)平均雷暴日数空间分布

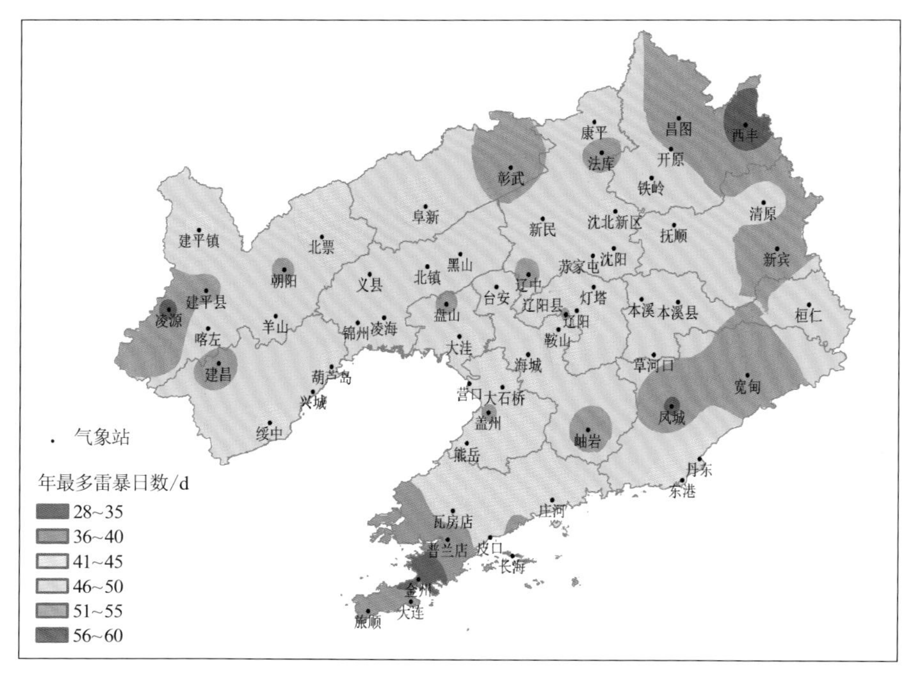

图 8.11 辽宁省建站至 2013 年年最多雷暴日数空间分布

8.4.2 闪电

闪电是大气中的强放电现象。2012年，辽宁省地闪定位系统投入使用，由分布在法库、大连、章党、本溪、宽甸、东港、营口、阜新、朝阳9个地闪定位仪（探测子站）组成，主要用于探测云地闪电。该系统采用磁定向、时差综合法进行地闪定位，各个探测仪将接收到的探测信息和GPS（全球定位系统）时间信息通过通信网络传送到中心站的计算机，经过数据系统的计算处理，得到闪击的发生时间、经纬度位置、雷电流极性、峰值强度、雷电流上升陡度等参数。该系统定向精度为1°，时钟同步精度可达到10^{-7} s。辽宁省内大部分地区地闪探测效率理论值为95%，定位精度可达到300 m。2015年，中国气象局将闪电定位系统升级为ADTD定位系统，该系统能更准确地采集云地闪波形峰点到达时间，采用时差测向混合定位算法，提高了闪电定位的精度，其平均探测范围为300 km。

从辽宁省水平空间分辨率3 km的累年（2012—2020年）平均地闪密度空间分布看（图8.12），铁岭南部、抚顺西部、锦州中部和东部、丹东西北部等地雷击次数（地闪次数）较多。位于丹东凤城市的以124.009°E、40.7611°N为中心的直径3 km范围内累年平均雷击次数最多，为21.22次/(km^2·a)。

从历年情况看，2013年位于辽阳市以123.199°E、40.7341°N为中心的直径3 km范围内，年雷击次数为全省历史最多，达到101次/(km^2·a)。

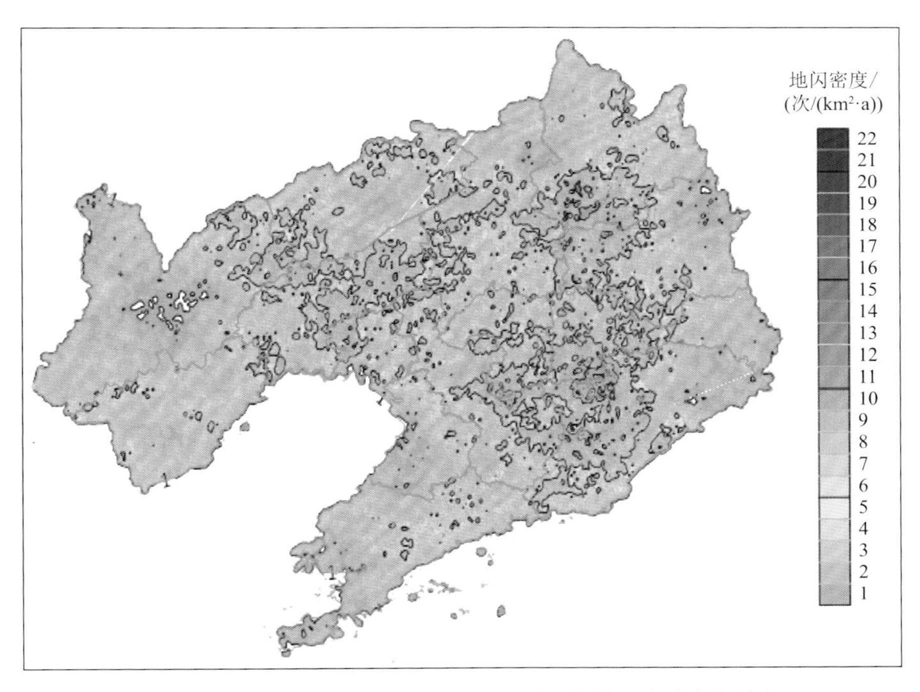

图8.12 辽宁省累年(2012—2020年)平均地闪密度空间分布

全省各地均有雷暴发生，风电场建设均需要考虑雷电防护。在丹东和辽南地区要提前做雷电防护准备，并延长雷电防护期的时间。

8.5 电线积冰

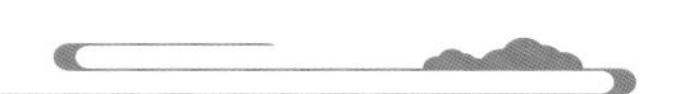

我国是线路积冰严重的国家之一，线路冰灾事故发生的概率居世界前列（李再华 等，2008）。全国各地均有不同程度的电线积冰现象，因各地气候特点不同，西南、华南、华中的川、渝、黔、滇、湘、鄂、赣等地区的电线积冰现象尤为突出（金西平，2008）。就全国而言，辽宁省虽然属于电线积冰现象相对较轻的省份，但由此引起的事故也时有发生，对电网安全稳定运行带来严重影响。

电线积冰一般包含雾凇、雨凇以及两者混合物 3 种形态，经常发生在强冷暖气流交绥且近地层大气比较潮湿的天气条件下。雨凇形成前日和初日气温一般处于－5 ℃以上，有霜或雨、雨夹雪、雪等降水过程，相对湿度一般在 70%以上，当气温下降时，附着在导线上的霜、雨雪冻结物形成雨凇，并随着持续的低温和降水过程而发展、保持，若没有明显的积冰崩塌、消融条件（如气温回升），冻结现象可持续几日。雾凇形成前日和初日气温通常较低，一般在－10 ℃以下，相对湿度为 75%左右，有雾、霜和少量降雪，如果随后的几天空气湿度仍然偏高、气温较低，且风速较小，则有利于雾凇维持数日。

总体而言，电线积冰发生在气温低于 0 ℃的天气条件下，雨凇形成一般具有降雨和降温过程，雾凇形成一般具有空气湿度高、风速小的特点。龚强等（2010）研究表明，辽宁地区电线积冰现象可发生在 10 月—次年 4 月，1 月最多，11 月雨凇明显居多。初春 3—4 月、秋末 10—11 月因冻雨、雨夹雪等天气出现的可能性大，易形成雨凇，导致这几个月中雨凇占电线积冰的比重较大；而真正进入寒冬后，降水过程主要表现为降雪或霜，电线积冰多以雾凇形式出现。

由于雨凇质量较大，因电线积冰引发事故的通常是雨凇所致，为此根据易导致事故的雨凇天气特点，统计了日平均气温处于－5～3 ℃、日降水量＞5 mm、日最大风速＞10 m/s、后日比前日日平均气温下降 8 ℃以上的总日数，绘制了辽宁省气温、降水、大风综合分布图（图 8.13），可见，辽东湾东岸一带是辽宁省最易出现电线积冰电网事故的地区。

8.6 沙尘暴

发生沙尘暴时均伴有大风，强沙尘暴风力常达 8 级以上，甚至有的可达到 12 级，大风对风电场的破坏力已不言而喻；其次是大风夹带的沙粒及小石块还会击打、磨蚀风机叶片，甚至使叶片表面出现凹凸不平的坑洞，严重是破坏叶片表面强度和韧性。

1961—2021 年，辽宁各地累计沙尘暴日数为 0～119 d。主要出现在辽宁北部，其中，阜

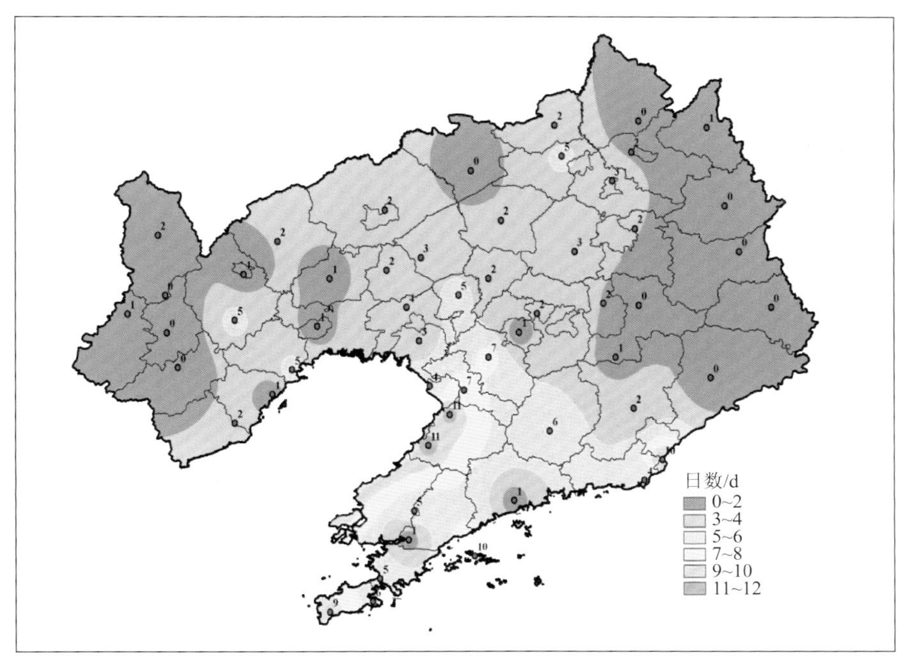

图 8.13 辽宁省易引发电线积冰事故的气温、降水、大风综合分布

新、朝阳北部、沈阳北部、凌海地区发生次数较多，均在 40 d 以上，彰武最多(图 8.14)。各地年最多沙尘暴日数为 0～17 d，自北向南递减。新民和铁岭年最多沙尘暴日数较多，分别为 17 d 和 16 d，其次为凌海和彰武，分别为 11 d 和 9 d(图 8.15)。

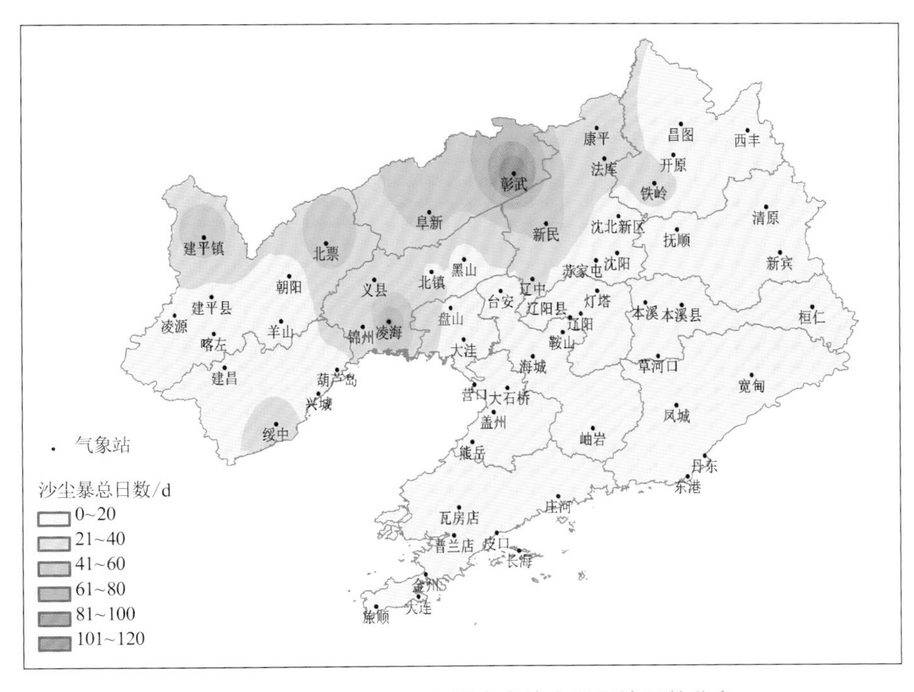

图 8.14 1961—2021 年辽宁省沙尘暴累计日数分布

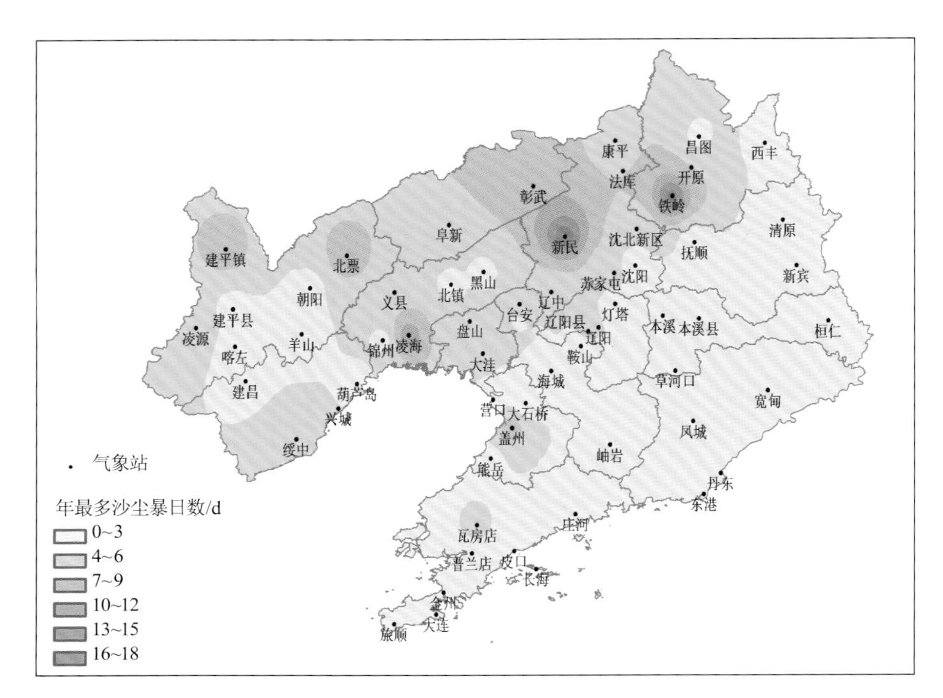

图 8.15　1961—2021 年辽宁省年最多沙尘暴日数分布

第 9 章
辽宁省风能资源专业气象服务体系及典型案例

风能资源专业气象服务的目标是为风能资源的合理规划、开发利用和安全运行提供可靠依据,如面向政府决策的区域资源评估,面向企业的风电项目选址、资源监测评估和预报等服务。

9.1 服务体系框架

辽宁省气象部门自20世纪80年代末开始参与风电项目开发工作。1989年开始,协助政府或企业开展风电场选址和测风塔选址工作,累积架设了200余座测风塔,在全省风能资源丰富区开展风能资源实地观测。迄今已为全省200余个风电项目开展风能资源评估服务,参与了全省各市的多轮风电发展规划编制。期间,还依托全省风能资源长期监测网8座测风塔数据,开展辽宁省风能资源年景监测和季节监测,定期面向社会公众发布监测产品。对中国气象局风能短期预报产品开展了本地化应用,定期发布辽宁省风力发电气象条件预报产品。至此,建立了为政府、企业和公众提供风能资源"监测-评估-预报"的全链条气象服务体系(图9.1)。

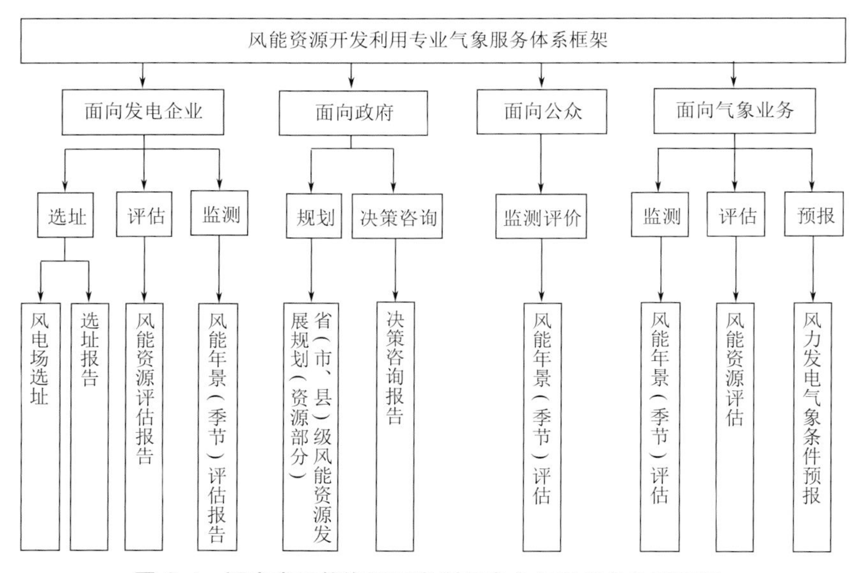

图9.1 辽宁省风能资源开发利用专业气象服务体系框架

9.2 服务典型案例

9.2.1 阜新市能源转型气象服务

阜新市地处辽宁省西北部,是昔日著名的"煤城"。"一五"计划时期,国家将4个煤炭能源项目安排在阜新，60 a 来，阜新累计为国家开采原煤近 7 亿 t，发电 2500 亿 kW · h，为东北重工业基地乃至全国经济建设都做出了巨大的贡献。然而煤炭作为一次性能源，总会有枯竭的一天。随着 20 世纪 90 年代煤炭资源濒临枯竭，阜新的支柱型煤炭经济开始崩溃，地方产业下滑明显，矿井纷纷关闭。2005 年，曾作为亚洲最大的露天煤矿海州露天矿正式宣布闭坑破产，留下一个东西长 4 km、南北宽 2 km、深度为 350 m 的巨大矿坑(图 9.2)。

图 9.2 2023 年 1 月 21 日阜新市海州露天煤矿卫星影像

9.2.1.1 风能资源普查工作为阜新市能源转型指明新方向

2001 年 12 月，阜新被国务院正式认定为全国第一个资源枯竭型城市经济转型试点市。气象部门的介入为阜新能源转型指明了新的方向。当地人总说：阜新一年两次风，一次刮半年。风大一度是阜新环境恶劣的代名词。然而风也是一种清洁能源，是一种可再生和永不枯竭的能源。20 世纪 70 年代—2011 年，气象部门先后开展了 4 次风能资源普查工作。历次普查结果均显现出阜新市具有丰富的风能资源。在开展第三次普查工作时，气象部门积极参与到阜新市能源转型建言献策中，2004 年 11 月 22 日，阜新市气象局向市委、市政府递交了《关于建设阜新百万千瓦风力发电厂的调研与建议》的报告。报告中详细评价了阜新市的风能资源情况，建议把阜新风力发电场建设作为经济转型的重大项目，与火力发电、煤矸石发电一起重铸阜新新能源新优势。之后，在阜新市政府的支持下，阜新市气象局和新能源局联合辽宁省气象局的风能资源开发利用专家团队以及风电企业，在阜新市选址架设了 83 座测风塔开展风能资源实测，其中，阜新市气象局设立了 35 座。同时，省(市)气象部门配合阜新市政府编制风电发展规划，作为政府部门积极促进风电开发企业落户阜新的重要举措。

9.2.1.2 全链条为阜新市风电发展提供气象服务

截至2022年，阜新市建成了多个大型风电场，风电装机容量达到280万kW，占全市电力装机总量的48.6%，新能源装机容量占全市电力装机总量的66.5%，风电和新能源装机均为全省第一，是全省唯一能够通过自发绿电满足全市生产生活需要的城市，能源结构实现了以清洁能源为主的根本性转变。近20 a来，辽宁气象能源开发利用团队几乎爬遍了阜新境内的所有山和梁，持续为阜新市开展风电场选址、观测、资源评估。随着风能资源预报技术的发展，气象部门不仅为风电开发提供前期资源评估服务，还为风电场提供风电功率预报服务，提高了风电的可预见性，有效减轻了风电的随机性和波动性对电网安全稳定运行带来的冲击。国家气候中心牵头与辽宁省气候中心共同开展的公益性行业(气象)科研专项“北方大规模风电场风电功率预测技术研究及其应用”项目成果试运行就选择在阜新高山子风电场。上述气象服务为阜新从“煤电之城”变为“风电之城”提供了坚实的基础(图9.3)。

图9.3 阜新“风电之城”实景

9.2.2 朝阳市新一轮清洁能源发展规划气象服务

2022年9月，辽宁省人民政府办公厅印发了《辽宁省加快推进清洁能源强省建设实施方案》，要求围绕推进松辽清洁能源基地建设，重点支持辽西北等地区发展陆上风光基地，打造阜新、朝阳新能源基地。2023年年初，朝阳市发展和改革委员会启动“朝阳市清洁能源产业发展规划”编制，气象部门承接了风能太阳能资源评价工作。

9.2.2.1 朝阳市风能资源精细化分布

根据数值模拟结果，计算出朝阳市 70 m、100 m、120 m 和 150 m 高度上水平分辨率 1 km 的风速和风功率密度，绘制了风能资源图谱，给出了朝阳市风能资源优越地区分布、可开发区域及其资源等级等。总体来看，北票市北部和建平县东部的努鲁儿虎山山系是全市风能资源最好的地区，喀左、凌源和朝阳县中部的风能资源相对较差。除凌源市西部部分区域以外，朝阳市其他区域 100 m 高度以上年平均风功率密度均≥200 W/m^2，即 100 m 高度以上几乎整体具有开发风电的资源条件。

9.2.2.2 朝阳市风能资源储量

根据数值模拟结果，分别计算出朝阳市 70 m、100 m、120 m 和 150 m 高度风能资源储量、各高度≥200 W/m^2 的风能资源储量，分析了 70 m 到 150 m 高度储量增加情况，并给出了朝阳市辖的 6 个县(市、区)的风能资源储量。结果显示，建平县风能资源储量最大，其次为北票市和朝阳县，喀左县、凌源市和朝阳市辖区储量相对较小。

9.2.2.3 朝阳市装机容量系数分布

根据数值模拟结果，计算并给出了朝阳市风电装机容量系数分布图(图 9.4)，指出朝阳市大部分区域受复杂地形限制，可开发范围虽广但不连续。按照地理条件，北票市风电装机容量系数相对较高，其次为建平县，北票市和建平县大部分地区风电装机容量系数为 2.5～5.0 MW/km^2，其他地区装机容量系数相对较低。

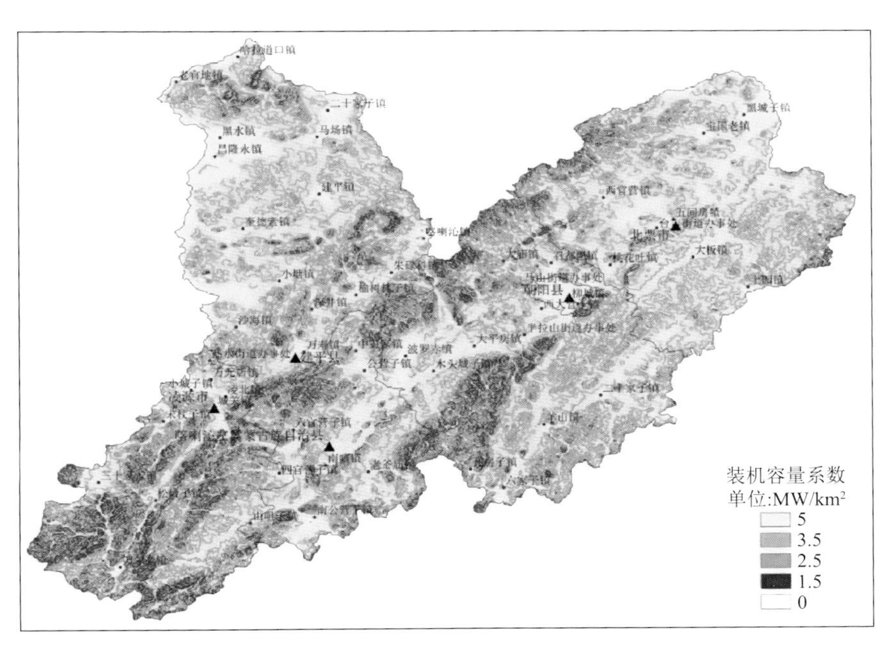

图 9.4 朝阳市风电装机容量系数分布

9.2.2.4 朝阳市风电开发建议

根据风能资源精细化评价结果，朝阳市风能资源丰富，但受复杂地形条件限制，开发难度相对较大。其中，北票市和建平县是全域风能资源较好、开发难度较低的区域。朝阳市风切变指数较大，建议提高轮毂高度可以明显增大发电功率。据悉，2023 年，国能辽宁北票 200 MW 风力发电项目、北票“风光氢热储＋清洁能源供暖”一体化基地示范项目、华润新能源建平 100 万 kW 风电项目、国能建平 40 万 kW 风电项目等，均在有序推进中。

9.2.3 辽宁省风能资源年景监测

2022 年以来，辽宁省气候中心定期发布风能资源年景公报、季度监测公报（图 9.5、图 9.6），主要依据辽宁省 61 个国家气象站风观测数据、风能资源长期监测网测风塔观测数据，评价监测年度或监测季度的风能资源等级和分布状况。另外，结合近 10 a 的气象站风观测数据和测风塔观测数据，进行全省各地监测年度或季度与常年（近 10 a）风能资源的对比分析。定期发布辽宁省风能资源年景公报、季度监测公报，可为风能资源发电企业评估发电效果提供科学依据。

2021 年沈阳区域气候中心《辽宁省风能资源年景公报》根据全省 61 个气象站风观测数据，对全省及各市 2021 年与常年的地面 10 m 高度平均风速对比。根据辽宁省风能资源专业观测网测风塔实测资料，对 2021 年各测风塔 70 m 高度的风速、风功率密度、风能分布、年有效风力小时数、代表机型的风机理论满发小时数进行计算，并与常年值进行对比。评价结果认为，2021 年风能资源与常年持平，沈阳、本溪、营口、阜新、葫芦岛市风速较常年略偏小，大连、鞍山、抚顺、朝阳市较常年略偏大，其他市较常年持平。

综述

2021年，辽宁省10 m和70 m高度风能资源与常年持平。空间分布上，沈阳、本溪、营口、阜新、葫芦岛地区风速较常年偏小，大连、鞍山、抚顺、朝阳地区较常年略偏大，其他地区与常年持平。从季节分布看，2月、5月和12月风能资源较常年丰富，尤以12月最为明显，6–10月（特别是8–10月）风速持续较常年偏弱。与上一年度（2020年）相比，风能资源略优。

1 10 m高度风速情况

利用全省61个气象台站2012–2021年风观测资料，分析2021 年辽宁省地面10 m高度风速情况。2021 年全省气象站年平均风速与常年持平，与上一年度也持平。

图 9.5 2021 年《辽宁省风能资源年景公报》公众号发布稿截图

关注气候 防灾减灾

风能资源监测公报 | **综 述**

2023年第1季度（1—3月）辽宁省10 m高度平均风速较常年偏大0.2 m/s。空间分布上，大连市平均风速较常年偏小，阜新和葫芦岛市与常年持平，其他各市较常年偏大。70 m高度风能资源较常年偏优，瓦房店市测风塔风能资源较常年偏低，其余测风塔风能资源较常年均有不同程度的偏高。

从月际分布看，1月和2月较常年均有不同程度的偏高，1月更为明显，3月略偏低。与上一年度相比，风能资源更优。

图 9.6 《辽宁省风能资源季度监测公报》公众号发布截图

第 10 章

风电发展与展望

风电作为一种可再生绿色能源的代表性产业，随着技术的不断进步与经济效益的提高，在全球范围内得到了迅猛发展。各地政府部门也积极推动绿色能源的发展，通过政策支持鼓励投资者参与风电产业发展。因此，从全球范围来看，风电发展前景都是较为乐观的。

10.1 发展前景展望

10.1.1 我国风电发展前景展望

风电是目前技术最为成熟的主要清洁能源之一，大力发展风电是中国能源转型的必由之路。基于“双碳”目标已明确提出，到 2030 年，风电、太阳能发电总装机容量将达到 12 亿 kW 以上。国家能源局最新发布数据显示，2022 年全国风电、光伏发电新增装机突破 1.2 亿 kW，创历史新高；截至 2022 年，全国风电、光伏发电总装机容量达到 7.58 亿 kW；风电、光伏年发电量首次突破 1 万亿 kW·h。作为能源转型过程中的“主力军”，未来风力发电必然仍将保持高速增长。

2022 年 6 月印发的《“十四五”可再生能源发展规划》，在推动大型风电光伏等可再生能源基地建设方面，明确提出优化近海海上风电布局，开展深、远海海上风电规划，推动近海规模化开发和深、远海示范化开发。海上风电与陆上风电相比较，尽管现在的开发成本还比较高，但海上风电的特点是资源十分丰富、发电效率高、占用土地资源少，具有显而易见的天然优势。因此，海上风电将是今后风电行业关注的焦点。

10.1.2 辽宁省风电发展前景展望

辽宁省积极推动可再生能源发展。《辽宁省国民经济和社会发展第十四个五年规划和二〇三五年远景目标纲要》指出，“到 2025 年，辽宁省风电光伏装机力争达到 3000 万 kW 以上。支持辽西北和其他资源条件较好地区加快发展风电，建设可再生能源基地，科学合理利用海上风能资源。在保护生态和粮食安全的前提下，因地制宜，探索和稳步推进矿区光伏、光伏治沙、渔光互补等光伏发电与多种产业融合发展。鼓励利用屋顶、院落等发展分布式光伏。推进市场化竞争方式配置集中式风电光伏项目”。因此，未来 5～15 a，将是辽宁风能、太阳能资源开发利用快速发展阶段。

《辽宁省加快推进清洁能源强省建设实施方案》提出“要又好又快发展新能源”。加强风电光伏布局与国土空间布局、产业发展、生态红线等方面的衔接协调，在保护生态的条件下推动新能源又好又快发展。统筹做好新能源与配套送出工程规划，多措并举提升清洁能源消纳水平。围绕推进松辽清洁能源基地建设，重点支持辽西北等地区发展陆上风光基地，打造阜新、朝阳新能源基地，打造铁岭源网荷储基地。科学合理规划和利用海上风能资源，支持大连、丹东、营口、盘锦、葫芦岛等市建设海上风电基地。至 2025 年全省清洁能源装机占比达到 55％，2030 年全省清洁能源装机及发电量占比达到 70％以上。《辽宁省国民经济和社会发展第十四个五年规划和二〇三五年远景目标纲要》也提出,2025 年辽宁省风电光伏装机力争达到 3000 万 kW 以上。截至 2022 年年底,辽宁省清洁能源装机容量 2747 万 kW(其中,风电 1173 万 kW、光伏 601 万 kW、水电 305 万 kW、核电 668 万 kW),占辽宁省总发电装机容量的 41.7%,但与计划 2025 年占比达到 55%以上、2030 年占比达到 70%以上的目标仍有差距。当前,辽宁省风电装机位于清洁能源之首,未来很长一段时间仍将保持快速发展。

10.2 辽宁省风电发展建议

辽宁省陆域和海域风能资源均比较丰富,全省 150 m 高度风能资源储量达到 5.45 亿 kW 左右。辽宁省陆域风能资源优劣空间差异较大,最优区域主要位于与内蒙古接壤的辽北、辽西北地区以及辽东湾东部和北部沿岸。14 个地(市)中,朝阳市风能资源储量最大,沈阳市次之,铁岭市位列第三。各县(区)中,阜新县风能资源储量最多、建平县次之,北票市位列第三。120 m 高度以上辽宁省陆上几乎整体具有开发风电的资源条件。辽宁省海域风能资源分布也存在明显差异,渤海辽东湾海域风能资源优于黄海北部海域,瓦房店市近海风能资源最优,150 m 高度 20 m 水深以内的近海风能资源储量可达到 1.17 亿 kW。

持续大力发展风电对优化辽宁省能源结构、促进节能减排、积极应对气候变化等均具有深远意义。然而辽宁省风力发电起步早,当前陆域为大型集中式风力发电留存的空间已相对较小,未来建议统筹协调风能资源与用地矛盾,集中式、分散式、小旧风机改造并举发展陆上风电,优先发展辽东湾海域海上风电建设。具体建议如下。

(1)统筹协调风能资源与用地矛盾,集中式、分散式、小旧风机改造并举发展

大规模风电开发涉及用地规划、生态保护等多方面问题,有限土地与发展大规模风电之间存在矛盾,辽宁省 150 m 高度以内风能资源随高度增加而显著增大,因此,建议尽可能选用捕风效率高的高轮毂风机发展集中式和分散式风电。此外,辽宁省风电开发建设较早,2004 年之前风电装机一直位居全国之首,早期风电场选址余地较大,基本占用省内风能资源比较优越的地区,但受当时风电机组技术条件限制,机组一般容量小、高度低,资源利用率不高,且部分机组已临近或达到使用寿命,建议尽早启动小旧风机改造评估,在经济、电网、建设条件等可行条件下推动实施小旧风机向大功率、高轮毂风机改造工作。

(2)充分利用辽东湾海域风能资源,开展海上风电建设

辽宁省 20 m 以内水深的海域面积约为 1.89 万 km^2,近海风能资源储量巨大。目前辽宁省仅在大连庄河海域建设了海上风电场,辽东湾海域还未开始建设。按现有海上风能资源评估结果,我省辽东湾海域风能资源优于黄海北部海域,大连瓦房店市近海风能资源最好,锦州和盘锦近海次之,再次为营口、葫芦岛,丹东和大连北黄海海域的近海风能资源相对较差。同时,辽宁省海域台风风险相对我国东部和南部沿海明显偏低,适合发展海上风电。因此,建议在综合建设条件的基础上,优先考虑在近海风能资源优越的海域开发建设风电场。

(3)形成多方参与的风能资源监测体系

大功率、高轮毂风机已是行业发展的趋势，随着风机轮毂不断抬升，针对高轮毂风机的风特性需要不断深入研究。在“双碳”目标下，大规模风电入网并消纳需要更高精度的风电预测，同时也需要关注风能资源的长期变化。因此，建议政府部门与发电企业联合建立以激光测风雷达为主、测风塔为辅的近地层风能资源同步观测系统，形成多方参与的资源监测体系，共同服务于风电长期发展运行，促进风电功率预测系统以及月、季、年等多时间尺度风力条件预测精度的改进。

(4)建立极端天气联合应对机制，保障风电运行安全

随着风机轮毂不断升高、桨叶不断加长的发展形势，风机对气象条件的要求越来越高，气候变化背景下风机直面极端天气气候的风险有加剧倾向。近年来，我国已发生多起因大风、雷电、覆冰等气象灾害引发的风机折损重大事故。因此，建议开展各方参与的极端天气预报预警和应对，更有针对性地保障风电运行安全。

第3篇

太阳能资源开发利用气象服务

第 11 章
辽宁省太阳能资源观测

太阳辐射量和日照时数是表征太阳能资源丰富程度的重要指标。我国绝大多数国家气象站都有较完整的日照时数观测，但具有长期太阳辐射资料的观测站较少，而后者更能精确表述太阳能资源状况，是太阳能资源区划和太阳能发电工程资源评估需要的重要参数。虽然在不考虑地形遮蔽的条件下，到达地面的太阳辐射量的空间差异相对较小，但受气候、地理等环境的影响，我国太阳能资源的分布仍具有明显的地域性。由于太阳辐射观测站稀少，许多学者采用不同方法对不同地域的太阳辐射状况进行估算，如数理统计、GIS 技术、数值模拟等，也相应形成各地区太阳能资源评估基础数据，用于分析当地太阳能资源的空间分布、长期变化、资源稳定性等。但开展太阳能资源实测是评估太阳能资源状况的最直接、最精准方式，也是检验其他各种估算太阳能资源方法可靠性的重要依据。

11.1 气象站常规观测

11.1.1 日照观测

辽宁省 62 个国家级气象站(详见 5.1 节)均具有建站以来的日照时数和日照百分率观测，其中 54 个气象站具有 1961 年以来的日照观测数据。

11.1.2 太阳辐射观测

辽宁省 62 个国家级气象站中有 6 个气象站为太阳辐射观测站(表 11.1)。其中，仅有 3 个太阳辐射长期气象观测站(沈阳、大连、朝阳)具有自 1971 年以来的观测数据。2005 年开始，新民、宽甸、兴城 3 个气象站新增了太阳辐射观测。沈阳气象站是全省唯一辐射观测一级站，开展水平面总辐射、散射辐射、直接辐射、净辐射、反射辐射观测。其余均为太阳辐射观测三级站，仅开展水平面总辐射观测(图 11.1)。

表 11.1　辽宁省 6 个太阳辐射观测气象站基本信息

站名	经度	纬度	海拔高度/m	观测开始时间(年．月)	观测要素
沈阳	123°31′E	41°44′N	49.0	1971.01	水平面太阳总辐射、散射辐射、直接辐射、净辐射、反射辐射
朝阳	120°26′E	41°33′N	175.3	1971.01	水平面太阳总辐射
大连	121°38′E	38°54′N	91.5	1971.01	水平面太阳总辐射
新民	122°51′E	41°58′N	30.9	2005.01	水平面太阳总辐射
兴城	120°45′E	40°36′N	20.5	2005.01	水平面太阳总辐射
宽甸	124°47′E	40°43′N	260.1	2005.01	水平面太阳总辐射

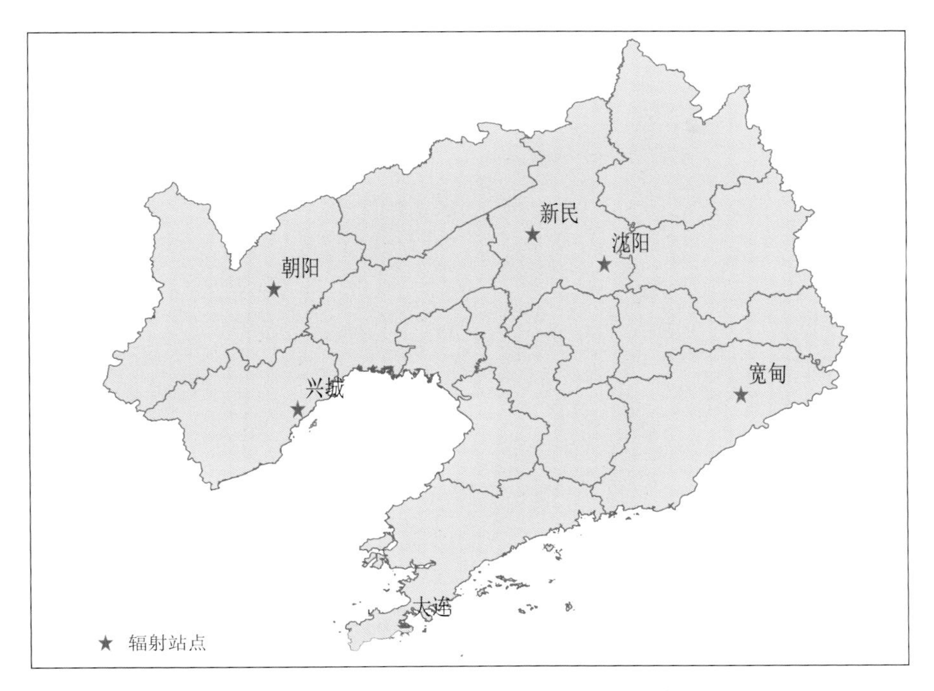

图 11.1　辽宁省太阳辐射观测气象站分布

11.2　喀左国家综合气象观测专项试验外场(辐射)观测 

喀左县位于辽宁西部低山丘陵区，太阳能资源丰富。为了获取太阳辐射观测资料，开展太阳能资源评估，推进喀左太阳能资源开发利用，喀左县气象局于2009年在利州街道小河湾村建设了太阳能资源观测站。

2012年4月，中国气象局气象探测中心太阳能资源观测站试验考核及太阳能资源评估项目在喀左落地实施，建设了一、二、三级太阳能资源观测站(图11.2、图11.3)，开展太阳辐射观测项目20余项，安装太阳辐射观测仪器10余种，获得观测数据248类。针对太阳能资源评估，开展了直接辐射(太阳单轴跟踪和双轴跟踪方式)、总辐射、散射辐射、反射辐射等不同方位、角度的太阳辐射观测项目(图11.4)。针对太阳能资源开发，开展了分光谱、单晶硅、多晶硅、非晶硅不同方位、角度及最佳发电量等多种太阳辐射观测项目。至今已获取了长达10 a的各类太阳辐射观测数据以及太阳能开发利用专业数据(图11.5)。

图 11. 2　喀左国家综合气象观测专项试验外场（辐射）全景

图 11. 3　喀左国家综合气象观测专项试验外场（辐射）太阳辐射观测场实景

图 11.4　喀左国家综合气象观测专项试验外场(辐射)部分太阳辐射观测项目实景

A 日时	B 总辐照度W/m^2	C 总辐射暴辐量0.01MJ/m^2	D 最大辐照度	E 最大时间	F 纬度辐照度	G 纬度暴辐量	H 最大幅照度	I 最大时间	J 纬度+15辐照度	K 纬度+15暴辐量	L 最大辐照度	M 时间	N 纬度－15辐照度	O 维度－15暴辐量	P 最大辐照度	Q 时间
101	0	0	0	1	0	0	0	1	0	0	0	1	0	0	0	1
102	0	0	0	101	0	0	0	101	0	0	0	101	0	0	0	101
103	0	0	0	201	0	0	0	201	0	0	0	201	0	0	0	201
104	0	0	0	301	0	0	0	301	0	0	0	301	0	0	0	301
105	1	0	2	442	0	0	0	401	0	0	0	401	0	0	0	401
106	17	2	17	600	12	1	12	600	10	1	10	600	11	1	11	559
107	138	17	138	700	109	13	109	700	89	10	89	700	112	13	112	700
108	112	56	193	720	96	45	152	719	81	37	124	719	95	46	159	719
109	87	40	132	836	67	36	127	836	55	31	109	836	69	35	122	836
110	56	32	128	915	51	27	112	915	44	23	94	915	49	27	113	915
111	85	22	86	1057	75	19	75	1059	62	16	63	1059	75	19	75	1058
112	124	33	124	1200	118	30	118	1200	102	26	102	1200	115	30	115	1200
113	349	97	398	1257	314	88	361	1257	267	75	304	1257	319	89	367	1257
114	478	156	779	1320	428	145	758	1320	362	125	657	1320	437	146	768	1320
115	319	91	598	1409	287	80	544	1409	241	68	468	1409	294	81	564	1409
116	154	105	571	1537	137	93	485	1537	117	80	403	1537	137	94	500	1537
117	97	34	154	1613	77	28	134	1604	61	23	113	1604	80	28	135	1604
118	17	10	82	1701	11	8	65	1701	9	7	52	1701	11	8	68	1701
119	0	3	22	1807	0	2	14	1808	0	2	11	1807	0	2	13	1807
120	0	0	0	1901	0	0	0	1901	0	0	0	1901	0	0	0	1901
121	0	0	0	2001	0	0	0	2001	0	0	0	2001	0	0	0	2001
122	0	0	0	2101	0	0	0	2101	0	0	0	2101	0	0	0	2101
123	0	0	0	2201	0	0	0	2201	0	0	0	2201	0	0	0	2201
124	0	0	0	2301	0	0	0	2301	0	0	0	2301	0	0	0	2301
201	0	0	0	1	0	0	0	1	0	0	0	1	0	0	0	1
202	0	0	0	101	0	0	0	101	0	0	0	101	0	0	0	101
203	0	0	0	201	0	0	0	201	0	0	0	201	0	0	0	201
204	0	0	0	301	0	0	0	301	0	0	0	301	0	0	0	301
205	25	2	25	500	19	2	19	500	17	1	17	500	19	2	19	500
206	151	32	151	600	99	22	99	600	80	18	80	600	114	24	114	600
207	344	90	344	700	275	65	275	700	210	49	210	700	297	73	297	700
208	565	158	568	759	507	137	508	759	409	109	409	759	538	146	540	759
209	732	231	738	859	718	220	722	859	595	180	599	859	739	228	745	859
210	594	271	931	956	548	270	939	955	482	228	799	955	566	278	966	956
211	968	280	981	1031	1003	291	1029	1031	858	247	878	1031	1016	293	1040	1031
212	631	289	1134	1134	564	289	1127	1134	572	249	972	1134	697	296	1164	1134
213	789	312	1107	1206	705	302	1073	1206	676	269	950	1219	773	316	1121	1206
214	324	149	1000	1345	291	140	958	1345	251	122	838	1301	295	144	1010	1345
215	381	117	1030	1405	316	106	961	1405	297	91	832	1405	361	108	1011	1405
216	230	154	759	1512	206	137	701	1512	180	116	590	1512	205	140	715	1512
217	286	165	572	1605	187	120	448	1605	130	93	360	1605	199	130	478	1605

A 日时	R 东垂直辐照度	S 东垂直暴辐量	T 最大辐照度	U 时间	V 南垂直辐照度	W 南垂直暴辐量	X 最大辐照度	Y 时间	Z 西垂直辐照度	AA 西垂直暴辐量	AB 最大辐照度	AC 时间	AD 光热散射辐照度	AE 光热散射暴辐量	AF 最大	AG 时间	AH 双轴跟踪辐照度	AI 双轴跟踪暴辐量	AJ 双轴最大辐照	AK 最大辐照时间	AL 单轴跟踪辐照	AM 单轴跟踪曝辐
101	0	0	0	1	0	0	0	1	0	0	0	1	0	0	0	1	0	0	0	1	0	0
102	0	0	0	101	0	0	0	101	0	0	0	101	0	0	0	101	0	0	0	101	0	0
103	0	0	0	201	0	0	0	201	0	0	0	201	0	0	0	201	0	0	0	201	0	0
104	0	0	0	301	0	0	0	301	0	0	0	301	0	0	0	301	0	0	0	301	0	0
105	0	0	0	401	0	0	0	401	0	0	0	401	0	0	0	401	3	0	3	445	1	0
106	4	0	4	557	3	0	3	558	6	0	6	600	0	0	0	501	10	2	11	557	8	1
107	52	6	52	700	49	5	49	700	68	7	68	700	0	0	0	601	86	11	86	700	71	10
108	66	31	120	731	48	21	70	746	44	22	75	703	0	0	0	701	103	47	164	731	92	40
109	42	20	71	841	30	18	65	822	44	17	57	820	0	0	0	801	73	35	121	838	63	32
110	23	14	55	917	25	13	51	915	26	14	52	913	0	0	0	901	54	28	115	915	50	26
111	37	9	37	1059	35	9	35	1058	35	10	37	1057	0	0	0	1001	83	21	83	1058	72	19
112	53	14	53	1200	63	15	63	1200	69	15	69	1200	0	0	0	1101	125	33	125	1200	114	29
113	170	46	174	1248	162	46	177	1256	166	47	196	1256	0	0	0	1201	326	93	380	1257	271	80
114	208	63	259	1320	224	77	379	1320	301	90	424	1320	0	0	0	1301	470	155	804	1320	400	135
115	111	39	219	1402	141	42	263	1409	165	59	381	1409	0	0	0	1401	291	90	617	1409	223	76
116	86	43	144	1517	71	49	210	1537	69	79	597	1537	0	0	0	1501	109	109	751	1537	81	92
117	45	17	87	1605	31	14	69	1604	33	14	66	1601	0	0	0	1601	57	23	109	1610	38	16
118	6	4	40	1701	2	3	27	1701	3	3	30	1701	0	0	0	1701	12	7	51	1701	9	5
119	0	1	10	1808	0	0	3	1807	0	0	3	1801	0	0	0	1801	1	3	13	1825	2	2
120	0	0	0	1901	0	0	0	1901	0	0	0	1901	0	0	0	1901	0	0	4	1921	0	0
121	0	0	0	2001	0	0	0	2001	0	0	0	2001	0	0	0	2001	0	0	0	2001	0	0
122	0	0	0	2101	0	0	0	2101	0	0	0	2101	0	0	0	2101	0	0	0	2101	0	0
123	0	0	0	2201	0	0	0	2201	0	0	0	2201	0	0	0	2201	0	0	0	2201	0	0
124	0	0	0	2301	0	0	0	2301	0	0	0	2301	0	0	0	2301	0	0	0	2301	0	0
201	0	0	0	1	0	0	0	1	0	0	0	1	0	0	0	1	0	0	0	1	0	0
202	0	0	0	101	0	0	0	101	0	0	0	101	0	0	0	101	0	0	0	101	0	0
203	0	0	0	201	0	0	0	201	0	0	0	201	0	0	0	201	0	0	0	201	0	0
204	0	0	0	301	0	0	0	301	0	0	0	301	0	0	0	301	0	0	0	301	0	0
205	32	2	32	500	11	1	11	459	11	1	11	500	0	0	0	401	35	2	35	500	31	2
206	349	69	349	600	57	13	57	600	47	11	47	600	0	0	1	545	376	74	376	600	359	70
207	610	184	622	656	119	31	119	700	90	24	90	700	0	0	0	601	671	200	683	656	639	191
208	759	235	773	755	185	54	185	759	117	37	126	711	0	0	0	701	892	267	901	759	847	255
209	705	263	774	809	282	84	283	858	132	44	133	859	0	0	0	801	970	333	989	857	907	313
210	345	216	710	902	257	114	409	955	140	52	197	954	0	0	0	901	637	331	1057	955	592	308
211	385	147	594	1007	431	127	446	1031	172	54	191	1007	0	0	0	1001	1043	310	1091	1031	953	286
212	214	97	377	1101	277	129	494	1134	215	72	280	1158	0	0	0	1101	672	300	1170	1134	639	272
213	190	77	257	1249	352	143	499	1219	355	116	477	1254	0	0	0	1201	862	325	1142	1254	755	294
214	137	54	242	1345	159	71	441	1301	196	88	630	1354	0	0	0	1301	323	155	1087	1354	277	137
215	120	50	239	1405	147	54	411	1405	352	73	654	1405	0	0	0	1401	486	118	1147	1405	431	99
216	97	43	169	1512	118	58	270	1512	234	165	814	1529	0	0	0	1501	284	206	1013	1529	252	185
217	87	43	150	1605	86	47	164	1602	530	264	804	1613	0	0	0	1601	584	294	915	1613	496	266

图 11.5　喀左国家综合气象观测专项试验外场(辐射)观测数据示例

第 12 章
辽宁省太阳能资源监测与评估

太阳辐射相对于风而言是时空变化相对平稳的要素，但受地理位置、气候变化、环境等影响仍存在明显的时空差异，申彦波（2017）、龚强等（2012）基于气象站观测资料对部分省（市）太阳能资源的时空分布及区划进行了研究分析。在太阳能资源开发利用方式多样化、利用效率高效化的要求和形势下，太阳能资源监测和精细化评估就尤为重要。

12.1 实测太阳能资源分析

12.1.1 日照时数

12.1.1.1 空间分布

日照时数多寡对到达地面的太阳辐射量有很大影响，因此是反映太阳能资源状况的一个重要气象要素。辽宁省标准气候期（1991—2020 年）累年平均日照时数为 2531.5 h，各地年均日照时数为 2183～2851 h，最低值出现在辽东山区的草河口，最高值出现在辽西北的建平。日照时数分布趋势基本呈由西向东减少，辽西山区和辽北地区年日照时数较多，在 2800 h 以上，东部山区最少，一般在 2500 h 以下，其他地区均在 2500～2800 h（图 12.1）。日照时数的空间分布与辽宁省西北干旱少雨、东部多雨多云的气候特点相符。与我国其他地区相比，辽宁省日照时数相对较多，属我国日照丰富的省份之一。

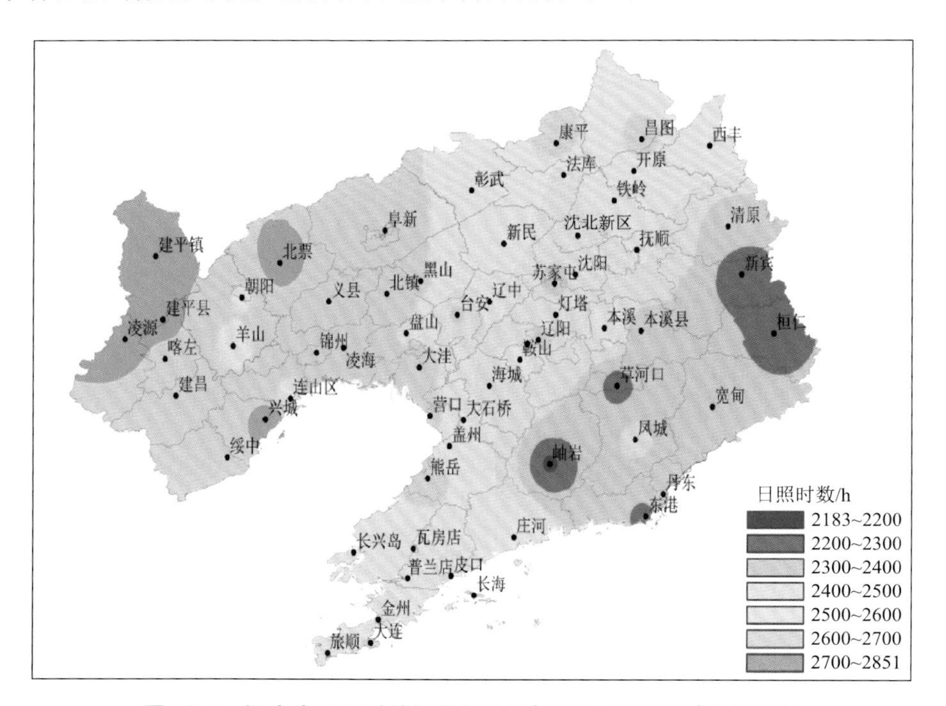

图 12.1 辽宁省日照时数标准气候值(1991—2020 年)空间分布

12.1.1.2　年内变化

从辽宁省累年平均日照时数年内变化可以看出，日照时数在年内呈双峰型分布，春季日照时数最多，冬季日照时数最少。其中，5 月日照最多，为 255.3 h；11 月和 12 月最少，为 173.7 h(图 12.2)。

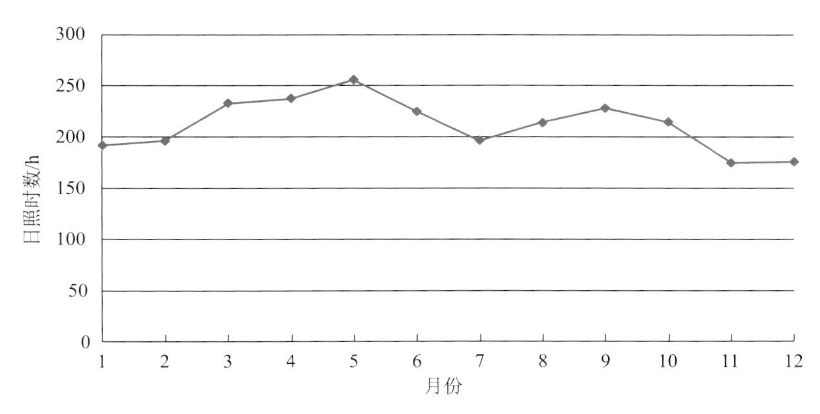

图 12.2　辽宁省累年各月平均日照时数分布

12.1.1.3　年际变化与趋势

辽宁省历年年平均日照时数没有明显的趋势变化。最大值为 2714.1 h，出现在 1989 年。最小值为 2321.4 h，出现在 2010 年。2020 年、2021 年因仪器变更，数据不连续，这里不做统计。总体来看，辽宁省日照时数变化相对较小，总体在 2500 h 左右波动(图 12.3)。

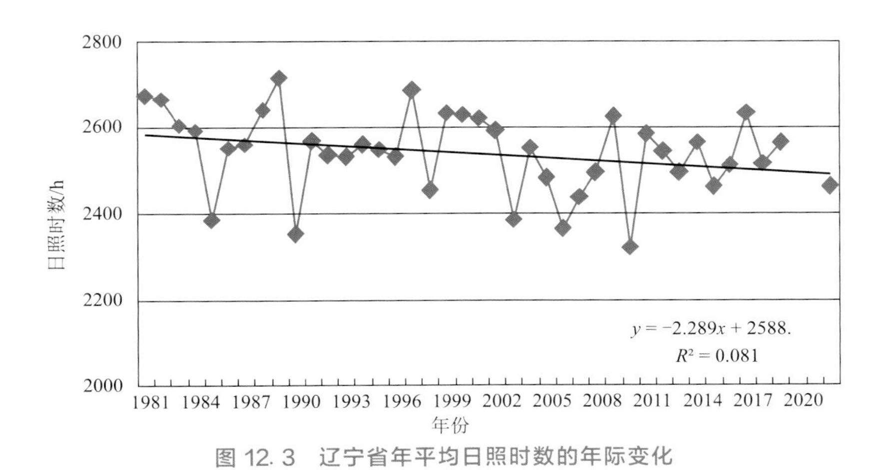

图 12.3　辽宁省年平均日照时数的年际变化

12.1.2　太阳总辐射

12.1.2.1　各月及年水平面太阳总辐射量

沈阳、大连、朝阳 3 个气象站累年平均太阳总辐射量为 5000 MJ/m^2 左右，朝阳最大，沈阳最小。3 站均以 4—8 月的太阳辐射量偏高，5 月最强；秋末和冬季偏低，12 月最低(表 12.1)。

表 12.1　沈阳、大连、朝阳的年太阳总辐射量和年日照时数标准气候值（1991—2020 年）

地点	太阳总辐射量/(MJ/m²)													年日照时数/h
	1月	2月	3月	4月	5月	6月	7月	8月	9月	10月	11月	12月	年	
沈阳	224.9	299.4	442.6	511.4	608.7	565.1	544.8	515.0	454.9	346.1	225.0	189.2	4907.9	2420.6
大连	244.0	296.3	453.1	530.1	635.8	583.8	528.7	491.3	443.8	352.4	229.2	200.9	5008.1	2632.4
朝阳	233.5	293.3	458.6	535.5	627.7	601.9	586.2	549.6	468.1	367.9	241.6	204.2	5159.9	2615.8

除沈阳、大连、朝阳以外，还有兴城、新民和宽甸 3 个气象站具有短时间的太阳辐射观测，观测开始于 2005 年，至 2015 年数据质量较为完整。从表 12.2 所列的 6 个具有辐射观测的气象站同期(2005—2015 年)太阳总辐射量情况可以看出，辽宁省太阳总辐射大体具有西北部大，东南部小的特点，季节变化特征与表 12.1 基本一致。

表 12.2　6 个气象站 2005—2015 年太阳总辐射量、日照时数累年平均值

地点	太阳总辐射量/(MJ/m²)													年日照时数/h
	1月	2月	3月	4月	5月	6月	7月	8月	9月	10月	11月	12月	年	
沈阳	229.1	297.3	447.4	506.7	615.0	547.9	559.6	525.4	466.9	353.5	229.4	196.2	4971.5	2456.8
大连	250.5	295.1	461.5	515.6	619.1	567.0	495.8	463.9	420.7	353.4	235.4	209.0	4887.1	2599.0
朝阳	223.3	271.7	459.5	527.5	619.5	601.1	584.7	554.1	464.2	368.0	244.7	206.5	5102.6	2471.7
新民	241.8	310.3	465.7	509.4	603.2	552.9	534.9	520.2	468.4	347.3	236.7	206.5	4997.2	2449.0
兴城	252.2	305.8	461.3	502.6	599.8	537.5	513.8	503.7	446.1	338.3	253.9	222.6	4928.3	2777.5
宽甸	249.7	293.6	434.3	463.2	546.3	481.5	480.9	449.5	436.4	320.5	213.2	205.1	4574.3	2320.7

对比总辐射与日照时数可以发现，同一地点日照时数多的时段辐射也强，但不同地点日照时数与总辐射的对应关系有所差异。总体上，日照丰富的地区总辐射强，但沿海地区(如大连、兴城)相对内陆表现为日照多、辐照量少，其原因有待进一步研究，可能与海拔高度、云量、空气质量等多因素有关。

12.1.2.2　直接辐射和散射辐射占水平面太阳总辐射的比例

水平面上的太阳总辐射由水平面上接收的太阳直接辐射和散射辐射构成。目前，沈阳气象站是辽宁省唯一具有全辐射观测的气象站，利用沈阳气象站长期太阳辐射观测资料可以计算出水平面太阳总辐射中直接辐射、散射辐射的比例。

由表 12.3 可见，沈阳市水平面上年太阳总辐射量中直接辐射和散射辐射各占 52.3%和 47.7%，直接辐射占比略高。从各月看，夏季尤其是 7 月，直接辐射占比明显低于散射辐射，其他季节均以直接辐射占优。其中，10 月直接辐射最强，7 月散射辐射最多，这与天空晴朗程度有关，比如夏季多雨、云量多的气候特点，影响了到达地面的直接辐射的占比。

表 12.3　沈阳气象站各月及年水平面上太阳直接辐射占总辐射比例

%

要素	1月	2月	3月	4月	5月	6月	7月	8月	9月	10月	11月	12月	年
直接辐射	52.3	55.6	57.6	53.5	54.0	46.8	39.8	48.5	58.5	60.3	56.9	52.1	52.3
散射辐射	47.7	44.4	42.4	46.5	46.0	53.2	60.2	51.5	41.5	39.7	43.1	47.9	47.7

12.1.2.3　年际变化与趋势

根据沈阳、大连、朝阳3个气象站长期太阳辐射观测数据分析，辽宁省太阳能资源长期变化趋势不明显，但年际间波动较大，最大值与最小值相差337 kW·h/m²（相当于平均值的25%），需考虑太阳能资源年际间波动对发电量的影响（图12.4）。

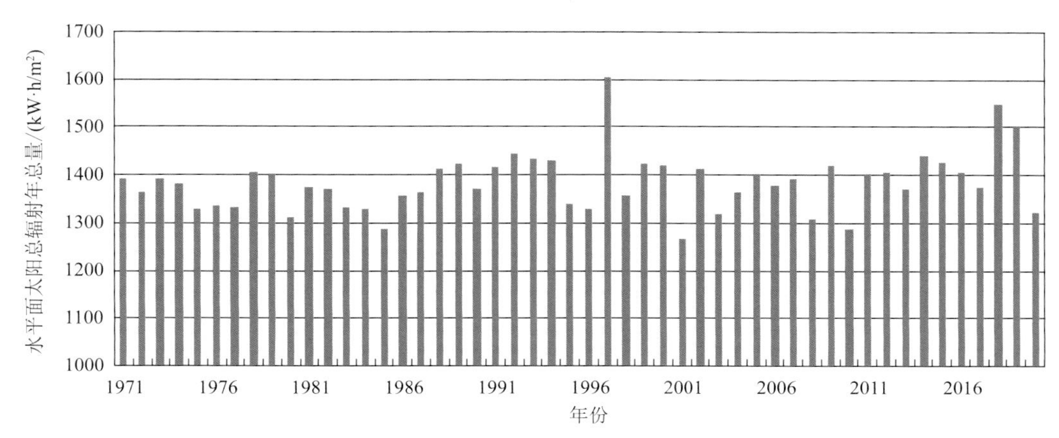

图12.4　辽宁省水平面太阳总辐射年总量年际变化

12.2　太阳能资源状况精细化推算

12.2.1　水平面太阳总辐射量推算

12.2.1.1　计算方法

对于无辐射观测地区，利用统计反演法，根据太阳辐射与日照百分率的关系推算太阳总辐射，计算公式如下：

$$Q=Q_0(a+bS) \tag{12.1}$$

式中，Q表示太阳总辐射，其大小用曝辐量来表示，单位为MJ/m²；Q_0为天文辐射，其大小与纬度和时间有关，单位为MJ/m²；a、b为经验系数，可以用最小二乘法拟合确定；S为日照百分率，单位为%。

12.2.1.2　计算结果

龚强等(2018)利用朝阳、大连和沈阳站分别进行长期太阳辐射和日照百分率的拟合，得到上述3站的经验系数a、b，将3个台站的经验系数进行全省范围的插值（反距离权重法），从而得到辽宁省各气象站的经验系数a、b。利用推得的a、b系数和实测日照百分率计算得到各站的水平面年平均总辐射，并插值（反距离权重法）得到全省的水平面年平均总辐射量。

辽宁省水平面年平均总辐射量总体呈现自西北向东南逐渐减少。辽宁西部的朝阳市、兴城地区和锦州部分地区明显偏多，水平面年平均总辐射量达到5100 MJ/m²以上。中部辽河平原一带为 4800～5100 MJ/m²。东部明显偏少，年平均总辐射量在 4413～4800 MJ/m²（图 12.5）。

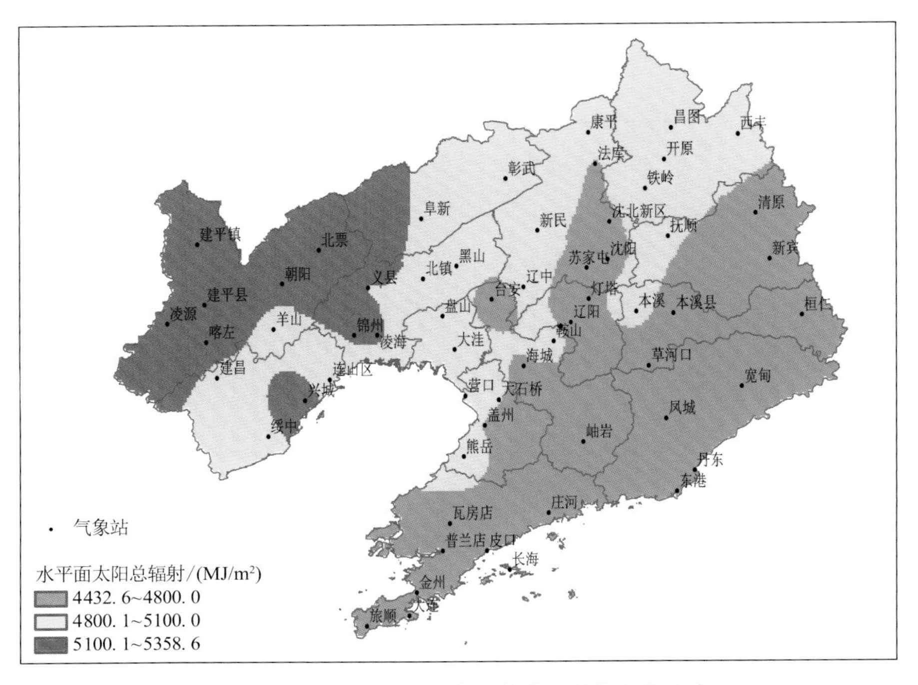

图 12.5 辽宁省水平面年平均太阳总辐射量分布

12.2.2 固定式光伏最佳倾角和最佳倾角面太阳总辐射量推算

12.2.2.1 计算方法

成驰等（2017）和李潇潇等（2018）均表示在设计光伏发电系统时，为了提高光伏发电站运行效率，增加发电量，首先需要计算并确定发电站光伏阵列安装的倾角，以及在该过程中通过辅助设计软件进行对比和实验。

倾斜面上接收到的太阳辐射包括直接辐射、散射辐射和反射辐射，通常采用 Klein 各向异性散射模型，倾斜面上辐射量计算公式如下。

$$H_T = H_b \frac{\cos\theta}{\cos\theta_0} + H_d \left[\frac{H_b \cos\theta}{H_0 \cos\theta_0} + 0.5\left(1 - \frac{H_b}{H_0}\right)(1+\cos\beta)\right] + \rho(H_b + H_d)\frac{1-\cos\beta}{2} \qquad (12.2)$$

式中，H_T 为倾斜面上辐射量，H_b 为水平面上接收到的直接辐射，H_d 为水平面上接收到的散射辐射，H_0 为大气层外水平面太阳辐射量，单位均为 MJ/m²；θ_0 为水平面的太阳光入射角，θ 为斜面上的太阳光入射角，β 为倾斜面与水平面的夹角；ρ 为地面反射率，这里取 0.2。

表 12.4 不同地表类型下地面反射率常用取值

	地表类型					
	干燥黑土	湿黑土	干灰色地面	湿灰色地面	草地	干砂地
ρ	0.14	0.08	0.27	0.11	0.2	0.18

由于只有沈阳气象站具有直接辐射和散射辐射观测，这里将其水平面上太阳直接辐射占总辐射比例代表全省状况，结合各站点水平面太阳总辐射推算值计算得到各站点水平面直接辐射和散射辐射，再采用最佳倾角公式计算得到其他气象站月和年最佳倾角，以及对应的年太阳总辐射。

12.2.2.2 计算结果

顾正强等(2019)研究显示，辽宁省固定式光伏最佳倾角为36°～41°，具有纬向分布特征，金州最佳倾角最小，康平、昌图、法库和西丰最佳倾角最大(图12.6)。

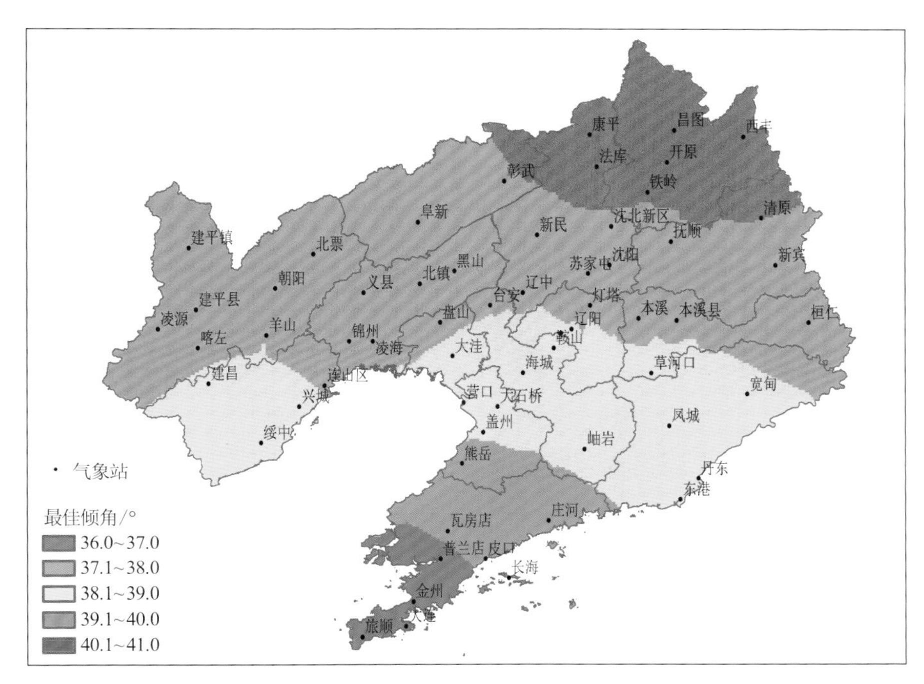

图12.6 辽宁省固定式光伏最佳倾角分布图

最佳倾角斜面的太阳总辐射量自西北向东南逐渐减少，辽宁西部和北部地区明显偏多，达到5500.1 MJ/m² 以上，其中，朝阳北部和阜新西部部分地区最多，达到6000.1～6225.3 MJ/m²，辽宁东部和南部地区明显偏少，年总辐射量为5051.9～5500.0 MJ/m²(图12.7)。

辽宁省最佳倾角斜面和水平面年平均总辐射总体均呈现自西北向东南逐渐减少，对比两者的差异可见，最佳倾角面较水平面年平均总辐射量总体增加560～870 MJ/m²。其中，辽宁西北部和东北部最佳倾角面太阳总辐射量增加最多，达到800 MJ/m² 以上；辽宁西部、中部和东部最佳倾角面太阳总辐射量增加次之，为700～800 MJ/m²；辽宁东南部增加相对较少，为600～700 MJ/m²；大连南部地区增加最少，为560～600 MJ/m²(图12.8)。

辽宁省最佳倾角面相较于水平面年总辐射量提升了12.2%～17.3%。其中，辽宁北部和东北地区及辽宁西部部分地区提升最多，达到16%以上，辽宁南部的大连地区提升最少，为12.2%～14.0%(图12.9)。

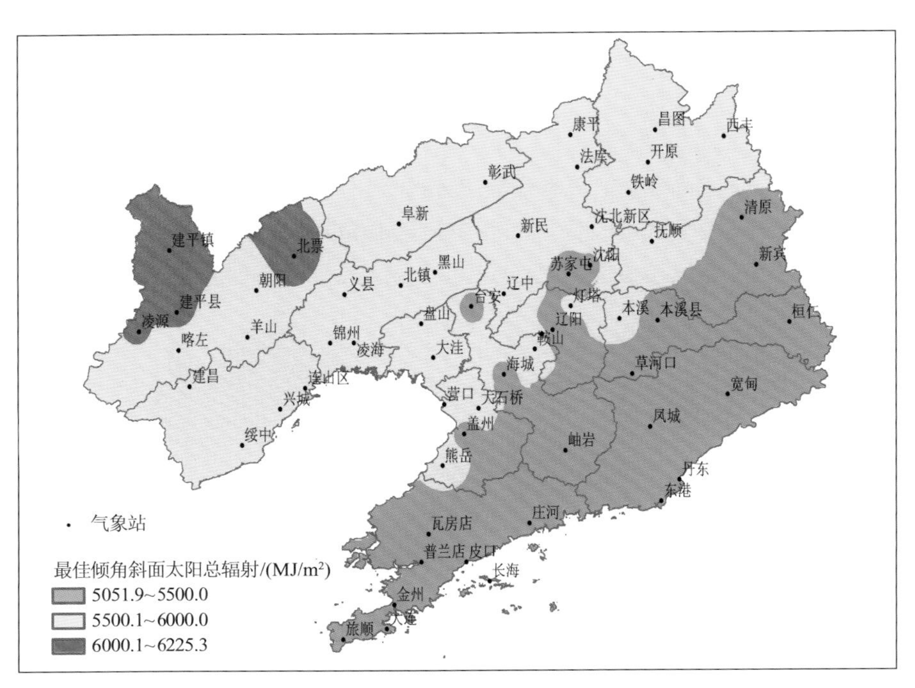

图 12.7　辽宁省最佳倾角面太阳总辐射量分布

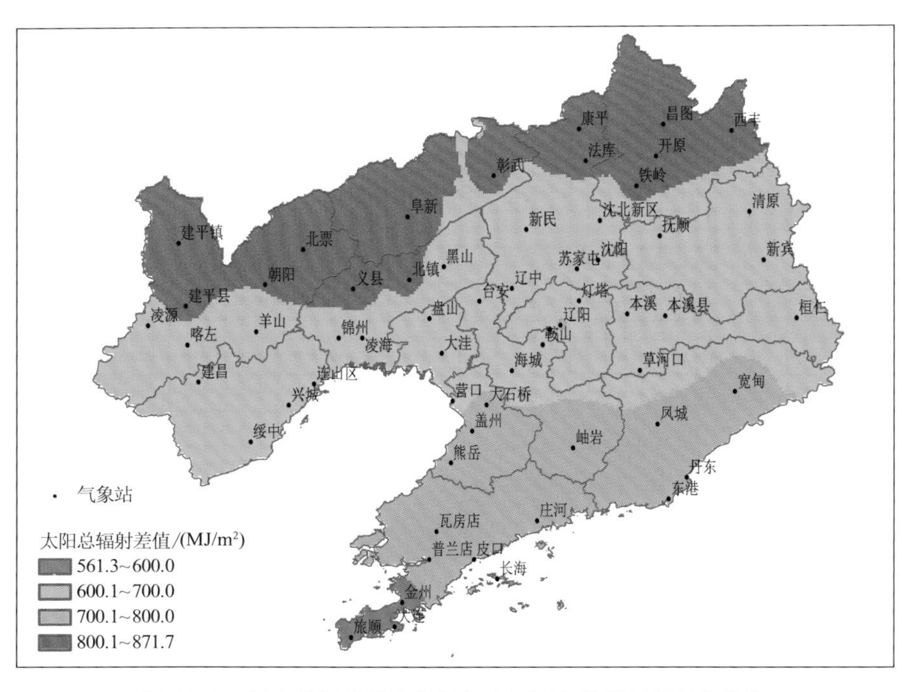

图 12.8　辽宁省最佳倾角斜面与水平面年总辐射量差值分布

整体而言，辽宁东北部和西部地区的最佳倾角面较水平面年平均总辐射增加和提升百分比均高于其他地区，辽宁东南部的年平均总辐射增加和提升百分比均较少。

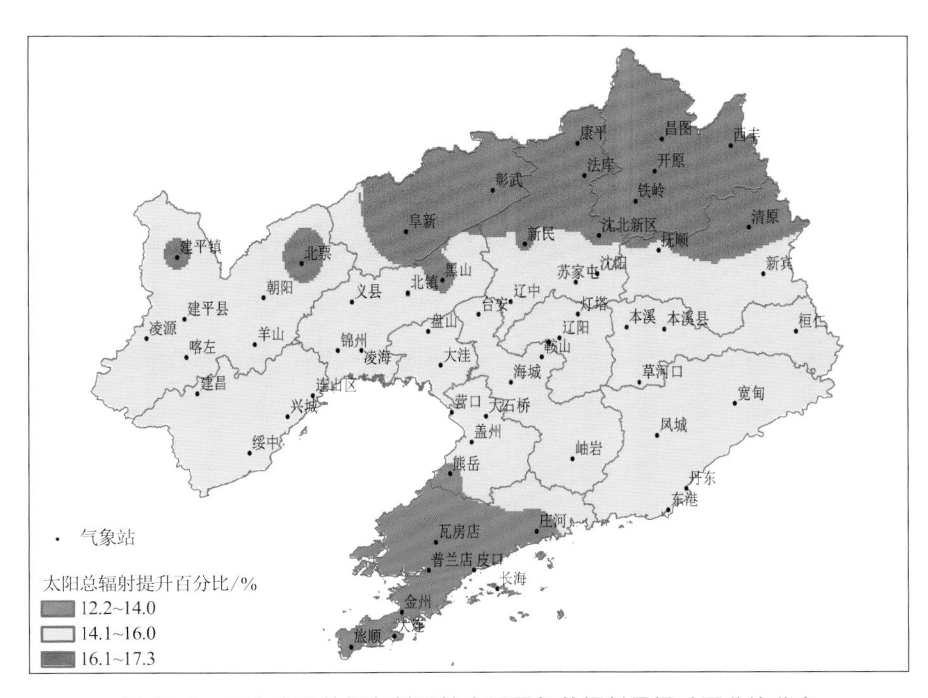

图 12.9 辽宁省最佳倾角斜面较水平面年总辐射量提升百分比分布

12.2.3 追踪式光伏斜面太阳总辐射量推算

12.2.3.1 计算方法

李卫军等(2013)研究表明，追踪式电池板发电量比相同情况下的固定式光伏电池板提高 40%左右。成驰等(2017)和李潇潇等(2018)均表示在设计光伏发电系统时，为了提高光伏发电站运行效率，增加发电量，首先需要计算并确定发电站光伏阵列安装的倾角，以及在该过程中对辅助设计软件进行对比和实验。

采用 Hay 各向异性散射模型，认为斜面上天空散射辐射量 H_{dt} 是由太阳光盘的辐射量和其余天空穹顶均匀分布的散射辐射量两部分组成，可表达为

$$H_{dt}=H_d\left[\frac{H_b}{H_0}R_b+0.5\left(1-\frac{H_b}{H_0}\right)(1+\cos\beta)\right] \tag{12.3}$$

式中，H_b 和 H_d 分别为水平面上接受到的直接辐射和散射辐射量。H_0 为大气层外水平面上太阳辐射量，$H_0=E_{SC}\times E_r\times\sin h$，$E_{SC}$ 为太阳常数，世界气象组织(WMO)1981 年的推荐取值为 1367 W/m²，h 为太阳高度角，E_r 为当天日地距离订正系数，计算公式为：

$$E_r=1.000423+0.032359\sin\alpha+0.000086\sin2\alpha-0.008349\cos\alpha+0.000115\cos2\alpha \tag{12.4}$$

β 为倾斜面与水平面的夹角。因为追踪式斜面始终与太阳光线垂直，则 β 为太阳高度角 h 的余角，即 $\cos\beta=\sin h=\sin\varphi\sin\delta+\cos\varphi\cos\delta\cos\tau$。式中，$\varphi$ 为当地纬度，δ 为太阳赤纬角，计算

公式如下：

$$\delta=0.3723+23.2567\sin\alpha+0.1149\sin2\alpha-0.1712\sin3\alpha-0.758\cos\alpha+0.3656\cos2\alpha+0.0201\cos3\alpha \quad (12.5)$$

式中，α 为日角，即 $\alpha=\frac{2\pi(N-N_0)}{365.2422}$，$N$ 为积日，即日期在年内的顺序号，计算公式为：

$$N_0=79.6764+0.2422(\text{年份}-1985)-\mathrm{INT}[(\text{年份}-1985/4)] \quad (12.6)$$

τ 为当时的太阳时角（取整时次前半小时的真太阳时对应的太阳时角），$\tau=\left(S_O+\frac{F_O}{60}-12\right)\times15°$，时 S_O 和 F_O 均表示真太阳时，由北京时间转为真太阳时需要先转为地方时 S_d，然后进行时差订正，计算公式为：

$$S_O=S_d+E_t/60=S+\left\{F-\left[120°-\left(J_D+\frac{J_F}{60}\right)\right]\times4\right\}/60+E_t/60 \quad (12.7)$$

式中，S 和 F 分别为北京时间的时和分。J_D 和 J_F 分别表示当地的经度和经分。E_t 为时差，计算公式为：

$$E_t=0.0028-1.9857\sin\alpha+9.9059\sin2\alpha-7.0924\cos\alpha-0.6882\cos2\alpha \quad (12.8)$$

式中，α 为日角，计算方法同前。

R_b 为倾斜面与水平面上直接辐射比，又因为倾斜面与光线垂直，R_b 亦可表示为$\frac{1}{\cos\beta}$。

上述具体计算方法参见王炳忠(1999)的文章。

追踪式斜面始终垂直于太阳光线，因此追踪式斜面上的太阳辐射量 H_T 的公式为：

$$H_T=H_bR_b+H_{dt}+0.5\rho H(1-\cos\beta) \quad (12.9)$$

式中，H 为水平面上太阳总辐射量，ρ 为地表反射率。一般情况下，最后一项地面反射辐射量很小，只占 H_T 的百分之几。

12.2.3.2 计算流程

利用辽宁省 6 个辐射观测站实测辐射和日照百分率数据，推算追踪式斜面太阳能辐射流程如图 12.10 所示。

12.2.3.3 推算结果

辽宁省追踪式光伏发电年平均总辐射与水平面年平均总辐射的空间分布基本一致，自西北向东南逐渐减少。辽宁西部、中部和北部地区偏多，达 7500.1 MJ/m^2 以上，其中，朝阳、葫芦岛、锦州西部和阜新西部地区最多，达 8000.0 MJ/m^2 以上；辽宁东南部地区的年总辐射量偏少，介于 5825～7500.0 MJ/m^2 之间，皮口地区最少，不足 7000 MJ/m^2（图 12.11）。

对比图 12.11 与图 12.7 可知，辽宁省追踪式斜面较最佳倾角面太阳总辐射偏多 700～2300 MJ/m^2，总辐射提升 13.0%～41.0%。其中，大部分地区太阳总辐射增量达 1800 MJ/m^2 以上，辽宁西部和大连南部（旅顺口周边地区）更为明显，达 2100 MJ/m^2 以上；辽宁沿海地区（除大连中部）总辐射的提升明显，达到 37%以上；辽宁中部部分地区和大连中部地区总辐射增量（688～1800 MJ/m^2）和增量百分比（13%～35%）均为最少，尤其是皮口站（图 12.12、图 12.13）。

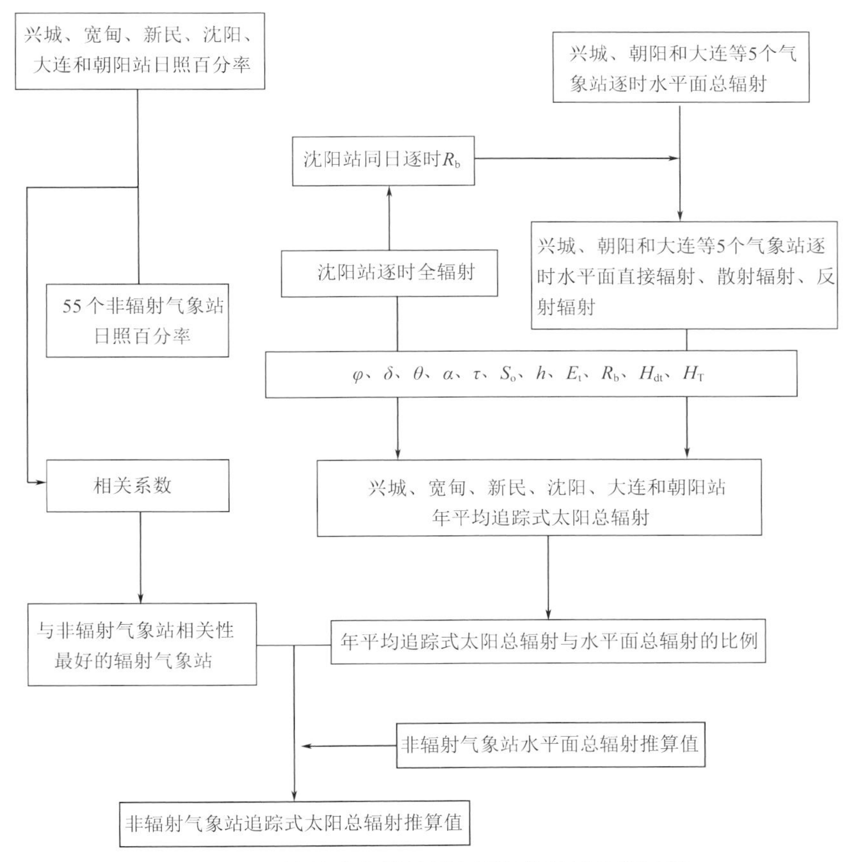

图 12.10 追踪式光伏斜面太阳总辐射量推算流程

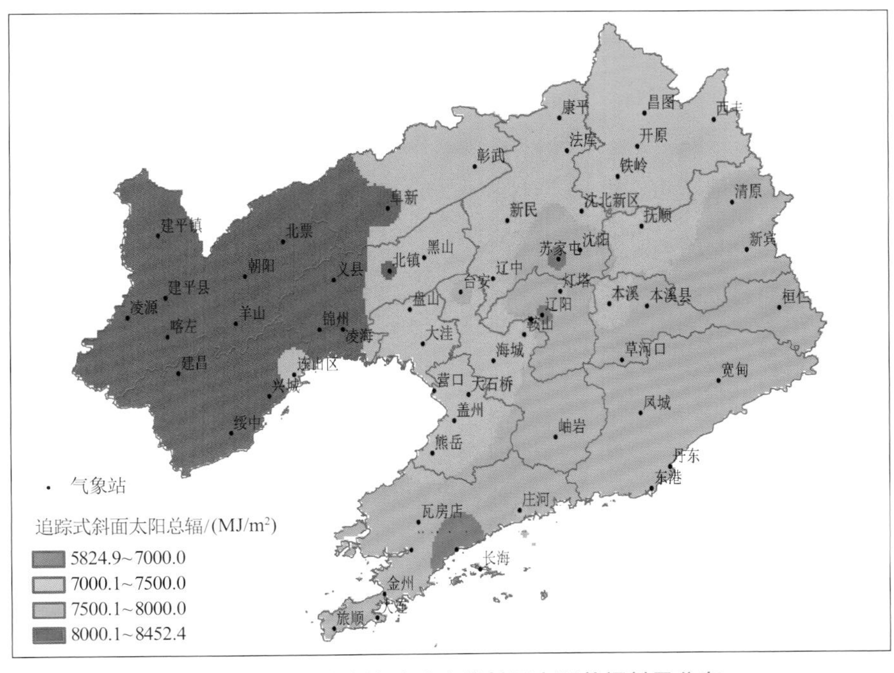

图 12.11 辽宁省追踪式光伏斜面太阳总辐射量分布

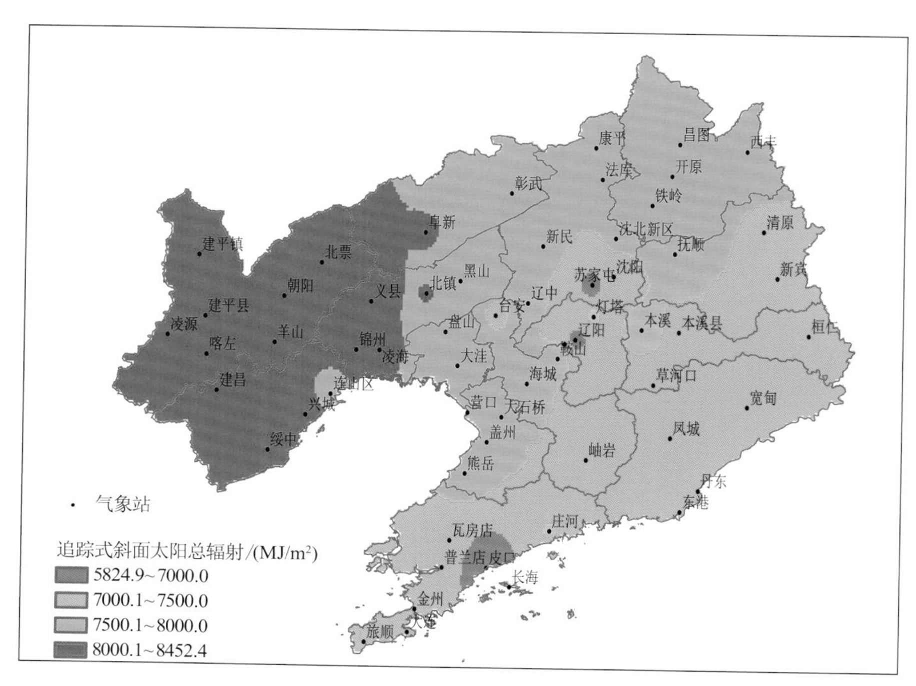

图 12.12 辽宁省追踪式与固定斜面年总辐射量差值分布

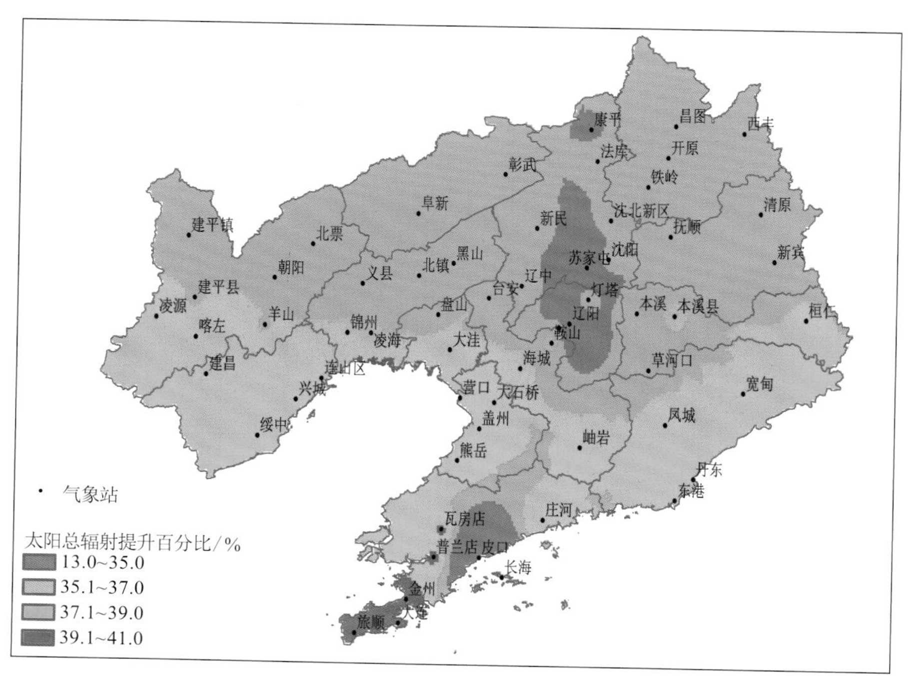

图 12.13 辽宁省追踪式比固定斜面年总辐射量提升百分比的分布

总体而言，辽宁省追踪式斜面较最佳倾角斜面太阳总辐射的增量和增量百分比的变化幅度均较大，且呈较明显的区域性分布特征，大部分地区的太阳总辐射增加量均达到 1800 MJ/m² 以上，辽宁西部更加明显，增量百分比则以沿海地区的幅度更大，达到 37%以上，大连南部增量百分比最大，达到 39%以上。

12.2.4　自然地表面太阳总辐射量推算

由于地表面非理想状态的水平面而是存在自然的地势起伏，受坡度、坡向等影响，自然地表面接收的太阳辐射量存在较大差异。经推算，辽宁省各地自然地表面接收的太阳总辐射量为 850～6300 MJ/m²，总体呈西北向东南递减分布形势。大于 5000 MJ/m² 的地区主要分布在辽西的朝阳、葫芦岛、阜新和锦州，中部平原和南部沿海地区一般为 4400～5000 MJ/m²，4000 MJ/m² 以下的地区主要分布在辽东山区和辽西部分山区的背阴坡(图 12.14)。辽东和辽西因地形复杂，太阳总辐射量空间差异较大，而中部地区因地形简单而差异较小。

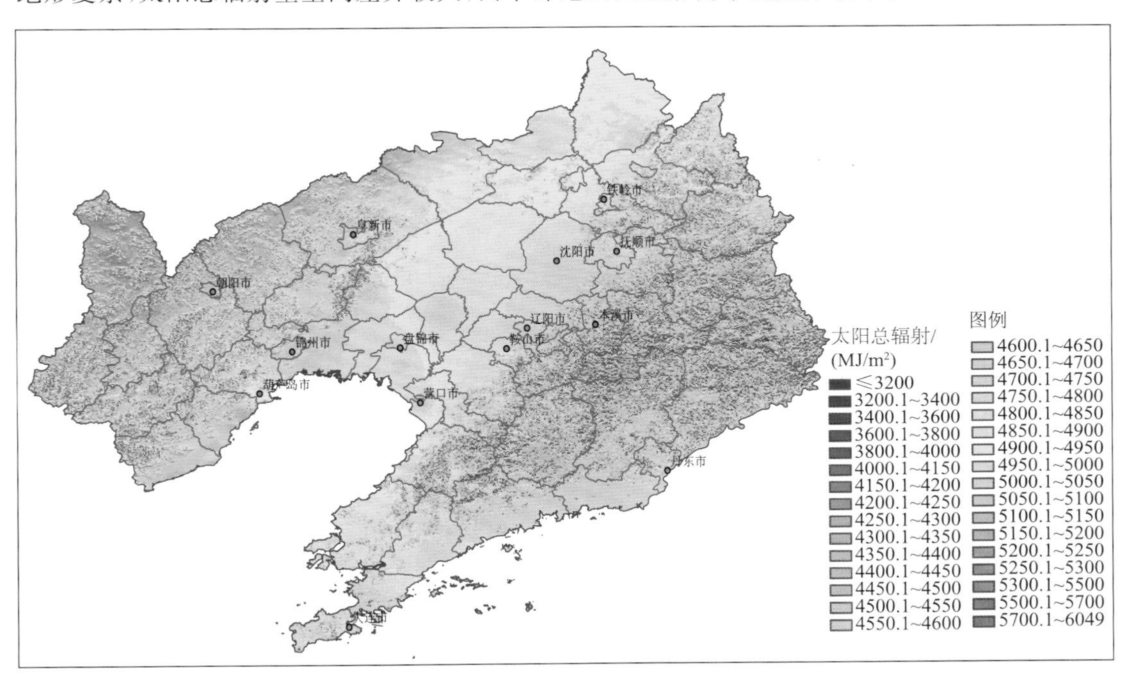

图 12.14　辽宁省自然地表面年太阳总辐射量分布

12.3　太阳能资源综合评估

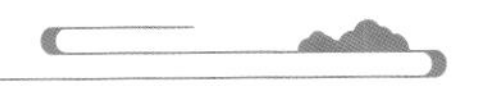

12.3.1　太阳能资源区划

辽宁省平均水平面太阳总辐射年总量为 1369 kW·h/m²，平均年日照时数为 2531.5 h。

太阳能资源总体呈自东南向西北递增分布形势，各地水平面太阳总辐射年总量为 1268～1489 kW·h/m²，年平均日照时数为 2183～2851 h，辽西建平太阳能资源最优，辽东岫岩最差。

在全国太阳能资源区划中，辽宁省属于 B 类（很丰富）和 C 类（丰富）区，全省都适宜太阳能资源开发利用。其中，朝阳大部分地区年日照时数大于 2700 h，水平面年太阳总辐射量大于 1444 kW·h/m²；阜新西部、锦州西部、葫芦岛、盘锦地区年日照时数为 2600～2700 h，水平面年太阳总辐射量为 1400～1444 kW·h/m²；阜新东部、沈阳、铁岭、抚顺西部、鞍山北部、辽阳、营口大部、大连地区年日照时数为 2400～2600 h，水平面年太阳总辐射量为 1333～1400 kW·h/m²；抚顺东部、本溪大部、鞍山南部和丹东地区年日照时数小于 2400 h，水平面年太阳总辐射量小于 1333 kW·h/m²（图 12.15）。

14 个地市中，朝阳市太阳能资源最优（平均为 1457 kW·h/m²），葫芦岛市次之，锦州市位列第三，均超过 1400 kW·h/m²。辽东的抚顺、本溪和丹东市太阳能资源相对较弱。辽西的建平县太阳能资源最强，兴城市次之，北票市位列第三（图 12.16）。

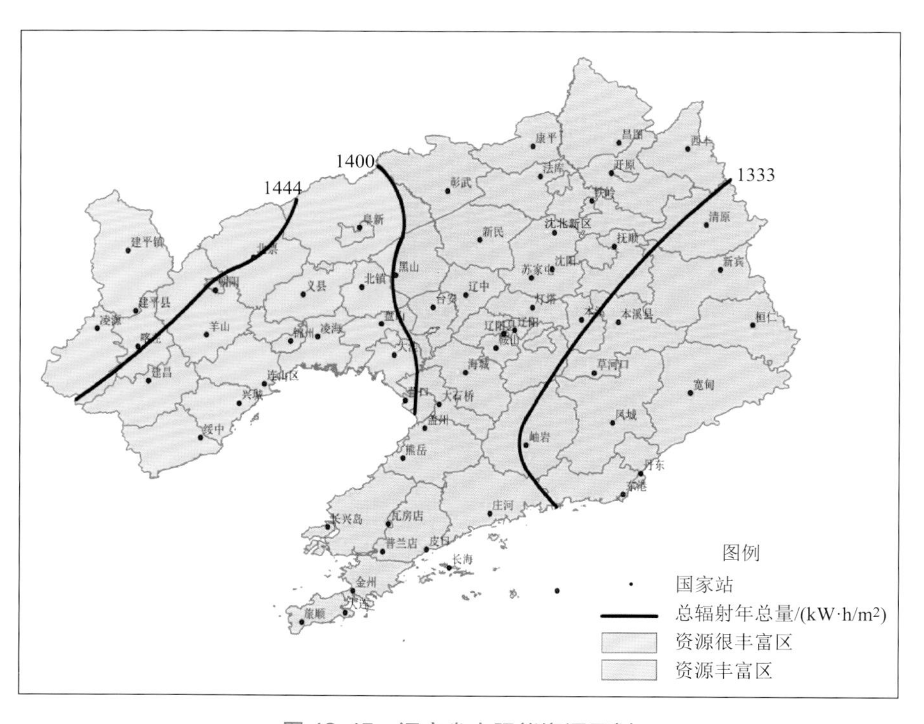

图 12.15 辽宁省太阳能资源区划

12.3.2 太阳能资源稳定度

辽宁省太阳能资源年内变化较大，各月水平面太阳总辐射月总量为 55～166 kW·h/m²。太阳能资源春夏季偏强、冬季较弱，其中 5 月最强、12 月最弱，两者相差达 3 倍（图 12.17）。

在我国太阳能资源稳定度等级区划中，辽宁省绝大部分地区以 C 级（一般）为主，仅绥

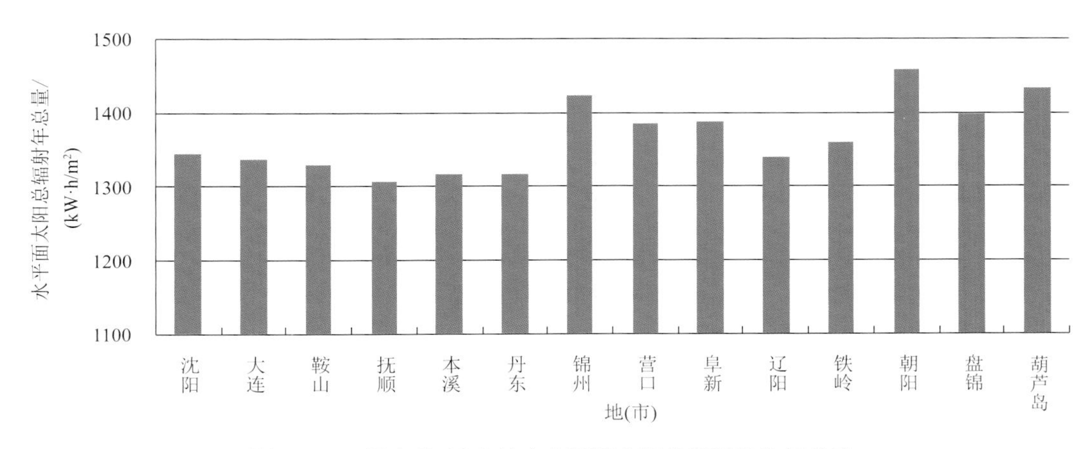

图 12.16 辽宁省 14 个地市水平面太阳总辐射平均年总量

中、兴城、普兰店、长海、庄河、东港为 B 级(稳定),即全省大部地区太阳能资源“很丰富/丰富,稳定性一般”,南部沿海部分地区为“丰富又稳定”。

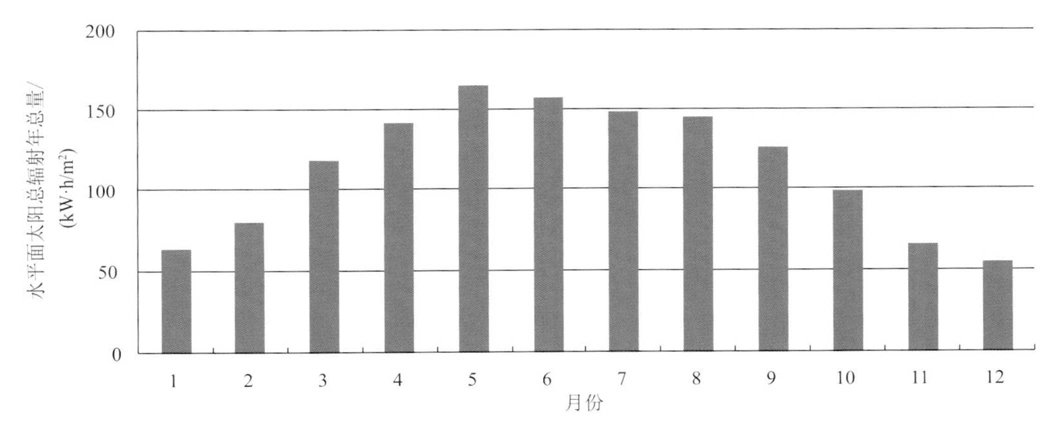

图 12.17 辽宁省各月平均水平面太阳总辐射月总量

12.3.3 直射比

根据沈阳国家气象站太阳辐射长期观测数据,辽宁省太阳能资源直射比(0.52)等级为我国太阳能资源直射比等级区划中的 B 级(高),水平面上直接辐射占总辐射的比例较高,一年中除夏季 6 月、7 月、8 月直接辐射比例少于散射辐射外,其他各月均以直接辐射占优,适合开展大规模光伏发电。

12.3.4 固定式光伏最佳倾角、最佳倾角总辐射量、年利用小时数

光伏发电是太阳能利用的主要方式之一,目前我国大型并网光伏电站的主要设计方式为固定式。

辽宁各地固定式光伏最佳倾角为 36°～41°,最小值出现在旅顺口和大连,最大值分别出

现在彰武、阜新、康平、昌图、法库、西丰、开原和北票。全省各地最佳倾角斜面太阳总辐射年总量为 1460～1740 kW·h/m^2,自西北向东南逐渐减少,辽西地区在 1600 kW·h/m^2 以上,其他大部分地区在 1500～1600 kW·h/m^2。

根据大型固定式光伏电站设计经验,系统效率取值 80%的情况下,全省各地首年发电利用小时数为 1170～1390 h,除东部部分地区外全省绝大多数地区首年发电利用小时数大于 1200 h。按设计寿命 25 a、衰减 20%考虑,各地 25 a 平均年利用小时数为 1051～1247 h,朝阳大部和锦州西部仍大于 1200 h。

12.3.5 追踪式光伏发电太阳能资源情况

仅从充分利用资源的角度,追踪式光伏发电站因光伏板始终保持与光线垂直,太阳能资源利用率最高。

辽宁省追踪式斜面年太阳总辐射量为 1940～2350 kW·h/m^2,呈自西北向东南减少分布形势。朝阳、葫芦岛、阜新西部、锦州西部达 2200 kW·h/m^2 以上,建平和北票超过 2300 kW·h/m^2,中部和北部为 2100～2200 kW·h/m^2,辽东和大连地区不足 2100 kW·h/m^2。追踪式斜面年太阳总辐射量总体较最佳倾角斜面偏多 30%左右。

第 13 章
辽宁省太阳能开发利用高影响天气

太阳能发电受到各种气象因素的影响。这种影响一般分为三方面，一是对地面太阳辐射的影响，如寡照、低能见度等，通过削弱到达太阳能设备的太阳辐射使得获取能量减少；二是对太阳能利用效率的影响，如高温、积雪、沙尘等，通过改变设备的清洁程度或光电转换效率降低太阳能利用效率；三是对太阳能利用设备安全性的影响，如大风、强降水、雷电、电线积冰等，可能会损坏太阳能板或相关配套设备，造成安全事故。

13.1 寡照

以一天内日照时数不足 3 h 定义为寡照。辽宁省寡照日数自东南向西北递减，各地寡照日数为 27～83 d。东南部宽甸、东港、草河口和岫岩站寡照日数在 70 d 以上，其中草河口站寡照日数最多。西北部建平镇、建平、凌海、喀左、北票、阜新、黑山站的寡照日数均在 40 d 以下，并以建平镇最少(图 13.1)。

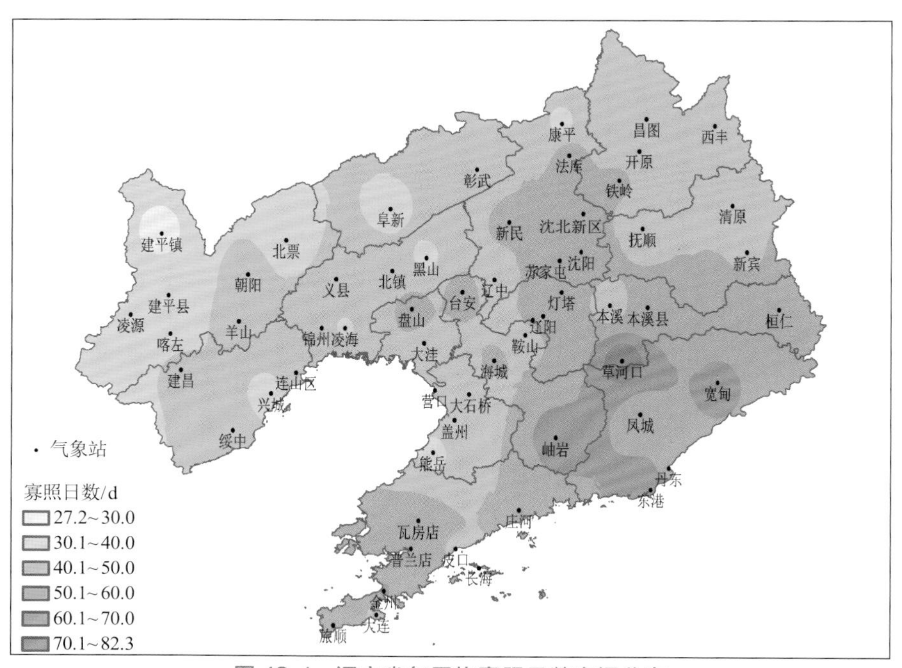

图 13.1　辽宁省年平均寡照日数空间分布

辽宁省最长连续无日照日数为 3～16 d，大部分地区最长连续无日照日数小于 6 d，空间分布上呈现由西北向东南递增的趋势，连续无日照时间长的地区也是太阳能资源稳定程度最差的地方(图 13.2)。总体而言，辽西是辽宁省最具太阳能资源优势的地区。

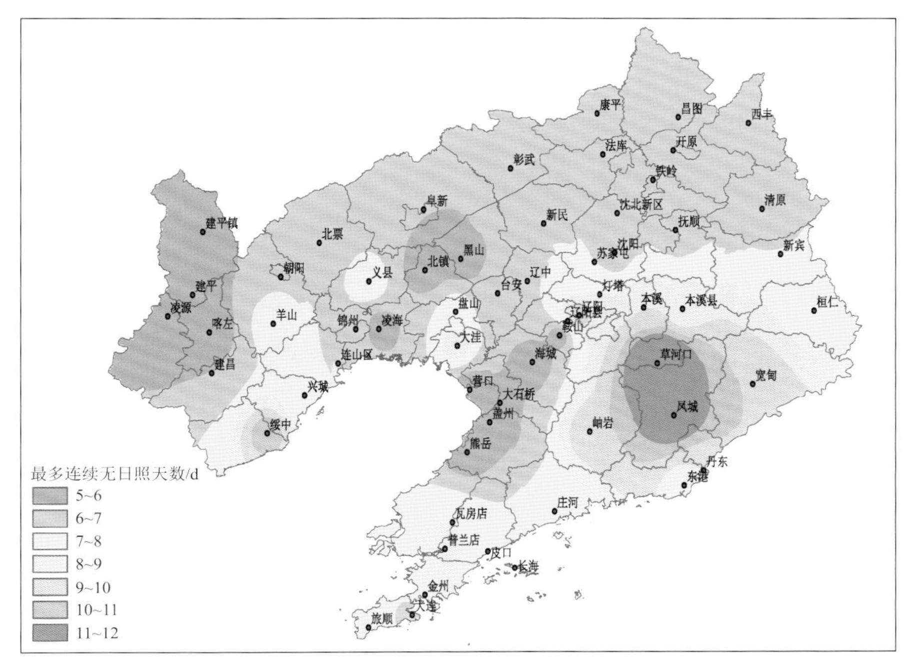

图 13.2 辽宁省最长连续无日照日数分布

13.2 低能见度

大气中的气溶胶颗粒通过散射和吸收作用削弱到达地面的太阳辐射。能见度与气溶胶光学厚度有着较好的负相关关系，能在一定程度上反映大气的浑浊程度。这里以一日中出现能见度≤1 km 的情况定义为低能见度天气日。

辽宁省低能见度天气以黄海沿岸最多，辽西北、辽东北至环渤海东北部一线最少，各地低能见度天气日数为 3～59 d。黄海沿岸及宽甸清原地区，低能见度天气日数在 30 d 以上，其中长海最高，达到 59 d，宽甸其次，为 42 d。朝阳、铁岭和沈阳北部地区、辽阳、鞍山中部、营口地区低能见度天气较少，均不足 10 d，其中建平县最低，为 3 d(图 13.3)。

13.3 高温

高温会导致太阳能板功率折损。一方面，太阳能板的温度越高，其光电转换效率就会越低。另一方面，太阳能板局部温度过高会产生热斑，影响光伏电板的使用寿命。太阳能板表

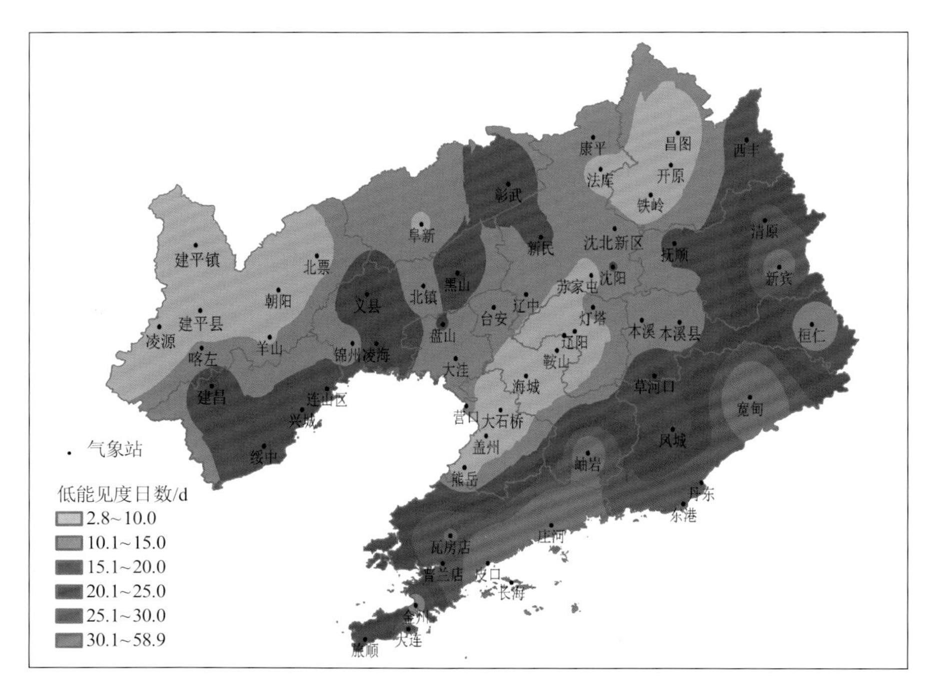

图 13.3 辽宁省年平均低能见度日数空间分布

面温度在 25 ℃时发电效果是最佳的，超过 25 ℃之后，每升高 1 ℃太阳能电池的效率下降 0.4%左右。当白天气温达到 20 ℃时，太阳能板表面温度将超过 25 ℃，进而影响太阳能电池的转换效率（程道来 等，2018）。

13.3.1 极端最高气温

从各气象站建站以来的历史极端最高气温分布情况来看，辽宁省各地极端最高气温为 35.3～43.3 ℃，自西北向东南递减。辽西北地区均出现过高于 40 ℃的高温，其中朝阳站最高。环渤海东北部以及宽甸和昌图地区极端最高气温较低，在 37 ℃以下，其中营口站最低。其余大部分地区极端最高气温在 37～40 ℃（图 13.4）。

13.3.2 各等级高温日数

2005—2021 年，辽宁各地气温≥20 ℃的年平均小时数以中南部较多，东部、北部地区相对较少。各地气温≥20 ℃的年平均小时数为 1747～3345 h。其中，沈阳南部、辽阳、鞍山中部、营口、羊山、锦州等地达到 2600 h 以上。辽东和辽西建平镇地区较少，在 2000 h 以下，以建平镇站最少（图 13.5）。

辽宁各地气温≥25 ℃的年平均小时数为 587～2227 h。辽宁中部和西部大部分地区气温≥25 ℃较多，在 900 h 以上，其中朝阳、苏家屯、海城超过 1200 h。东南部和西北部的建平镇地区相对较少，在 900 h 以下，其中黄海沿岸和辽东宽甸、桓仁、新宾、草河口站低于 700 h，以草河口站最少（图 13.6）。

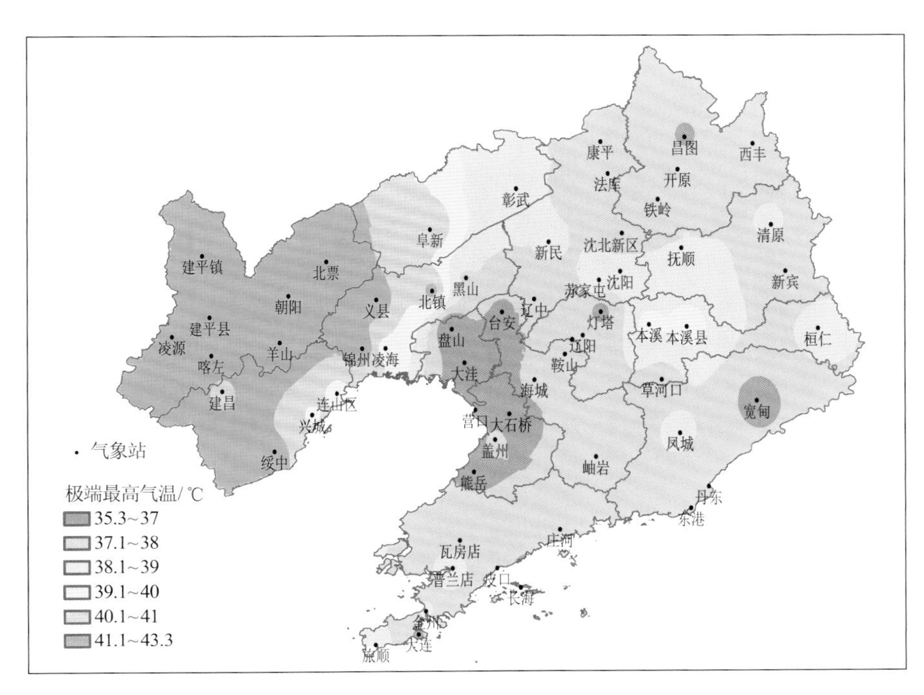

图 13.4　建站至 2021 年辽宁省极端最高气温分布

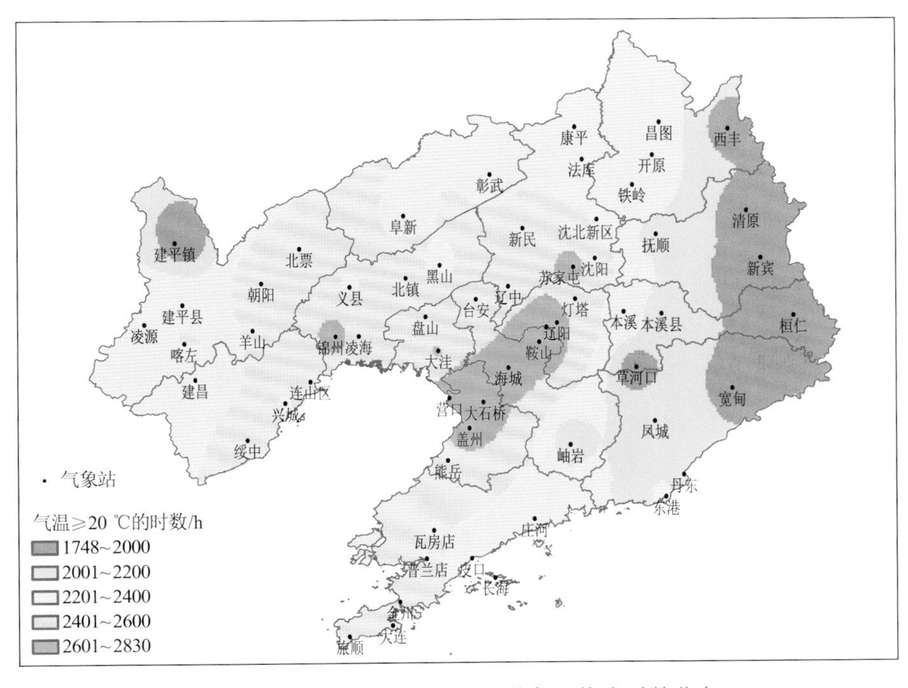

图 13.5　辽宁省气温≥20 ℃的年平均小时数分布

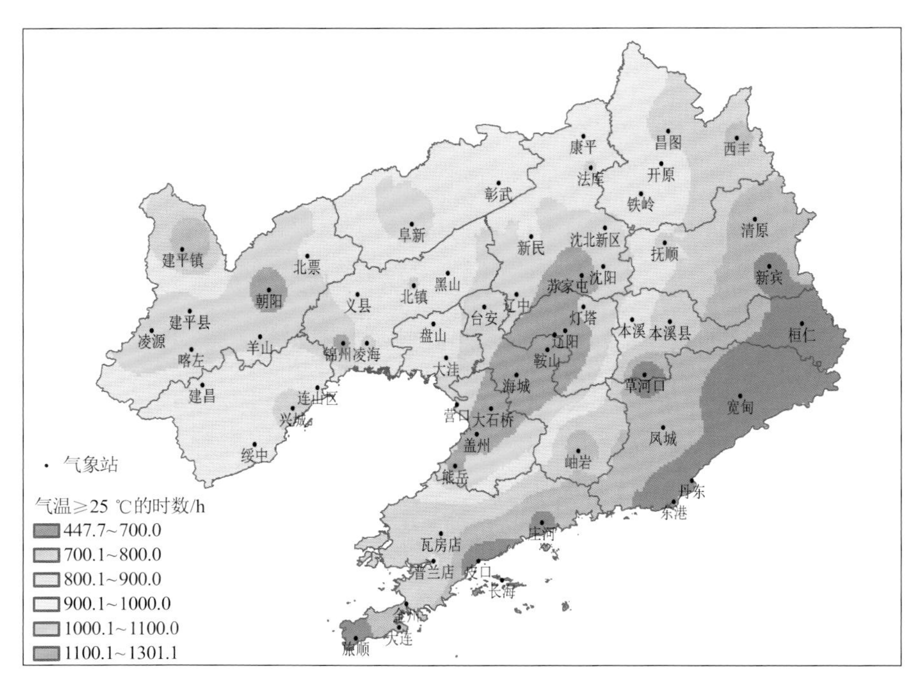

图 13.6 辽宁省气温≥25 ℃的年平均小时数分布

辽宁各地气温≥30 ℃的年平均小时数为 29～1539 h。辽宁西部和中部大部分地区≥30 ℃高温较多，在 150 h 以上，其中辽西部分地区达到 250 h。东南部和环渤海北部地区相对较少，在 100 h 以下，以旅顺口站最少(图 13.7)。

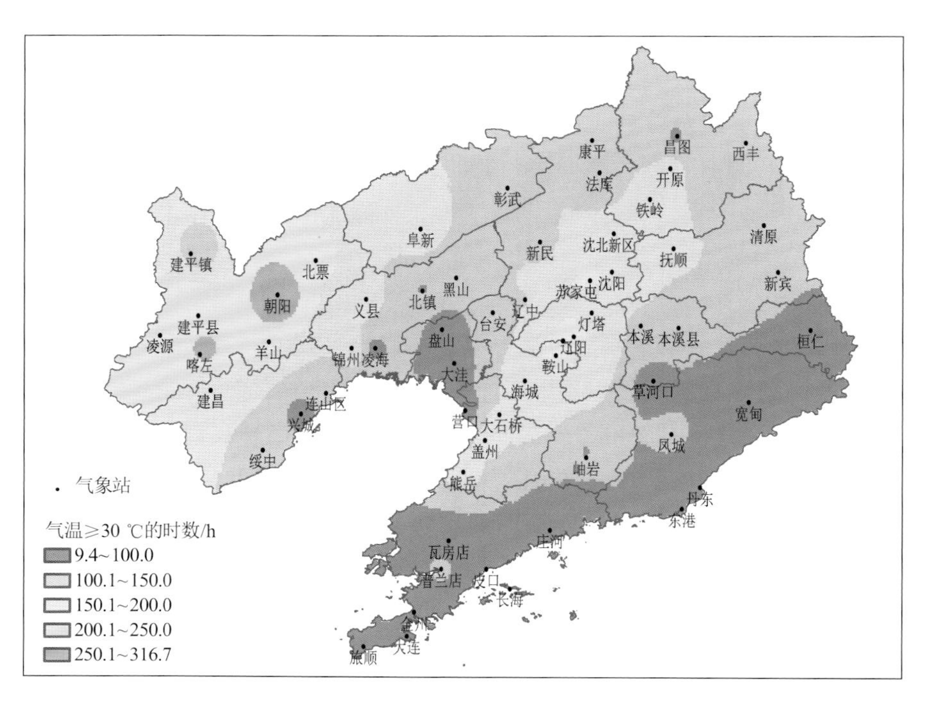

图 13.7 辽宁省气温≥30 ℃的年平均小时数分布

13.4 雪

太阳能板受到积雪覆盖时，接收到的太阳辐射、空气热传导以及自身产生的热都很少，积雪在短时间内不会融化，因此在降雪期间和雪后一定时间内对光伏系统有功出力影响较大。积雪量较大时，如未及时人工除雪，不仅影响光伏系统出力，还可能导致太阳能组件、承载支架等发生坍塌。这里分别对辽宁省降雪日数和中雪以上降雪日数进行统计分析。

辽宁省降雪日数分布自东向西递减，各地年平均降雪日数为 12～74 d。辽东地区的新宾、桓仁和清原较多，达到 55 d 以上，其中新宾最多。兴城、羊山、朝阳、北票地区较少，少于 15 d，其中兴城和羊山站最少(图 13.8)。

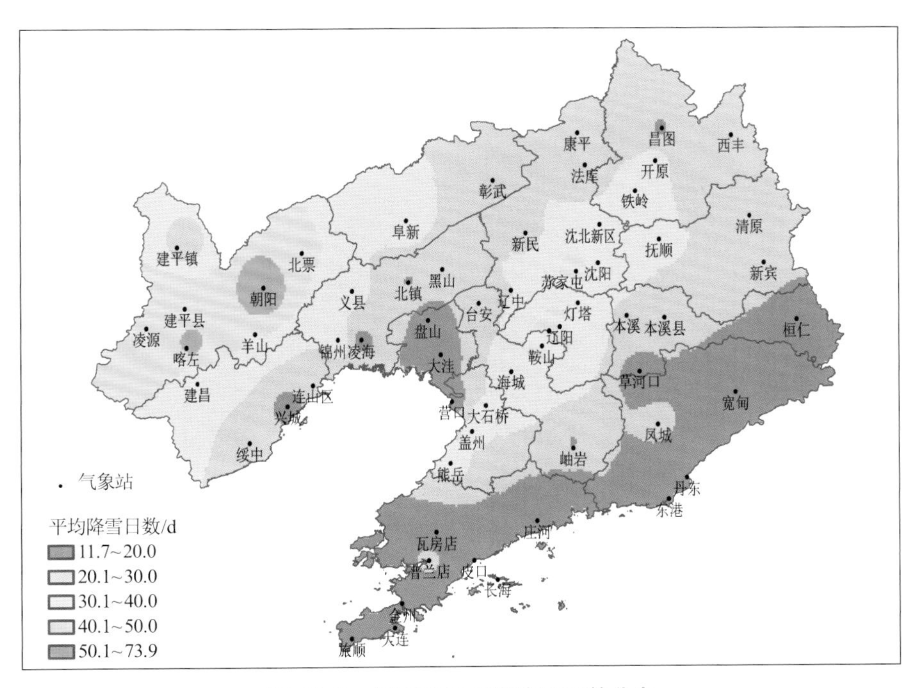

图 13.8 辽宁省年平均降雪日数分布

中雪以上日数与降雪日数的分布特征基本一致，也呈现自东向西递减的趋势，各地年平均中雪以上降雪日数为 2.3～15.9 d。辽东地区的新宾、桓仁最多，超过 12 d；羊山站最少，为 2.3 d(图 13.9)。

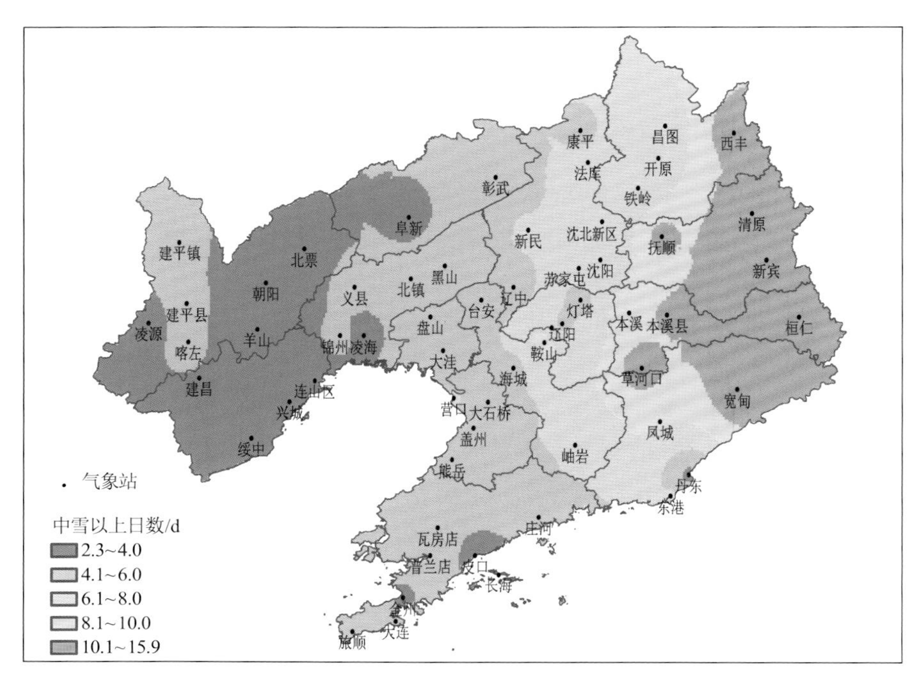

图 13.9 辽宁省中雪以上降雪日数分布

13.5 沙尘

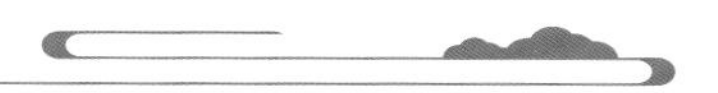

沙尘暴、扬沙、浮尘等可导致光伏组件上出现灰尘或污渍，从而削减组件接收的太阳辐射强度，降低组件的发电量。而且灰尘遮蔽还可能造成热斑问题，在影响发电量的同时还会构成显著的安全隐患。

按照《沙尘天气等级》(GB/T 20480—2017)，沙尘天气等级主要依据沙尘天气发生时的水平能见度，同时参考风力大小进行划分，可划分为浮尘、扬沙、沙尘暴、强沙尘暴、特强沙尘暴 5 个等级。由于辽宁省强沙尘暴和特强沙尘暴出现概率极小，因此本书仅分别对浮尘、扬沙和沙尘暴天气进行统计分析。

从辽宁省年平均浮尘日数分布来看，辽宁北部的康平地区和渤海湾的凌海地区浮尘日数较多，为 9～10 d，其余地区较少，基本在 2 d 以内(图 13.10)。扬沙以辽北和锦州地区出现较多，基本在 11 d 以上，其中，阜新、新民地区出现最多，为 21～25 d；辽东南和辽西大部分地区均在 5 d 以内(图 13.11)。沙尘暴情况详见 8.6 节。

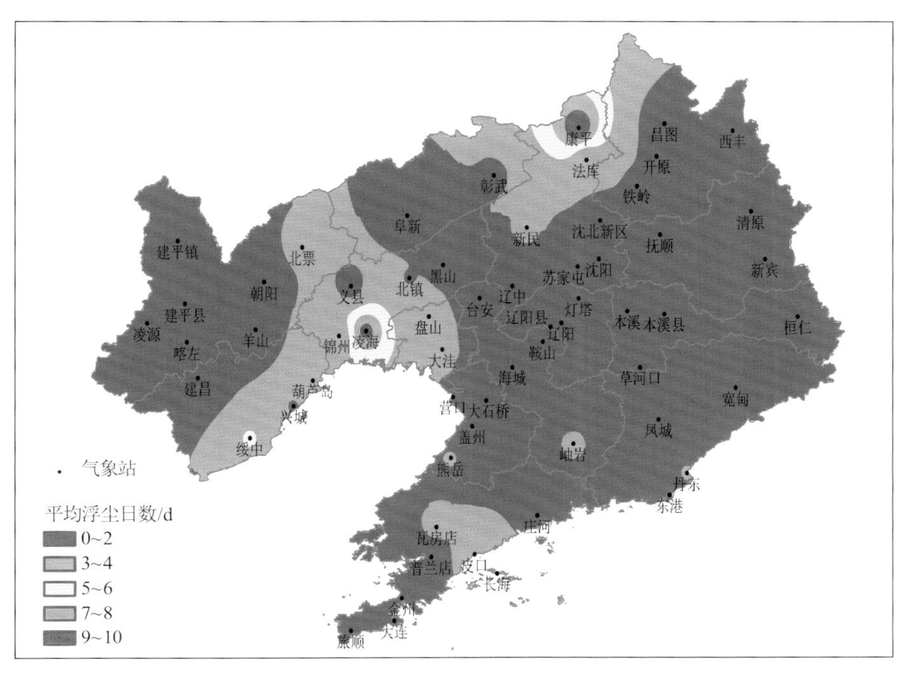

图 13.10　辽宁省年平均浮尘日数分布

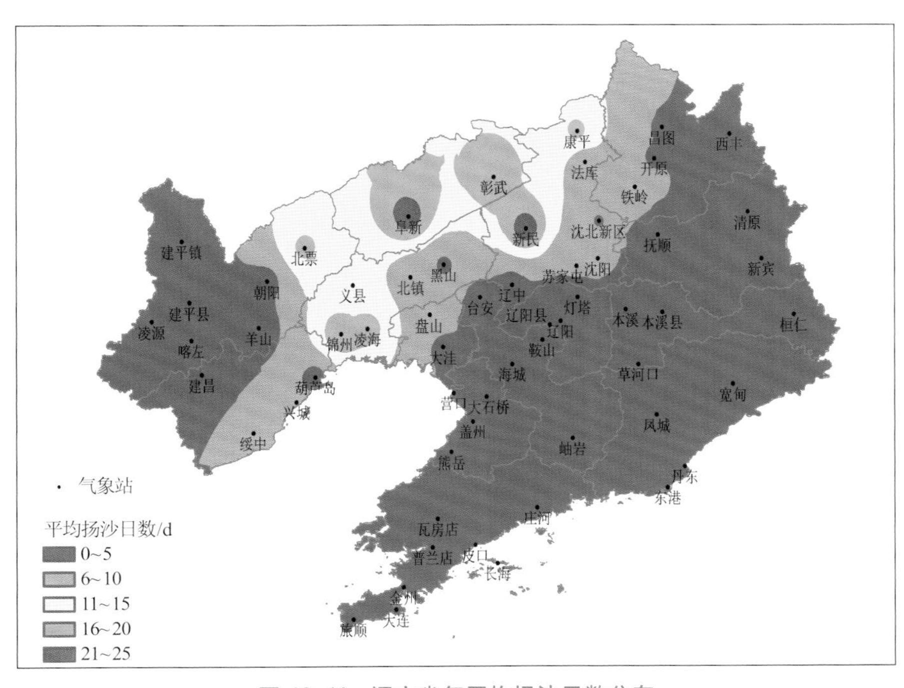

图 13.11　辽宁省年平均扬沙日数分布

13.6 强降水

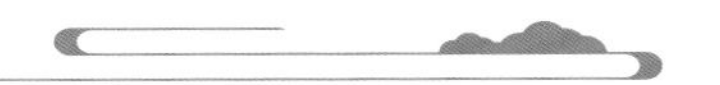

强降水可导致积水，使得光伏组件被浸泡，发生电气设备报废等安全风险。

辽宁省年最多暴雨（日降水量≥50 mm）日数分布自东南向西北递减。其中，丹东、宽甸、凤城最多，为10～11 d，朝阳大部分地区和康平地区最少，为3～5 d（图13.12）。全省各地极端日最大降水量为127～414 mm，辽南地区较大，辽北地区较小（图13.13）。

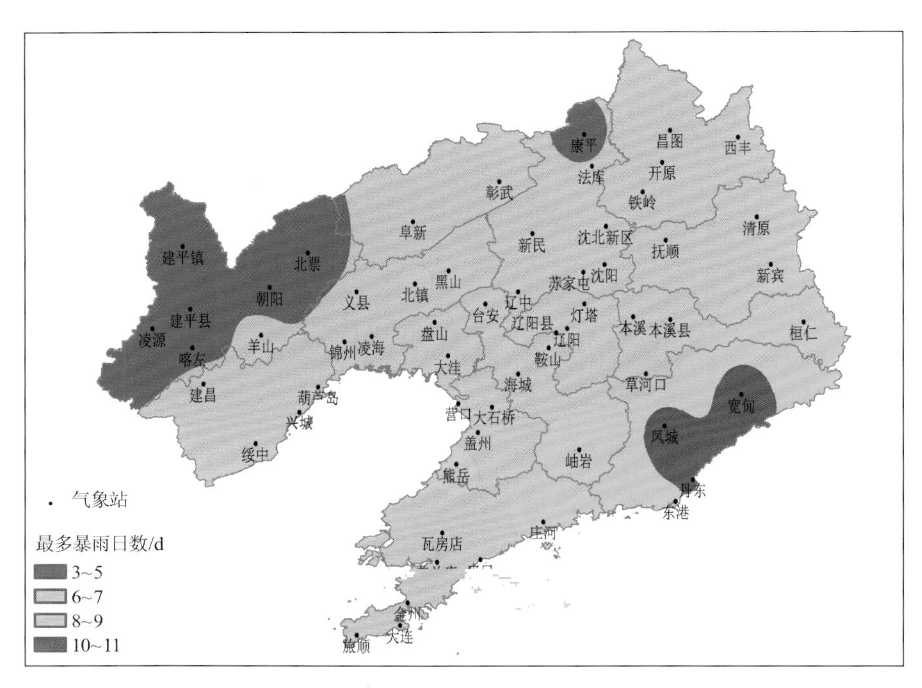

图13.12 辽宁省年最多暴雨日数分布

13.7 冰雹

冰雹可能会造成光伏组件不同程度的损伤。如肉眼可见的外表损伤，冰雹在光伏板表面留下凹凸不平的痕迹，影响光伏板的发电效率。另一部分则可能是隐藏在组件内部的隐裂。当冰雹突袭超大面积组件时，其风险相比常规尺寸组件将呈指数级的提升。

辽宁省冰雹主要出现在辽宁西部的朝阳市、东北部的铁岭市（昌图和西丰）以及东南部的丹东市（宽甸、凤城），沿海地区冰雹出现的概率明显偏低（图13.14）。

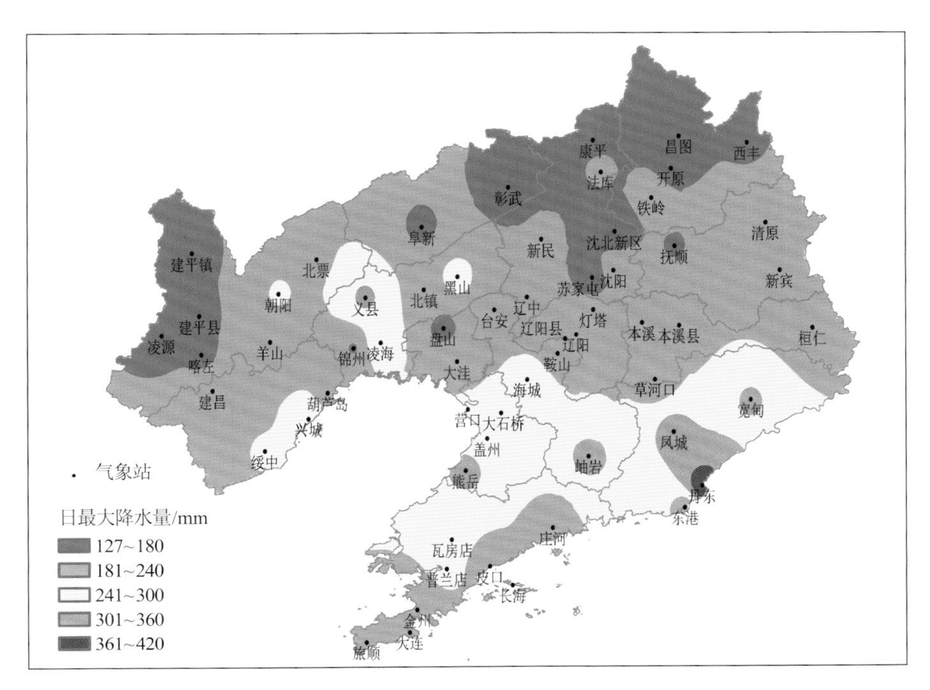

图 13.13 辽宁省日最大降水量分布

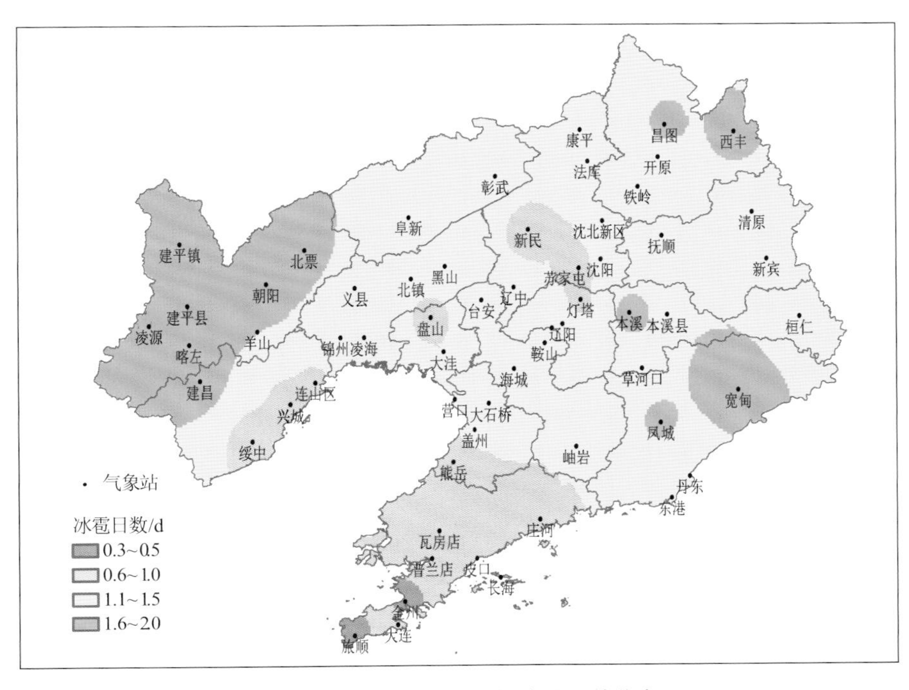

图 13.14 辽宁省年平均冰雹日数分布

13.8 雷暴、大风、电线积冰

光伏组件、架构和输电线路等多建设在空旷地带，相对于周围环境，往往成为十分突出的目标。大风天气可吹翻光伏板，造成太阳能板及支架等相关设备损坏。遭受雷击时，雷击释放的巨大能量会造成光伏组件、控制原件烧毁等，即使未被雷电直接击中，也可能因静电和电磁感应引起强雷电压行波，并在终端产生一定的入地雷电流，造成不同程度的危害。电线积冰现象，通常是在冻雨、雨夹雪伴随寒潮降温天气时发生，超负荷电线积冰会引起光伏发电接网输电线路断线、倒杆（塔）、闪络等事故，同时也会在光伏板表面形成异物，影响发电效率，严重者可导致支架负重过大而坍塌。辽宁省极端风速和大风日数情况见 8.1 节，雷暴情况见 8.4 节，电线积冰情况见 8.5 节。

13.9 污染天气

大气污染影响到达地面的太阳辐射已是公认的事实，很多研究从定性或定量的角度分析空气质量、大气成分对太阳辐射的影响。

13.9.1 清洁日与污染日个例比较

汪宏宇等（2020）以沈阳为例，详细研究了污染天气对太阳辐射的影响。为尽可能消除到达地面的太阳辐射受地球公转的影响，这里尽量选择相同日或邻近日作为典型个例分析沈阳空气质量对太阳辐射的影响。

以日总云量≤2 成且日照百分率大于 80％视为一个晴天样本，2013—2017 年共有 442 个晴天样本。其中，日期相同且均是晴天的仅有 3 月 13 日和 3 月 22 日两天。3 月 13 日在 2013—2017 年分别以 SO_2、$PM_{2.5}$、SO_2、PM_{10}、$PM_{2.5}$ 为首要污染物，3 月 22 日分别以 PM_{10}、$PM_{2.5}$、PM_{10}、PM_{10}、$PM_{2.5}$ 为首要污染物。

2014 年 3 月 13 日是 5 a 同日期中空气质量最差的一天，SO_2、NO_2、PM_{10}、CO、$PM_{2.5}$ 浓度均为最大，为三级轻度污染天气，而其他 4 d（2013 年、2015 年、2016 年和 2017 年的 3 月 13 日）空气质量为二级良好，5 d 中总云量、日照、水汽的差异不大，但 2014 年 3 月 13 日太阳散射辐射最大、总辐射和直接辐射最小，相比于其他 4 d 总辐射偏少 15％，直接辐射偏少 45％，散射辐射增加 114％（图 13.15）。

2015 年 3 月 22 日是 5 a 同日期中空气质量指数（AQI）最大的一天，当天 PM_{10} 明显偏大，其他污染物浓度则不突出，相比之下 2014 年 3 月 22 日 SO_2、NO_2、CO、$PM_{2.5}$ 浓度是同日期中的最大值，PM_{10} 为第二大值，5 a 同日期的总云量、日照、水汽也差异不大，但 2014 年

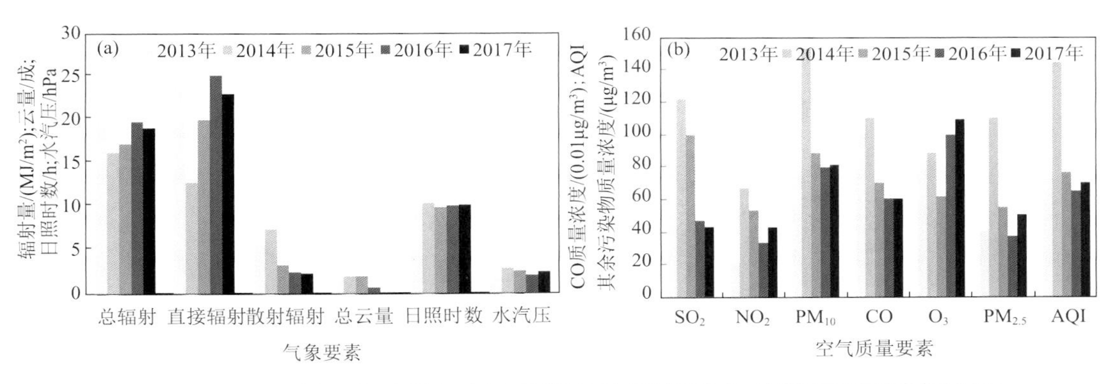

图 13.15 2013—2017 年 3 月 13 日太阳辐射与气象要素(a)、空气质量要素(b)的对比

3 月 22 日太阳散射辐射最大、总辐射和直接辐射最小，与当日颗粒物粒径组成中细颗粒物占比大、浓度相对高对太阳辐射削光作用更强、其他污染物浓度也同时偏高有关，进一步说明不同污染物对太阳辐射的影响程度不同(图 13.16)。

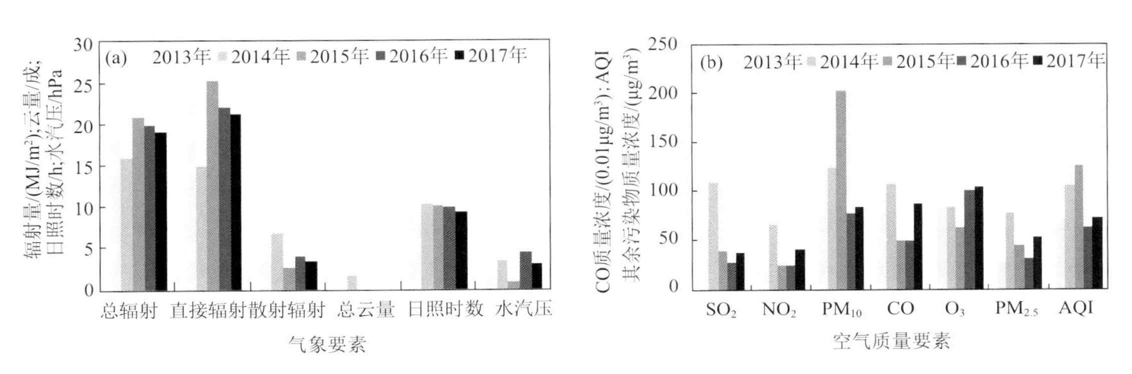

图 13.16 2013—2017 年 3 月 22 日太阳辐射与气象要素(a)、空气质量要素(b)的对比

442 个晴天个例中，2016 年 9 月 28 日是 AQI 指数最小的一天(AQI 指数为 35，NO_2 为首要污染物)，可作为沈阳空气质量最好的一个典型日。2013 年 12 月 23 日是 AQI 指数最大的一天(AQI 指数为 345，$PM_{2.5}$ 为首要污染物)，可作为沈阳冬季空气质量最差的一个典型日。而这两天均无其他年份的同日期晴天样本，故在其邻近晴天日选择 AQI 指数差异较大的样本，分别为 2013 年 9 月 27 日(AQI 指数为 111，O_3 为首要污染物)、2017 年 12 月 26 日(AQI 指数为 44，PM_{10} 为首要污染物)，进行对比分析。

对比 2013 年 9 月 27 日和 2016 年 9 月 28 日，由于后者是空气质量为优的晴日，基本可以作为该日到达地面的太阳辐射量的本底状态，以其作为标准，前者(轻度污染日)散射辐射量偏大 258%，直接辐射偏少 38%，总辐射偏少 11%，而两者的总云量、日照时数相差不大，虽然前者水汽压略大于后者进而对太阳辐射的吸收作用略有增强，但前者各污染物浓度均大于后者，且浓度差异较大，很大程度上可以认为直接辐射和总辐射明显偏少、散射辐射偏多，以各污染物的散射吸收作用更为明显(图 13.17)。

对比 2013 年 12 月 23 日和 2017 年 12 月 26 日，后者空气质量为优的晴日，可作为本底标准，前者(严重污染日)散射辐射量偏大 217%，直接辐射偏少 67%，总辐射偏少 34%

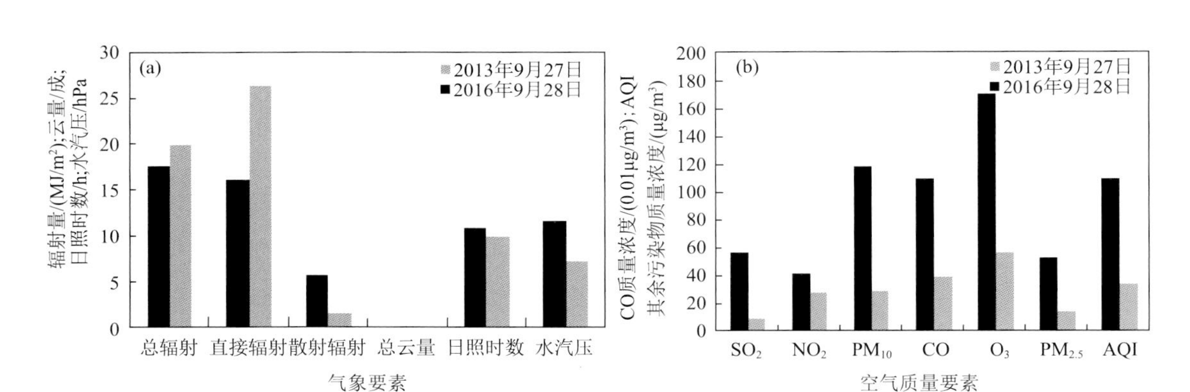

图 13.17　2013 年 9 月 27 日与 2016 年 9 月 28 日太阳辐射与气象要素(a)、空气质量要素(b)的对比

(图 13.18)。两者的气象因素差异不大,而环境因素差异显著,进一步印证了空气质量对太阳辐射的影响。空气污染物虽然可增加散射辐射,但对直接辐射的衰减作用更为突出,导致到达地面的总辐射明显减少。

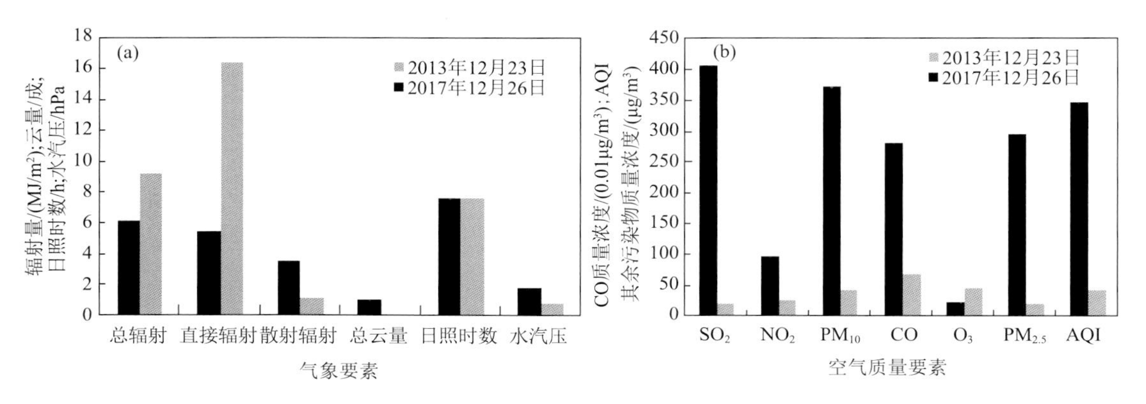

图 13.18　2013 年 12 月 23 日与 2017 年 12 月 26 日太阳辐射与气象要素(a)、空气质量要素(b)的对比图

13.9.2　不同分类情况下空气质量对太阳辐射的影响

对应于不同空气质量等级条件下各类晴天日平均太阳辐射曝辐量值结果可以看出,太阳总辐射、直接辐射随着空气质量指数级别一至六级逐级减弱,即到达地表的太阳辐射随空气污染加重而减弱,三级及以上等级污染天气的日平均太阳辐射量小于晴天平均情况(表 13.1)。但需要说明的是,由于样本有限,各类情况样本在年内的分配不均,统计结果无法排除太阳辐射年内自然变化的影响。其中,二级、三级的样本相对较多(分别为 249 d、111 d),在年内的分配相对均衡,与晴天日平均值相比,空气质量三级较二级情况下太阳总辐射衰减了 10%,直接辐射衰减了 18%,散射辐射增加了 15%。

对应于不同空气污染物性质条件下首要污染物为颗粒物和气态污染物时晴天日平均太阳辐射曝辐量值对比可以看出,以颗粒物为首要污染物的晴天太阳总辐射、直接辐射曝辐量小于以气态污染物为首要污染物的晴天和晴天平均值,说明从全年平均情况看,以颗粒物为首要污染物的晴天太阳辐射削减更为明显(表 13.1)。

表 13.1 不同分类情况下的晴天日平均太阳辐射量

单位：MJ/m^2

要素	空气质量指数级别						首要污染物性质		晴天日平均值
	一级	二级	三级	四级	五级	六级	颗粒物	气态	
总辐射	18.5	17.1	15.4	14.8	10.6	8.3	15.1	18.6	16.2
直接辐射	24.2	20.2	16.9	16.3	10.6	9.3	17.9	20.5	18.7
散射辐射	2.7	3.8	4.4	4.2	4.4	3.3	3.8	4.3	4.0

考虑到不同污染物的影响程度不同，且尽量减少因样本数太少导致结论的偶然性，表 13.2 给出各月样本数≥10 d 情况下(样本数见表 13.3)不同首要污染物的晴天太阳辐射量。虽然表 13.2 因样本有限而有很多空缺，但对比相同月仍可以发现，以 $PM_{2.5}$ 为首要污染物的晴天，太阳直接辐射的衰减明显大于以 SO_2 和 PM_{10} 为首要污染物的情况(1 月、2 月、3 月、10 月、12 月)，总辐射也情况类似，说明 $PM_{2.5}$ 的削光作用更为明显。5 月和 8 月 O_3 为首要污染物的晴天居多，9 月也有较高的比例，由于 O_3 易发生在强日照、高温的条件下，O_3 为首要污染物的晴天日平均太阳直接辐射、总辐射均大于当月晴天日平均值。9 月 PM_{10} 为首要污染物的晴天较 O_3 为首要污染物的晴天太阳直接辐射、总辐射减小，散射辐射增大，说明 PM_{10} 虽然增大了散射辐射，但不足以抵消其对直接辐射的削减。$PM_{2.5}$ 为首要污染物时的日平均散射辐射曝辐量大于 PM_{10} 为首要污染物的情况(3 月和 10 月)。SO_2 为首要污染物时也有着较大的散射辐射，部分月可大于 $PM_{2.5}$ 为首要污染物的晴日(2 月和 3 月)。上述结果表明，空气中各污染物与太阳辐射各要素的关系比较复杂，特别是每日各污染物同时存在且配比不同，导致其与太阳辐射关系更为复杂。随着今后样本数的积累，有待进一步分析比较不同污染物与太阳辐射的关系。

表 13.2 各首要污染物晴天样本数≥10 d 情况下日平均太阳辐射量

单位：MJ/m^2

要素	污染物	1 月	2 月	3 月	4 月	5 月	6 月	7 月	8 月	9 月	10 月	11 月	12 月
总辐射	SO_2	9.7	13.3	18.2									8.7
	NO_2												
	PM_{10}			19.3	23.9					20.4	15.6		
	CO												
	O_3					28.7			25.1	21.4			
	$PM_{2.5}$	9.1	13.0	18.5							13.9	10.6	7.9
直接辐射	SO_2	15.7	17.8	21.8									11.8
	NO_2												
	PM_{10}			22.3	24.6					23.1	21.3		
	CO												
	O_3					26.1			22.2	25.3			
	$PM_{2.5}$	13.2	16.5	20.9							15.5	14.9	9.4

续表

要素	污染物	1月	2月	3月	4月	5月	6月	7月	8月	9月	10月	11月	12月
散射辐射	SO_2	2.1	4.5	4.4									1.8
	NO_2												
	PM_{10}			4.0	5.6					8.2	3.2		
	CO												
	O_3					6.7			6.4	2.7			
	$PM_{2.5}$	2.5	3.6	4.3							5.6	2.5	2.3

表 13.3　各月 2013—2017 年晴天首要污染物出现日数

单位：d

要素	1月	2月	3月	4月	5月	6月	7月	8月	9月	10月	11月	12月	合计
SO_2	24	17	11	0	0	0	0	0	0	0	5	11	68
NO_2	1	1	0	1	0	2	0	2	9	4	2	1	23
PM_{10}	1	6	19	21	9	1	1	5	11	20	9	9	112
CO	0	0	0	0	0	0	0	0	0	0	0	0	0
O_3	0	0	1	3	19	8	3	14	10	0	0	0	58
$PM_{2.5}$	39	31	29	7	2	0	0	0	2	19	22	30	181

13.10　小结

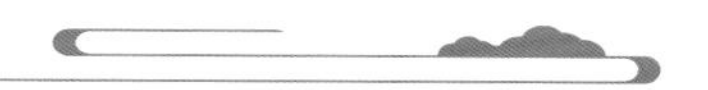

低能见度、沙尘、高温等通过改变光伏设备的清洁程度或发电转换效率而降低太阳能利用效率。辽宁全省平均沙尘天气(沙尘暴、扬沙和浮尘)日数为 7 d，阜新、沈阳北部和朝阳北票一带相对较多。全省平均低能见度日数 16.3 d，白天平均气温 10～15 ℃。气象因素总体对太阳能能量转化效率影响较小。

雷暴、冰雹、大风、强降水、积雪、冰冻天气可能损坏太阳能设备或相关配套设备，造成安全事故。上述灾害性天气在辽宁时有发生，极端天气对太阳能利用安全性存在潜在影响，需加强防范，做好预防和应对。

第 14 章

辽宁省太阳能资源专业气象服务体系及典型案例

科学合理有效开发利用太阳能资源是太阳能资源专业气象服务的根本目标。一方面通过科学评估太阳能资源条件，提高太阳能资源利用的整体经济性及社会效益性，以适应经济社会转型发展的能源需求。另一方面通过有效服务，规范和促进太阳能资源有序开发和保护，进而切实对地区经济增长、环境保护、节能减排、行业发展做出贡献。

14.1 服务体系框架

2004 年前后，随着全国新能源产业的兴起，各新能源企业在开发风电的同时，也开始尝试开展太阳能发电。同期，辽宁省气象部门积极参与到太阳能资源开发利用工作中，及时提供专业气象服务。首先利用气象站观测的日照时数、太阳辐射数据分析太阳能资源状况，然后开始协助发电企业开展光伏电站选址和可研设计的资源评估工作，并参与编制全省光伏发电规划等。多年来，辽宁省气象部门已形成了面向光伏发电企业、面向政府部门以及面向气象服务业务的太阳能资源专业气象服务体系（图 14.1）。

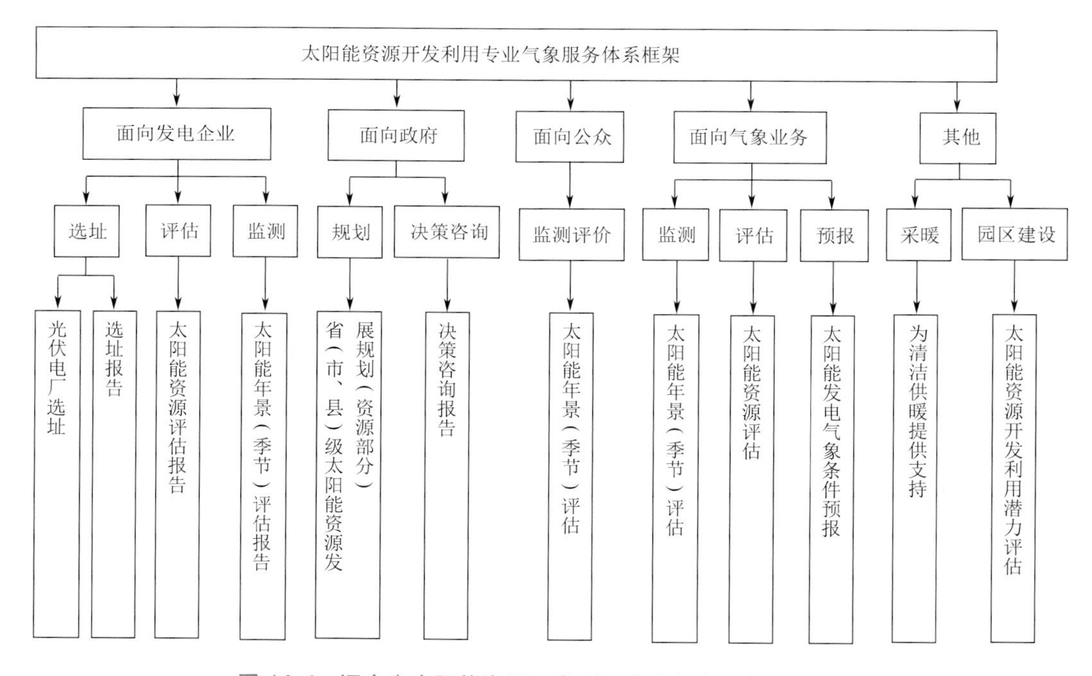

图 14.1 辽宁省太阳能资源开发利用专业气象服务体系框架

14.2 服务典型案例

14.2.1 光伏项目太阳能资源评估

目前，辽宁省太阳能发电的主要方式是光伏发电，太阳能资源评估是光伏项目可研设计的必要内容之一，对于项目设计及后期运行至关重要。

光伏项目太阳能资源评估流程如图 14.2 所示。接受业主委托后，首先根据项目场址的位置，选取参证气象站，然后对参证站观测数据进行资料处理、计算、绘图和分析，编制评估报告初稿，经过专家评审后修改完善，形成终版的太阳能资源评估报告并提交给委托方，即完成了项目委托。该部分内容一方面供发电企业投资决策参考，另一方面可以直接作为光伏项目可研报告或初设报告的相关章节。

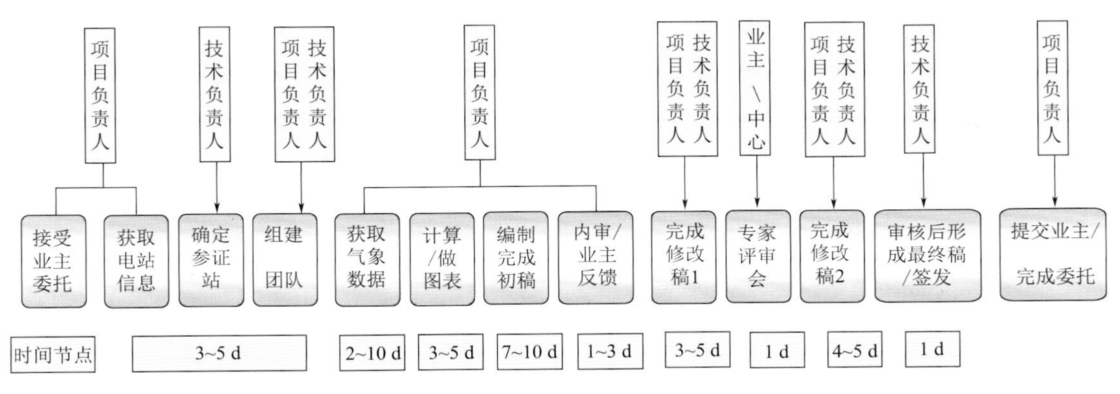

图 14.2 光伏项目太阳能资源评估流程

14.2.2 喀左县太阳能资源观测试验与应用服务

喀左县位于辽宁西部低山丘陵区，海拔高度 300～400 m，少雨多旱，日照充足。

为深入开展光伏发电气象指标研究，喀左县气象局于 2017 年建设了 60.5 kW 分布式光伏发电试验站。通过观测试验，找出了喀左县分布式光伏发电最佳方位角（正南偏西 7.2°）和倾斜角（40.9°），为全县光伏项目建设提供了科学依据。

根据气象站观测数据和光伏发电试验站发电量数据，进行了气象要素对分布式光伏发电量影响分析研究，构建了逐日分布式光伏发电量关系模型，开展了光伏发电量预测业务试应用。此外，还开展了基于多源实况数据的光伏发电气候适宜性研究，分析了喀左光伏发电量与气候条件定量关系，通过多源数据应用，对喀左县光伏发电能力等级进行了区划，制作了光伏发电气象服务产品，为喀左县清洁能源发展规划部门和企业在分布式光伏发电站建设时提供科学参考依据。

2018年，中国气象局气象探测中心国家气象计量站在喀左建设太阳辐射比对实验室，定位为全国辐射量值比对外场，用于举行全国性的太阳标准辐射仪器周期比对，保障全国气象辐射量值准确统一，同时服务于世界气象组织二区协亚洲仪器中心（RIC-北京），向区域内提供辐射量值标准服务。2019年正式被中国气象局认定为国家综合气象观测专项试验外场（辐射），2019—2020年开展了直接辐射观测比对试验，2023年开展基准辐射观测系统（总辐射/直接辐射/散射辐射/反射/紫外线）外场检测试验。

60.5 kW分布式光伏发电试验站已接入当地电网，平均年发电量10.5万kW·h。试验站不仅为当地光伏发电项目提供了各种实用参数，还为喀左县气象局创造了发电收益（图14.3）。

图14.3 喀左县气象局60.5 kW分布式光伏发电试验站全景

14.2.3 为清洁供暖服务

每年11月左右，随着天气转冷，我国北方地区陆续进入采暖季，这一时期也是我国每年大气污染防治的攻坚期。因此，如何既让千家万户"温暖过冬"，又能让"蓝天常在"，各地都在不断探索清洁供暖的新方式。在国家鼓励推进清洁供暖的大背景下，辽宁省也在因地制宜地规划和发展清洁能源供暖方式。

2022年，辽宁省住房和城乡建设厅发起，由沈阳建筑大学等有关单位共同编制辽宁省地方标准《农村住宅清洁供暖技术规程》（DB21/T 3714—2023），作为指导辽宁省农村住宅冬季清洁供暖的设计、施工、验收及维护管理的依据，以此有效促进清洁供暖技术在辽宁省农村地区的安全和高效应用。该标准适用于辽宁省农村新建、扩建和改建住宅建筑中使用清洁供暖系统的工程，以及在既有建筑上改造或增设清洁供暖系统的工程，清洁供暖技术面向农村住宅供暖，包括太阳能供暖、生物质能供暖、空气源热泵供暖、地热能供暖、燃气供暖、电热供暖和多能互补供暖等。

《农村住宅清洁供暖技术规程》(DB21/T 3714—2023)于2023年4月发布(图14.4),辽宁省气象部门全程参与了该标准的编制,利用最新观测资料计算分析辽宁省太阳能资源分布特点,提供最新的太阳能资源区划图等,为太阳能热利用方式提供基础支撑。

ICS 91.080.40
CCS P 25

DB21

辽宁省地方标准

DB21/T 3714-2023
JXXXXX-20XX

农村住宅清洁供暖技术规程

Technical specification for clean heating
of rural residential buildings

2023-04-30 发布　　2023-05-30 实施

辽宁省住房和城乡建设厅
辽宁省市场监督管理局　　联合发布

前言

根据辽宁省住房和城乡建设厅《关于印发（2018关于印发2018年辽宁省工程建设地方标准制修订项目立项计划）的通知》(辽住建科（2018）6号)的要求编制本规程。

为进一步在辽宁农村地区推广清洁能源供暖技术，规范农村住宅清洁供暖的设计、施工、验收和运行维护。本规程编制组经广泛调查研究，吸收总结清洁供暖实践经验，结合辽宁地区实际情况，参考国内外有关标准，并在广泛征求意见的基础上，制定本规程。

本规程共分10章，主要内容：1、总则；2、术语；3、基本规定；4太阳能供暖；5、生物质能供暖；6、空气源热泵供暖；7、地热能供暖；8、燃气供暖；9、电热供暖；10、多能互补供暖。

本规程由辽宁省住房和城乡建设厅负责管理，由沈阳建筑大学负责具体内容的解释。在执行本规程过程中如发现需要修改补充之处，请将意见和建议及时反馈到沈阳建筑大学（沈阳市浑南区浑南中路25号逸夫楼203；邮政编码：110168），以供今后修订时参考。

主编单位：沈阳建筑大学
参编单位：中国建筑科学研究院有限公司
辽宁省建筑科学研究院有限公司
大连理工大学
辽宁省能源研究所有限公司
中交城市能源研究设计院有限公司
沈阳农业大学
龙基能源集团有限公司
辽宁省市政工程设计研究院有限责任公司
辽宁普天绿能科技有限公司
沈阳区域气候中心
大连建大建筑节能科技发展有限责任公司
沈阳一冷冷冻机有限公司
内蒙古中然蓄能设备有限公司
辽宁芬尼科技有限公司
主要起草人：冯国会　宋　波　李旭林　王庆辉　张晓明　端木琳　朱宝旭　李　刚
孙佳琳　王湘宁　刘建坤　王立地　陈　宁　张　哲　赫　娜　龚　强
赵志南　蒋景沛　黄凯良　刘　馨　张雪研　王宗山　江明志　王志炜
李环宇　张凤奇　黄　瑞　李颖华　李　源
主要审查人：郭晓朝　陈德龙　于永彬　李延吉　陈永强　刘贵军　刘　谦

4

图14.4　《农村住宅清洁供暖技术规程》(DB21/T 3714—2023)公开稿(部分)

第 15 章

发展与展望

尽管人类社会利用太阳能已经有数千年的历史，但真正将太阳能作为一种能源与动力而加以应用则仅有数百年的历史，至于以太阳能作为新能源的发展重点，则是始于20世纪出现石油危机以后。目前，太阳能已经被广泛地应用于社会生活中，并且由于其分布广泛、总量巨大、无污染的巨大优势，使得其应用前景极为广阔。

15.1 太阳能利用发展趋势

15.1.1 太阳能发电规模将持续增长

我国太阳能资源储备丰富，2/3以上的国土面积拥有良好的太阳能资源。我国太阳能发电发展虽然相较于欧美国家起步较晚，2008年我国太阳能光伏发电新增装机容量仅占全球市场份额的0.60%，但在国家政策支持及行业技术水平不断提高的驱动下，我国逐步发展成为全球最重要的太阳能发电应用市场之一。2013—2022年，我国太阳能光伏发电新增装机容量连续10 a稳居世界第一。在一系列促进新能源消纳政策的有效实施下，我国弃光率不断下降，太阳能发电行业亦逐步追求规模、粗放式增长向精细化发展、追求质量转变。随着技术进步，太阳能光伏系统发电效率逐步提升，推动太阳能发电装机成本持续下降，我国光伏组件制造成本方面在世界范围内具有明显竞争优势。

而建设太阳能光伏电站需要占用的土地资源较多，因此充分利用各类型土地，特别是沙漠、戈壁、屋顶等建设太阳能电站，可以更好地推动太阳能发电的发展以及绿色生态文明建设。2021年6月，国家能源局发布《关于报送整县(市、区)屋顶分布式光伏开发试点方案的通知》，明确提出开展整县推进屋顶分布式光伏建设工作。目前全国有600多个县级地区参与试点，预计整县推进总量约超过100 GW。同时，我国广大农村地区开展“农林渔光互补”的新模式，也将推动太阳能发电的发展。

15.1.2 太阳能热利用效率持续提升

集热器是太阳能应用的主要内容，当前集热器存在的最大问题是热能存储效果不佳，制约了太阳能的应用价值。相变材料在集热器中的应用可以很好地克服此问题。相变材料具有良好的储热性能，可以克服当前集热器储热中的欠缺。相变材料具有特殊的贮能机制，当存在太阳能或者低峰谷电能的时候，相变材料能够利用能量加热相变物质，最为典型的便是使相变物质从固态转变为液态，从而实现太阳能贮存的目标，而当缺乏太阳能的时候，如阴雨天气，相变物质又会从液态恢复为固态，与此同时，将贮存的太阳能释放出来。相变贮能具有很高的应用价值，特别是对于采暖循环等温度波动较小的领域而言，相变贮能具有高效经济的优势。当前，相变贮能应用最大的障碍是相变物质的研发，随着高效相变材料的普及，相变贮能将成为太阳能应用中的重点内容。

15.1.3　太阳能电池开发技术取得突破

太阳能电池，也称太阳能芯片，是太阳能应用的主要领域。新材料的研发是太阳能电池技术取得新突破的关键所在，相比传统的硅基太阳能电池材料，新材料（如卤化锡钙）在光捕获和电子传导方面拥有更高的效率，且具备高电子迁移率和长寿命等特点。基于光化学效应的薄膜电池同样有着更为广泛的应用优势，如生产成本低，能量利用率高。纳米技术的应用也为太阳能电池技术的发展带来新突破，将纳米颗粒添加到传统的硅基太阳能电池材料中，可以显著提高电池的吸收效果。太阳能电池的改进不仅局限于材料和技术，还体现在复合应用上，例如太阳能光伏与储能技术的结合，可以有效解决太阳能发电的间歇性问题。

目前，新材料和新技术在很多方面仍然处于研发阶段，存在一定的技术瓶颈，在经济和人才投入力度不断加强的前提条件下，最终将取得突破性进展，彻底改写太阳能在电池领域应用的局面，提升太阳能的经济效益。

15.1.4　太阳能建筑走向普及化

太阳能建筑是指通过运用太阳能技术，建筑物能自动地收集、转化和利用太阳能，达到经济、环保的目的。太阳能在建筑行业中有着巨大的应用价值，可降低建筑成本，提升建筑经济性、生态性。《2030 年前碳达峰行动方案》指出，到 2025 年，城镇建筑可再生能源替代率达到 8%，新建公共机构建筑、新建厂房屋顶光伏覆盖率力争达到 50%。当前，太阳能在建筑领域的应用以太阳墙技术、太阳屋顶等为主要内容。我国大力发展太阳能建筑，比如南京市鼓楼医院太阳能热水建筑应用、南京苏源大厦太阳能光伏应用。上海推动的太阳能屋顶计划，已经得到了世界自然基金会的支持。太阳能建筑集成属于新的技术领域，具有很好的应用前景，虽然还存在很多技术难点和瓶颈，但随着科研水平的不断提升以及产品研发的日益深入，必将会使太阳能建筑技术日趋成熟并从试点走向普及化。

15.1.5　太阳能光电制氢产业发展壮大

太阳能光电制氢是利用光能转化为化学能，通过催化剂的作用将水分解为氢气和氧气，是促进新能源大规模消纳、实现“双碳”目标的重要途径。氢能为清洁能源，具有巨大的经济效益与生态效益，还具备品质纯净、重量轻、贮存便捷等优势，可替代化石能源用于交通、化工等领域，减少能源应用领域的碳排放，是取代碳氢化合物能源的首选对象。从经济性的角度而言，液氢燃烧 1 kg 所产生的热量是等量汽油的 3.2 倍，具有热值高、爆发力强的特点，具备循环利用的发展空间，将成为 21 世纪太阳能应用的重要趋势。依托光电化学、光伏技术、高效催化剂以及不同类型半导体电极的发展，太阳能光电制氢将成为氢能产业发展的可靠选择。随着能源战略持续推进，光伏制氢关注度日益增加，太阳能光电制氢产业将得到长足的发展，为光伏产业创造一个新的应用场景与广阔的市场需求，成为我国新能源产业发展的重要内容。

15.2 辽宁省太阳能资源开发利用建议

辽宁省太阳能资源属于“很丰富”和“丰富”区，太阳能资源总体呈自东南向西北递增的分布形势，水平面太阳总辐射年总量为1268～1489 kW·h/m^2，年平均日照时数为2183～2852 h，朝阳地区太阳能资源最优，尤以建平资源最好。从太阳能资源量级来看，全省都比较适宜开发利用，适合发展光伏发电和太阳能热利用。寡照、低能见度等影响到达地面太阳辐射的天气相对较少，高温、积雪、沙尘等影响太阳能利用效率的天气也相对较少，但大风、强降水、雷电等极端天气对太阳能利用安全性存在潜在影响。

持续开发太阳能资源对优化辽宁省能源结构、促进节能减排、积极应对气候变化等均具有重要意义。然而大型集中式太阳能资源开发利用占地面积较广，其发展受用地影响较大。具体发展建议如下。

(1)在辽西北地区优先发展大型光伏基地及风光互补综合利用

全省都比较适宜太阳能资源开发利用，辽西北地区(主要指朝阳、葫芦岛、阜新、锦州和沈阳北部地区)不仅太阳能资源优越且多荒山秃岭和沙地，从太阳能资源和土地资源充分合理利用的角度，适宜规模化光伏基地建设，充分利用荒山、荒漠化沙地、废弃矿区等建设大型光伏电站。同时，辽西北也是我省风能资源丰富地带，可统筹配置风电、光伏资源，大力发展风光互补综合利用。其他地区适宜采用分布式光伏发电，沿海和东部地区还适宜开展水光互补、渔光互补。

(2)多举措推动太阳能资源高比例应用

建议尽早启动县域光伏、建筑光伏一体化等前期调查和资源评估，强化拟规划建设城镇、开发区、产业园区等太阳能资源利用率的政策要求，加强乡村太阳能供热、太阳能照明等普及应用，按照“因地制宜、清洁高效、分散布局”的要求，多举措推动分布式光伏和太阳能热利用。同时，也可以根据自然地表面太阳能资源条件，优化农业布局，强化光热利用。

(3)进一步优化太阳能利用方式

由于追踪式斜面较最佳倾角面太阳总辐射年总量偏多30%左右，在技术成熟度和经济核算可行的情况下，可以尝试开展资源利用率更高的追踪式或倾角可调节式并网光伏电站建设，以期实现资源利用的最大化。加强新型太阳能利用方式的引进和应用，强化太阳能资源在多领域的利用，提升太阳能资源利用效率。

(4)加强太阳能资源监测和光伏发电效率跟踪评估

太阳能资源利用是项长期的工作，辽宁省太阳能资源稳定度总体一般，年际间波动较大，为保障充分合理利用，建议通过建设专业观测网、联合发电企业开展资源观测的方式，强化太阳能资源针对性监测工作，为进一步细化认识资源特征和合理利用资源提供可靠数据。同时加强发电量预报和预报效果检验工作，开展光伏发电效率情况跟踪评估，为宏观政策制定以及发电企业制定维修和调整计划提供基础支撑。

(5)建立极端天气联合应对机制保障太阳能利用安全

在气候变化的背景下,各种极端天气、灾害性天气趋多趋强,并且灾害程度和影响范围也有加重趋势。辽宁省影响太阳能利用安全的大风、雷暴、冰雹、强降水等气象灾害时有发生,特别是在大规模太阳能应用的情况下,安全隐患更为凸显。因此,建议开展各方参与的极端天气预报预警和应对,更有针对性地保障太阳能利用安全。

第 4 篇

其他清洁能源气象服务

第 16 章
辽宁省水电和电网气象服务

辽宁省电力气象服务工作始于20世纪90年代初，为电网调度和安全运行提供天气实况、灾害性天气预报和中长期气候趋势预测等专项服务产品。随着气象科技水平及服务能力的迅猛发展，电力气象合作不断深入。服务产品精细程度从面向辽宁省内主要城市细化到电力生产调度所需各点位，产品时间尺度从过去的逐日细化到逐小时，服务方式从过去的传真、文本发展到气象服务网站、微信专项服务群、数据接口等。根据电力对气象的新需求，通过持续研发和服务，不断提升电力服务的科学性、针对性和及时性。

16.1 水电气象服务

针对水电用户，通过电力气象服务平台（图16.1）发布天气实况、天气预报产品，包括灾害性天气预警信号、辽宁全省加密站降水实况，卫星云图、雷达回波图，中长期气候趋势预报及气候影响分析等气象服务产品。强降水过程前发布过程分析材料，制作电力气象服务专报、滚动气象信息发送至电力气象服务微信群，实时更新最新气象预报结论，以便及时有效地为辽宁水电合理调度、安全生产运营提供有力支撑。

城市	白天温度	白天天气	白天风向	白天风速	晚间温度	晚间天气	晚间风向	晚间风速
沈阳	17	晴	东风	2~3级	2	晴	东风	2~3级
康平	15	晴	东风	2~3级	0	晴	东风	2~3级
法库	15	晴	东风	2~3级	0	晴	东风	2~3级
辽中	17	晴	东风	2~3级	2	晴	东风	2~3级
新民	16	晴	东风	2~3级	1	晴	东风	2~3级
大连	19	晴	西南风	5~6级	12	晴	西南风	4~5级
瓦房店	19	晴	西南风	5~6级	7	晴	西南风	4~5级
金州	19	晴	西南风	5~6级	12	晴	西南风	4~5级
普兰店	20	晴	西南风	5~6级	5	晴	西南风	4~5级
长海	18	晴	西南风	5~6级	12	晴	西南风	4~5级
庄河	19	晴	西南风	5~6级	6	晴	西南风	4~5级
旅顺	19	晴	西南风	5~6级	12	晴	西南风	4~5级
鞍山	17	晴	东风	2~3级	8	晴	东风	2~3级
海城	17	晴	东风	2~3级	3	晴	东风	2~3级
岫岩	18	晴	北风	2~3级	0	晴	北风	2~3级

图16.1 辽宁省电力气象服务平台界面截图

16.2 电网调控气象服务

2023年8月，辽宁省气象局和国网辽宁省电力有限公司签署战略合作协议，并成立辽宁电力气象预警中心。双方谋划以电力气象预警中心、气候资源保护利用、气象信息共享、联合科研攻关等方面开展全方面深度合作。在辽宁全面振兴新突破三年行动首战之年的关键时间节点上，辽宁省气象与电力部门达成深度合作意向，为进一步做好东北能源安全保障、能源安全、产业安全保障打下坚实基础。

辽宁省气象局安排电力气象专员常驻省电力公司，承担电力气象服务专项工作(图16.2)。电力气象专员不仅仅制作发布服务专报材料，还参加电力部门天气会商，参与电力项目方案编制，实现与电力部门业务的深度融合。为进一步提升迎峰度夏电力保供气象服务能力，辽宁省气象局电力服务团队同国网辽宁电力共同制订工作提升方案。开展强对流天气产品的研发工作，先后研发短时强降水、雷雨大风等电力气象专项服务产品，以联合发布形式指导电力部门调控水利资源，为迎峰度夏电力供应提供有效支撑。

图16.2 辽宁省电力气象专员(右一)在省电力公司电力气象预警中心工作

第 17 章
辽宁省核电气象服务

核能作为目前唯一可大规模替代化石能源的稳定基荷能源，是我国兑现减排承诺，建设清洁低碳、安全高效能源体系的必然选择。多年来，我国核安全应急体系和能力的现代化建设不断加快，核应急准备与响应能力全面提升，为核事业安全有序发展、维护社会稳定和保障国家安全提供了坚强保障。近年来，辽宁省气象部门相继为红沿河核电项目开展气象观测和气候可行性论证工作。

17.1 场址气象观测

核电厂厂址气象观测是核电厂址选择的一个基础工作，也是核电厂在运行期内进行厂址长期气象环境变化监督的一个基础工作。

辽宁省气象部门从20世纪90年代初就参与了核电厂选址实地气象观测工作，为分析初选场址气象条件和大气扩散条件等提供基础数据。2005年，辽宁红沿河核电厂选址工作已完成，开始进入筹建阶段，辽宁省气象部门再次承担了其气象观测任务，其目的是为红沿河核电厂环境影响报告和安全分析报告提供场址的基础气象资料，同时也为将来核电厂所在区域的环境影响预测和评价、环境监测和管理，以及对核电厂事故应急提供科学依据。承接的任务包括核电场区内气象观测系统的选址、气象铁塔的设计与建造、地面气象站的设计施工与运行、为期2 a的场址气象观测（含人工观测、数据监控和数据整理）与分析等（图17.1）。

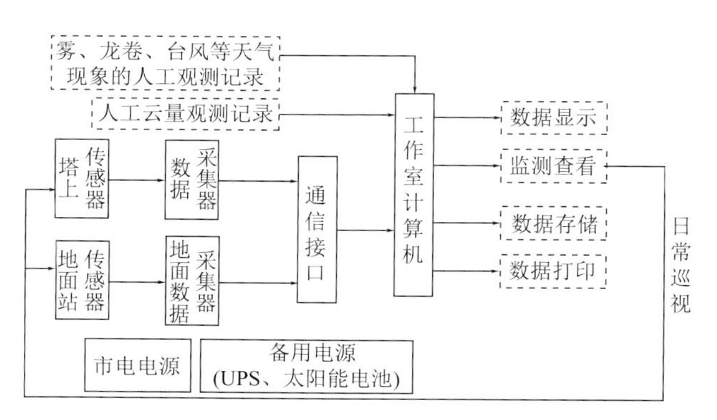

图17.1 辽宁红沿河核电厂址气象观测流程

气象观测内容包括：地面站风向、风速、气温、相对湿度、降水量、气压、地温、辐射、蒸发量，气象铁塔的10～100 m内4个高度的风向、风速和气温，云量和天气现象等人工观测。

为保障观测的一致性，气象铁塔上各传感器在上塔前与地面站同类观测进行了水平对比测试。图17.2为水平对比测试现场照片，图17.3为整个气象观测场实景照片。

图 17.2 辽宁红沿河核电厂气象观测传感器水平对比测试现场照片

图 17.3 辽宁红沿河核电厂气象观测实景照片

17.2 气候可行性论证

2013 年，为满足辽宁红沿河核电厂二期工程的选址规划需要，避免和减轻工程项目可能受到气象灾害、不利气候因素的影响，提高工程项目选址规划的科学性、安全性，辽宁省气象部门承接了红沿河核电厂二期工程建设项目选址规划气候可行性论证工作。主要从气象站代表性分析、气候背景、极端天气情况、热带气旋影响、龙卷影响、风速设计基准、极端降水评价、极端积雪评价、极端温度评价、采暖通风与空调设计气象参数等方面开展气候评价，形成气候可行性论证报告，为核电厂可研设计提供了科学依据。

参考文献

陈刚,李克非,杨洪斌,2016. 基于CFD模型风能资源模拟应用进展[J]. 气象与环境学报,32(5):160-164.
陈练,2013. 气候变暖背景下中国风速(能)变化及其影响因子研究[D]. 南京:南京信息工程大学.
成驰,陈正洪,孙鹏杰,2017. 光伏阵列最佳倾角计算方法的进展[J]. 气象科技进展(4):60-65.
程道来,范瀛轩,2018. 太阳能光伏电池板冷却及发电效率的研究[J]. 电力与能源进展,6(4):145-151.
丁永健,罗勇,宋连春,等,2021. 中国气候与生态环境演变:2021 第二卷(上) 领域和行业影响、脆弱性和适应[M]. 北京:科学出版社.
范灵悦,2023. 近几十年中国典型地区地表太阳辐射变化特征及其影响因素分析[D]. 南京:南京信息工程大学.
范雪薇,缪驰远,苟娇娇,2023. 国际耦合模式比较计划及其模拟能力研究进展[J]. 地理科学进展,8(64):182-193.
龚强,汪宏宇,蔺娜,等,2010. 辽宁省电线积冰特征与电网冰区划分研究[J]. 冰川冻土,32(3):549-556.
龚强,于华深,蔺娜,等,2012. 辽宁省风能、太阳能资源时间分布特征及其初步区划[J]. 资源科学,30(5):654-661.
龚强,汪宏宇,朱玲,等,2015. 辽宁省近地层风切变特征研究[J]. 自然资源学报,9(30):1560-1569.
龚强,徐红,蔺娜,等,2018. 辽宁省太阳能资源评估及 NASA 数据适用性分析[J]. 中国电力,51(2):105-111.
龚强,朱玲,顾正强,等,2020. 辽宁省风能资源评估[M]. 沈阳:辽宁科学技术出版社.
谷新波,吴焕波,徐丽娜,等,2019. 基于不同风切变指数算法的风场风速推算精度分析[J]. 可再生能源,9(37):1362-167.
顾正强,朱玲,沈历都,等,2019. 辽宁省追踪式与最佳倾角斜面总辐射的推算与分析[J]. 气象科技进展,9(2):84-89.
顾正强,龚强,沈历都,等,2021. 辽宁省典型地形测风塔缺测数据线性计算适用性分析[J]. 气象与环境学报,37(6):93-99.
关新,吴伟,2018. 辽宁发展海上风电的可行性分析[J]. 沈阳工程学院学报(自然科学版),9(3):207-221.
何晓凤,周荣卫,朱蓉,2015. 风能资源数值模拟评估的分型方法研究[J]. 气象学报,73(5):975-984.
呼津华,王相明,2009. 风电场不同高度的 50 年一遇最大和极大风速估算[J]. 应用气象学报,20(1):108-113.
黄嘉佑,李庆祥,2014. 气象数据统计分析方法[M]. 北京:气象出版社.
黄韬颖,杨庆山,2007. 中美澳风荷载规范重要参数的比较[J]. 工程建设与设计(1):23-27.
黄勇,2016. 风电场 50 年一遇最大风速计算方法的探讨[J]. 水文气象,7(2):187-190.
江滢,徐希燕,刘汉武,等,2018. CMIP5 和 CMIP3 对未来中国近地层风速变化的预估[J]. 气象与环境学报,

34(6):56-63.
蒋俊霞,杨丽薇,李振朝,等,2019. 风电场对气候环境的影响研究进展[J]. 地球科学进展,34(10):1038-1049.
金西平,2008. 微地形微气候对电力线路覆冰的影响[J]. 供用电,25(4):17-20.
李卫军,冯春详,周世勃,等,2013. 基于二维自由度的双轴跟踪太阳光伏发电系统设计[J]. 太阳能(10):54-59.
李潇潇,赵争鸣,田春宁,等,2018. 基于统计分析的光伏并网发电系统最佳倾角的计算与实验研究[J]. 电气技术(8):1-6.
李雁,梁海河,王曙东,等,2012. 基于中国风能资源专业观测网的近地层风切变日变化特征[J]. 自然资源学报,27(8):1362-1372.
李再华,白晓民,周子冠,等,2008. 电网覆冰防治方法和研究进展[J]. 电网技术,32(4):7-13.
李正泉,宋丽莉,马浩,等,2016. 海上风能资源观测与评估研究进展[J]. 地球科学进展,31(8):800-810.
刘霄,赖旭,2020. 复杂下垫面风电场风速垂直外推方法研究[J]. 太阳能学报,6(41):61-68.
刘振亚,2015. 全球能源互联网与中国电力转型之路 2015[J]. 中国经贸导刊,33:37-38.
刘志远,彭秀芳,冯莉黎,2015. 风电场风能资源储量和技术开发量估算方法[J]. 中国电力,48(6):45-50.
刘志远,李良县,任腊春,2016. 插补测风塔缺测数据的相关性计算方法讨论[J]. 可再生能源,34(9):1342-1347.
马晓梅,王博,刘永前,2020. 一种基于大气稳定度的风资源评估方法[J]. 可再生能源,1(38):47-52.
马兴悦,余晔,夏敦胜,等,2022. 风电场运行对地表温度的影响——以河北张家口北部风电场为例[J]. 高原气象,41(4):1074-1085.
齐月,房世波,周文佐,2014. 近 50 年来中国地面太阳辐射变化及其空间分布[J]. 生态学报,34(24):7444-7453.
齐月,房世波,周文佐,2015. 近 50 年来中国东、西部地面太阳辐射变化及其与大气环境变化的关系[J]. 物理学报,8(64):398-407.
申彦波,2017. 我国太阳能资源评估方法研究进展[J]. 气象科技进展(1):77-84.
史军,徐家良,谈建国,等,2015. 上海地区不同重现期的风速估算研究[J]. 地理科学,35(9):1191-1197.
宋丽莉,毛慧琴,汤海燕,等,2004. 广东沿海近地层大风特性的观测分析[J]. 热带气象学报,20(6):731-736.
苏志,张瑞波,周绍毅,等,2010. 北部湾沿海基本风压和阵风风压分析[J]. 热带地理,30(2):141-144.
汪宏宇,龚强,杨洪斌,2019. 基于测风塔数据的最大风速与极大风速关系研究[J]. 气象与环境科学,42(3):110-117.
汪宏宇,龚强,付丹丹,2020. 沈阳空气质量对到达地面太阳辐射的影响分析[J]. 中国环境科学,40(7):2839-2849.
王炳忠,1999. 太阳辐射计算讲座 第一讲 太阳能中天文参数的计算[J]. 太阳能(2):8-10.
王晓暄,李春兰,时谦,2015. 新能源概述-风能与太阳能[M]. 西安:西安电子科技大学出版社.
王炎,催永峰,袁红亮,等,2019. 平原地区风切变指数的计算方法[J]. 西北水电,2(23):95-99.
王远,钟华,2012. 风电场缺失测风数据插补方法的分析[J]. 可再生能源,30(3):14-21.
王志春,植石群,丁凌云,2013. 强台风纳沙(1117)近地层风特性观测分析[J]. 应用气象学报,24(5):595-605.
伍凤华,2023. 浅谈太阳能光伏发电技术[J]. 人民黄河,45(1):106-107.

谢今范，张婷，张梦远，等，2012. 近 50 a 东北地区地面太阳辐射变化及原因分析[J]. 地理科学，33(12)：2127-2134.

徐宝清，吴婷婷，李文慧，2014. 风能风切变指数计算方法的比选研究[J]. 农业工程学报(16)：188-194.

徐红，龚强，陈军庆，等，2022. 采用不同时间尺度风切变指数推算风资源对比分析[J]. 气象与环境学报，38(5)：108-114.

徐静馨，郑有飞，吴荣军，等，2016. 里下河地区下垫面变化对降水、气温、风速的影响[J]. 气象与环境科学，39(4)：14-22.

许向春，辛吉武，邢旭煌，等，2013. 琼州海峡南岸近地面层大风观测分析[J]. 热带气象学报，29(3)：481-488.

姚琳，温新龙，沈竞，2018. 江西山地风电场风速数值模拟方法研究[J]. 气象与环境科学，41(3)：120-125.

袁森，2023. 太阳能光伏技术的发展和应用前景[J]. 现代工业经济和信息化(9)：279-581.

占明锦，2018. 全球升温背景下高温对城市能源消耗和人体健康的影响研究[D]. 北京：中国科学院大学.

张飞民，王澄海，谢国辉，等，2018. 气候变化背景下未来全球陆地风、光资源的预估[J]. 干旱气象，36(5)：725-732.

张相庭，1998. 工程抗风设计计算手册[M]. 北京：中国建筑工业出版社.

张秀芝，陈乾金，1993. 用短期大风资料推算极值风速的一种方法[J]. 应用气象学报(1)：105-111.

赵宗慈，罗勇，江滢，2011. 风电场对气候变化影响研究进展[J]. 气候变化研究进展，7(6)：400-407.

赵宗慈，罗勇，江滢，等，2016. 近 50 年中国风速减小的可能原因[J]. 气象科技进展(3)：108-111.

中国气象局，2014. 全国风能资源详查和评价报告[M]. 北京：气象出版社.

周福，蒋璐璐，涂小萍，等，2017. 浙江省几种灾害性大风近地面阵风系数特征[J]. 应用气象学报，28(1)：119-128.

朱蓉，徐红，龚强，等，2023. 中国风能开发利用的风环境区划[J]. 太阳能学报，44(3)：55-66.

朱智慧，黄宁立，秦婷，2014. 上海沿海极大风速预报方程的建立和应用[J]. 海洋预报，31(1)：58-62.

DEKKER J W M, PIERIK J T G, 1998. European Wind Turbine Standards II[M]. ECN Solar & Wind Energy.

FIEDLER B H, BUKOVSKY M S, 2011. The effect of a giant wind farm on precipitation in a regional climate model[J]. Environmental Research Letters, 6(4): 045101.

IEC Central Office, 2019. Wind energy generation system-Part 1: Design requirements: IEC 61400-1: 2019[S]. IEC Central Office.

LI Y, KALNAY E, MOTESHARREI S, et al, 2018. Climate model shows large-scale wind and solar farms in the Sahara increase rain and vegetation[J]. Science, 361: 1019-1022.

MILLER P W, BLACK A W, WILLIAMS C A, et al, 2016. Maximum wind gusts associated with human-reported nonconvective wind events and a comparision to current warning issuance criteria[J]. Wea Forecasting, 31(2): 451-465.

VAUTARD R, THAIS F, TOBIN I, et al, 2014. Regional climate model simulations indicate limited climatic impacts by operational and planned European wind farms[J]. Nature Communications, 5: 3196.

WIMHURST J J, GREENE J S, 2019. Oklahoma's future wind energy resources and their relationship with the Central Plains low-level jet[J]. Renewable and sustainable energy reviews, 15: 109374.